实例9 图层——制作简单的按钮图形

实例10 "直接复制"——制作按钮倒影效果

实例11 辅助线——使用辅助线制作动画安全框

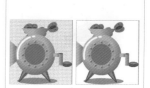

实例12 显示与隐藏网格

实例13 将图像复制再粘贴

实例14 将图像转换为元件

实例15 "多角星形工具"与"选择工具"——绘制卡通花朵

实例16 "对象绘制"——使用椭圆工具绘制云朵

实例17 对图像使用"对齐"命令

实例18 设置相同宽度与高度

实例19 对图像使用"变形"操作

实例20 "任意变形工具"——对图像制作透视效果

实例21 "椭圆工具"和"矩形工具"——绘制卡通胡萝卜

实例22 "椭圆工具"和"线条工具"——绘制向日葵

实例23 "部分选取工具"——绘制卡通小狗

实例24 "椭圆工具"和"渐变填充"——绘制卡通刺猬

实例25 "椭圆工具"和"矩形工具"——绘制魔法药瓶

实例26 "多角星形工具"和"渐变颜色"——绘制动画按钮

实例27 "椭圆工具"和"线条工具"——制作小猪热气球

实例28 "椭圆工具"和"颜色"面板——绘制小飞侠

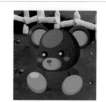

实例29 "椭圆工具"和"线条工具"——绘制卡通小熊玩偶

实例30 "钢笔工具"——绘制卡通圣诞老人

实例31 综合绘图工具——绘制闹钟图形

实例32 "椭圆工具"和"钢笔工具"——绘制可爱小松鼠

实例33 "椭圆工具""多角星形工具"和"颜色桶工具"——绘制卡通铅笔

实例34 "椭圆工具"和"渐变填充"——绘制卡通楼房

实例35 综合运用——绘制卡通小人角色

实例36 综合运用——绘制卡通形象

案例37 综合运用——绘制可爱娃娃角色

实例38 综合运用——绘制多彩宫殿背景

案例39 综合运用——绘制卡通小忍者

案例40 综合运用——绘制卡通猴子

实例41 逐帧效果——街舞动画

实例42 逐帧动画——开场动画效果

实例43 导入图像组——炫目光影效果

实例44 "传统补间动画"——小人走路

实例45 "传统补间动画"——汽车飞入

实例46 "传统补间动画"——日夜变换

实例47 "传统补间动画"——儿童游乐园

实例48 "传统补间动画"——小鱼戏水

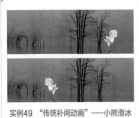
实例49 "传统补间动画"——小熊滑冰

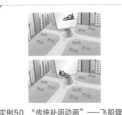
实例50 "传统补间动画"——飞船降落动画

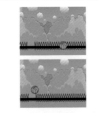
实例51 "动画编辑器"——弹跳

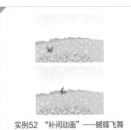
实例52 "补间动画"——蝴蝶飞舞

实例53 "动画预设"——飞船动画

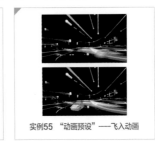
实例55 "动画预设"——飞入动画

实例56 "动画预设"——圣诞气氛动画

实例54 "动画预设"——蹦蹦球动画

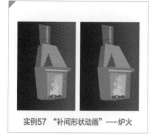

实例57 "补间形状动画"——炉火

实例58 "补间形状动画"——飘扬的头发

实例59 "补间形状动画"——披风飘动

实例60 "补间形状"——变形动画

实例61 "遮罩动画"——动感线条动画

实例62 "遮罩动画"——画面转换效果

实例63 "遮罩动画"——春暖花开动画

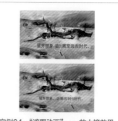

实例64 "遮罩动画"——放大镜效果

实例65 "遮罩动画"——图片遮罩动画

实例66 "遮罩动画"——广告动画

实例67 "遮罩动画"——田园风光动画

实例68 "遮罩动画"——产品宣传广告动画

实例69 "遮罩动画"——飞侠

实例70 "遮罩动画"——商业动画

实例71 路径跟随动画——飞舞的心

实例72 路径跟随动画——汽车行驶

实例73 "添加传统引导层"——飞机飞行动画

实例74 综合动画——太阳升起

实例75 3D动画——旋转星星

实例76 "3D工具"——平移动画

实例77 综合动画——场景

实例78 "动画预设"——飞机着陆动画

实例79 综合动画——飘雪场景

实例80 综合动画——祝福贺卡

实例81 "文本工具"——倒计时文字效果

实例82 文本动画——圣诞节祝福

实例83 "形状补间"——阴影文字动画

实例84 "文本工具"——蚕食文字动画

实例85 "矩形工具"——波光粼粼文字动画

实例86 文字遮罩——波纹文字效果

实例87 图层和文本——广告式文字动画

实例88 "文字工具"——文字分散变换动画

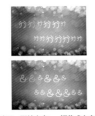

实例89 逐帧文字——摇奖式文字动画

实例90 "文本工具"——飞速旋转文字效果

实例91 文本制作遮罩——闪烁文字动画

实例92 "文本工具和遮罩层——放大镜文字效果

实例93 文本遮罩——波浪式文字动画

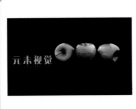

实例94 "文本工具"——镜面文字动画

实例95 "传统补间动画"——迷雾式文字动画效果

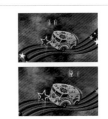

实例96 "文本工具"——聚光灯文字

实例97 文字遮罩——滚动字幕动画效果

实例98 "文本工具"——分散文本动画

实例99 为文本添加超链接

实例100 "文本工具"——输入文本域动画

实例101 "图形"元件——寻觅的小兔子

实例102 设置"单帧"——文字转换动画

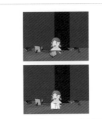

实例103 "播放一次"——书本打开动画

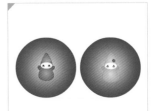

实例104 "播放一次"——变色娃娃

实例105 "循环"——闪光灯动画

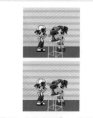

实例106 设置"循环"——电风扇动画

实例107 "按钮"元件——指针经过动画

实例108 "指针经过"——按钮动画

实例109 "按钮"元件——按下动画

实例110 "按钮"元件——按钮动画

实例111 "反应区"——鼠标点击动画

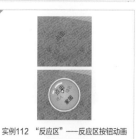

实例112 "反应区"——反应区按钮动画

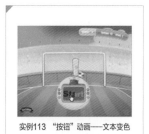

实例113 "按钮"动画——文本变色

实例114 "按下"——抖动文字动画

实例115 "按钮"动画——彩球

实例116 "代码片断"——反应区的超链接动画

实例117 "影片剪辑"元件——小鸟动画

实例118 "影片剪辑"元件——画面切换动画

实例119 综合实例——波纹动画

实例120 "影片剪辑"元件——人物说话动画

实例121 "Sound类"——声音的导入动画

实例122 声音导入——添加开场音乐

实例123 脚本语言——为游戏菜单添加音效

实例124 "按钮"元件——为导航动画添加音效

实例125 使用"选择工具"——添加背景音乐

实例126 "按钮"元件——添加时钟声音

实例127 使用"行为"按钮——添加音效控制声音

实例128 添加音效——为直升机添加声音

实例129　使用"行为"按钮——控制声音的停止和播放

实例130　脚本语言——指针经过添加音效

实例131　导入视频——在Flash中插入视频

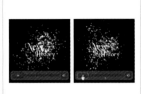

实例132　导入视频——使用播放组件加载外部视频

实例133　嵌入视频——在Flash中嵌入视频

实例134　导入视频——制作逐帧动画效果

实例135　使用"代码片断"——制作视频播放器

实例136　转换视频格式——将MOV格式转换为AVI格式

实例137　导入动画——制作广告宣传动画

实例138　导入动画——制作网站视频

实例139　嵌入视频——动画中视频的应用

实例140　嵌入视频——网站宣传动画

实例141　使用"动作"面板——为动画添加"停止"脚本

实例142　使用gotoAndStop()——制作跳转动画效果

实例143　使用"动作"面板——创建元件超链接

实例144　使用"动作"面板——加载外部的影片剪辑

实例145　使用"动作"面板——控制声音播放

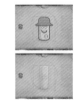

实例146　使用"动作"面板——卸载影片剪辑

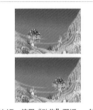

实例147　使用"动作"面板——转到某帧停止播放

实例148　使用"动作"面板——制作放大镜动画效果

实例149　使用ActionScript 3.0——替换鼠标光标

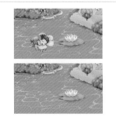

实例150　"代码片断"——隐藏对象

实例151　"代码片断"——键盘控制动画

实例152　"代码片断"——单击以定位对象

实例153 水平动画移动——足球动画

实例154 "淡出影片剪辑"——影片淡出效果

实例155 "加载和卸载"对象——加载库中图片

实例156 使用"Key Pressed事件"——制作课件

实例157 使用ActionScript 3.0——控制元件坐标

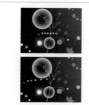

实例158 使用ActionScript 3.0——实现鼠标跟随

实例159 使用ActionScript 3.0——飘雪动画

实例160 使用ActionScript 3.0——时钟动画

实例161 综合动画——美丽呈现

实例162 综合动画——欢度六一

实例163 综合动画——制作可爱小孩

实例164 综合动画——走动的大象动画

实例165 综合动画——娱乐场所

实例166 综合动画——电视效果

实例167 综合动画——游戏动画

实例168 综合动画——旋转动画

实例169 综合动画——场景动画

实例170 综合动画——迷雾森林

实例171 导航动画——儿童趣味导航

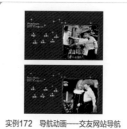

实例172 导航动画——交友网站导航

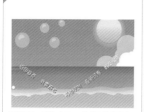

实例173 导航动画——商业导航菜单动画

实例174 导航动画——鞋服展示菜单动画

实例175 导航动画——楼盘介绍菜单动画

实例176 导航动画——体育导航动画

实例177　片头动画——简单的开场动画

实例178　片头动画——个人网站片头动画

实例179　片头动画——城市宣传片片头动画

实例180　开场动画——电子商务开场动画

实例181　开场动画——楼盘网站开场动画

实例182　片头动画——展览公司开场动画

实例183　贺卡制作——儿童贺卡

实例184　贺卡制作——生日贺卡

实例185　贺卡制作——春天贺卡

实例186　贺卡制作——思念贺卡

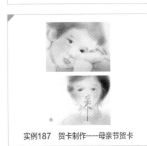
实例187　贺卡制作——母亲节贺卡

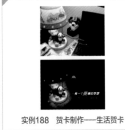
实例188　贺卡制作——生活贺卡

实例189　MTV制作——在MTV中添加字幕

实例190　MTV制作——制作儿童MTV

实例191　MTV制作——制作唯美商业MTV

实例192　MTV制作——制作生日MTV

实例193　MTV制作——制作音乐MTV

实例194　MTV制作——制作浪漫MTV

实例195　Xara 3D——制作三维字体特效

实例196　闪客精灵——反编译SWF神器

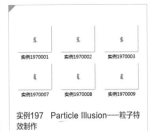
实例197　Particle Illusion——粒子特效制作

实例198　Swish——丰富字效

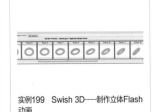
实例199　Swish 3D——制作立体Flash动画

实例200　Adobe Extension Manager CS6插件

Adobe
Flash CC

动画制作实战 从入门到精通

新视角文化行 毛宇航 编著

人民邮电出版社
北 京

图书在版编目（ＣＩＰ）数据

Flash CC动画制作实战从入门到精通 / 毛宇航编著
. -- 北京 ：人民邮电出版社，2016.1
ISBN 978-7-115-40925-6

Ⅰ．①F… Ⅱ．①毛… Ⅲ．①动画制作软件 Ⅳ.
①TP391.41

中国版本图书馆CIP数据核字(2015)第279494号

内 容 提 要

本书针对 Flash CC 进行动画制作的应用方向，从软件基础开始，深入挖掘 Flash 的核心工具、命令与功能，帮助读者在最短的时间内迅速掌握 Flash，并将其运用到实际操作中。

全书紧紧围绕使用 Flash CC 进行动画制作的特点，精心设计了 200 个实例，循序渐进地讲解了使用 Flash CC 设计制作动画所需要的全部知识。本书共分 14 章，依次讲解了掌握 Flash CC 动画制作基础，绘图工具及其功能，基本动画的制作，高级动画的制作，Flash 文本动画的制作，动画元件的应用，声音和视频，ActionScript 的应用等内容，然后讲解了导航、菜单、开场、片头动画、贺卡、MTV 和商业综合案例的制作方法与技巧，让读者在短时间里掌握各类 Flash 动画的制作流程和方法。最后介绍了与 Flash 配合使用制作动画的各种软件，便于读者提高效率。

随书附带 1 张 DVD 光盘，包含了书中 199 个案例的时长为 880 分钟的多媒体教学视频、源文件和素材文件。

本书采用"完全案例"的编写形式，兼具技术手册和应用技巧参考手册的特点，技术实用，讲解清晰，不仅可以作为初、中级网页设计人员及 Flash 动画爱好者的学习用书，也可以作为相关培训的教材。

◆ 编　　著　新视角文化行　　毛宇航
　　责任编辑　杨　璐
　　责任印制　程彦红

◆ 人民邮电出版社出版发行　　北京市丰台区成寿寺路 11 号
　　邮编　100164　　电子邮件　315@ptpress.com.cn
　　网址　http://www.ptpress.com.cn
　　北京艺辉印刷有限公司印刷

◆ 开本：787×1092　1/16
　　印张：22　　　　　　　　　　　　彩插：4
　　字数：598 千字　　　　　　　　2016 年 1 月第 1 版
　　印数：1– 2 500 册　　　　　　　2016 年 1 月北京第 1 次印刷

定价：49.80 元（附光盘）
读者服务热线：(010)81055410　印装质量热线：(010)81055316
反盗版热线：(010)81055315
广告经营许可证：京崇工商广字第 0021 号

前 言
PREFACE

　　本书针对Flash进行动画制作的应用方向，从软件基础开始，深入挖掘Flash的核心工具、命令与功能，帮助读者在最短的时间内迅速掌握Flash，并将其运用到实际操作中。本书作者具有多年的丰富教学经验与实际工作经验，将自己实际授课和项目制作过程中积累下来的宝贵经验与技巧展现给读者，让读者从学习Flash软件使用的层次迅速提升到动画制作应用的阶段。本书按照实践案例式教程编写，兼具实战技巧和应用理论参考手册的特点。

内容特点

　　本书共14章，包括200个实际应用的方法与技巧。

- 完善的学习模式

　　"实力分析＋知识点链接＋操作步骤＋Q&A＋实例总结"5大环节保障了可学习性。明确每一阶段的学习目的，做到有的放矢。详细讲解操作步骤，力求让读者即学即会。200个实际案例，涵盖了大部分常见应用。

- 进阶式讲解模式

　　全书共14章，每一章都是一个技术专题，从基础入手，逐步进阶到灵活运用。通过精心设计的200个案例，与实战紧密结合，技巧全面丰富，不但能学习到专业的制作方法和技巧，还能提高实际应用的能力。

配套资源

- 教学视频与配套素材

　　880分钟全程同步多媒体语音教学视频，由一线讲师亲授，详细记录了每个实例的具体操作过程，边学边做，同步提升操作技能。还提供书中所有案例的素材文件与效果文件。

- 便捷的配套素材

　　提供书中案例所需的素材文件，便于读者直接实现书中案例，掌握学习内容的精髓。还提供了所有案例的FLA源文件和SWF最终文件，供读者对比学习。

本书读者对象

    本书主要面向初、中级读者。对于软件每个功能的讲解都从必备的基础操作开始，以前没有接触过Flash CC的读者无需参照其他书籍即可轻松入门，接触过Flash CC的读者同样可以从中快速了解Flash CC的各种功能和知识点，自如地踏上新的台阶。

    书中难免有错误和疏漏之处，恳请广大读者批评、指正。

编者

目 录
CONTENTS

第 07 章　声音和视频 **195**

第 01 章

Flash动画制作基础

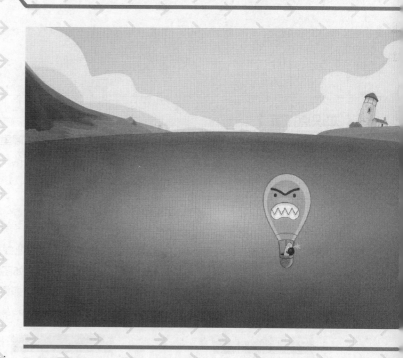

Flash是由Adobe公司开发的一种比较常用的动画软件，它广泛应用于广告制作、动画短片、电视动画和网页设计等多个领域。通过本章的学习，读者可以更好地了解Flash的基础知识，熟练使用Flash制作一些基本的动画效果。

实例 001 Adobe Flash CC 软件的安装

在使用 Adobe Flash 前，首先需要将 Flash 软件安装到计算机中。Adobe Flash CC 的安装很简单，读者只需要按照安装时的提示信息操作，即可顺利完成安装。

● 源 文 件｜无

● 视　　频｜视频\第1章\实例1.swf

● 知 识 点｜Flash软件安装的步骤

● 学习时间｜10分钟

实例分析

本实例中主要讲解 Flash CC 软件的安装过程，安装完成的界面如图1-1所示。

图1-1　最终效果

知识点链接

Adobe Flash CC的安装包在哪里可以下载?

Adobe公司为了方便读者了解并使用Flash软件，提供了软件的试用版安装包，读者可以登录网址http://www.Adobe.com/cn，在该网址中可以找到Flash CC软件的试用版，下载并安装后即可使用。该软件的试用期为30天，到期后读者需要购买才能继续使用。

操作步骤

01 首先下载好Adobe公司的Adobe Creative Cloud 软件，打开此软件注册Adobe ID，登录后如图1-2所示。找到Flash CC（2014）最新版本，单击"试用"按钮，进行软件下载，如图1-3所示。

02 软件下载完成后会自动解压，无需我们找到安装包手动解压，如图1-4所示。当下载的软件解压完成后，Adobe Creative Cloud 会继续帮助读者安装Flash CC 软件，如图1-5所示。

图1-2　Creative Cloud 界面

图1-3　下载状态

图1-4　解压Flash CC

03 在此安装过程中如果有Adobe公司其他的产品正在运行，将无法进行安装，会弹出提示窗口，如图1-6所示。安装完成后，在Adobe Creative Cloud软件内会显示所安装的软件是否是最新版本，是否需要更新，如图1-7所示。

图1-5　安装Flash CC

图1-6　提示窗口

图1-7　安装完成界面

04 软件智能安装结束后，Flash CC 会自动在Windows的开始菜单中添加快捷方式，如图1-8所示。

Q Flash CC配置要求有哪些？

A Microsoft Windows XP（带有Service Pack 3）、Windows Vista、Windows 7操作系统，1GB可用硬盘空间用于安装；安装过程中需要额外的可用空间（无法安装在基于闪存的可移动存储设备上）；1024×768屏幕（推荐1280×800），配备符合条件的硬件加速OpenGL图形卡、16位颜色和256MB VRAM。

Q 苹果系统如何安装Flash CC软件？

A Adobe公司提供了专供苹果系统使用的软件安装包，读者可以登录Adobe网站下载适用版本。由于苹果系统与Windows系统不同，因此启动Flash软件后的操作也略有不同。

图1-8　安装完成界面

实例 002　Adobe Flash CC 软件的卸载

● **源 文 件**｜无

● **视　　频**｜视频\第1章\实例2.swf

● **知 识 点**｜卸载

● **学习时间**｜5分钟

▌操作步骤 ▌

01 打开如图1-9所示的"程序和功能"窗口，选择需要卸载的Flash CC，单击"卸载"按钮。

02 弹出Flash CC卸载窗口，显示"卸载选项"界面，如图1-10所示。

03 单击"卸载"按钮，进入卸载程序，显示卸载进度，如图1-11所示。

04 完成Flash CC的卸载，显示卸载完成窗口，如图1-12所示。

图1-9　程序和功能窗口

图1-10　卸载选项

图1-11　卸载进度

图1-12　卸载完成

实例总结

在软件试用到期后，很多读者选择直接删除软件的运行程序，这样会造成以后不能在该计算机设备上安装Flash软件。所以要选择正确的卸载方法将软件删除干净，建议使用Adobe公司提供的软件卸载插件，卸载软件后再次安装。

实例 003　启动与退出——Flash CC 的启动

完成Flash CC软件安装后，即可使用Flash软件制作动画了。第一次运行Flash软件时，速度会较慢，读者不要着急，要耐心等待。同时不同配置的计算机启动软件的时间也不同。

● 源 文 件｜无

● 视 　 频｜视频\第1章\实例3.swf

● 知 识 点｜启动

● 学习时间｜3分钟

实例分析

读者可以根据不同的需求选择不同的Adobe Flash CC的启动方法，如在"开始"菜单中选择启动程序或者双击FLA格式的文档都可以启动Flash软件。启动后界面如图1-13所示。

图1-13　最终效果

知识点链接

如何在桌面上为Adobe Flash CC创建快捷程序图标？

首先在"开始"菜单中找到要添加的软件，将鼠标指针放到该软件上，单击鼠标右键，在弹出的菜单中选择"发送到"选项下的"桌面快捷方式"命令，即可在桌面上创建快捷程序。

操作步骤

01 单击"开始"按钮，选择"所有程序>Adobe Flash Professional CC"选项，如图1-14所示。弹出Flash CC启动界面，如图1-15所示。

图1-14 开始菜单

图1-15 启动界面

02 稍等片刻，弹出Flash CC的初始界面，即可开始动画的制作。通过执行"文件>退出"命令可以退出软件的操作界面，如图1-16所示。

图1-16 启动和退出Flash CC软件界面

Q 下载的Flash安装包可以安装到几台计算机中？

A Adobe Flash软件可以允许读者同时安装到两台计算机中并激活。如果读者需要安装到第3台计算机中，则必须将安装了软件的两台计算机中的1台取消激活。

Q 有什么快速的方法可以退出Flash CC工作界面？

A 读者可以通过单击工作界面右上角的 ✖ 按钮或者按快捷键【Alt+F4】可以快速退出Flash CC的工作界面。

实例 004 修改与恢复Flash CC的工作区

● **源 文 件** | 无

● **视　　频** | 光盘\视频\第1章\实例4.swf

● **知 识 点** | 选择和重置工作区

● **学习时间** | 5分钟

▌操作步骤▐

01 将Adobe Flash CC启动，显示工作界面，如图1-17所示。

02 执行"窗口>工作区>传统"命令，如图1-18所示，可以将工作区恢复到传统工作区的界面。

03 读者可以根据个人喜好调整工作区的布局方式，如图1-19所示。

04 执行"窗口>工作区>重置>传统"命令，如图1-20所示，即可将工作区重置。

图1-17 启动Flash CC

图1-18 "传统"工作区

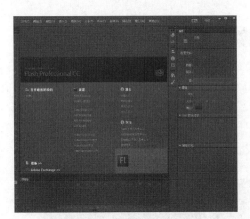

图1-19 调整工作区

图1-20 复位工作区

▎实例总结 ▎

读者可以将使用较为习惯的工作区保存为自定义工作区界面，这样可以大大地提高动画制作的效率。

提示

使用快捷键【Ctrl+Tab】可以按顺序切换窗口，使用快捷键【Ctrl+Shift+Tab】可以按相反的顺序切换窗口。当在标题栏中不能显示所有文档时，可以在其右侧单击双箭头按钮，在弹出的菜单中选择要使用的文档。

实 例 005 新建和编辑Flash空白文档

新建文档是开始制作Flash动画的第一步。正确的文档尺寸是动画制作完成后Flash动画成功发布的必要条件。本实例讲解在Flash中新建和编辑Flash文档的方法。

● **源 文 件** | 源文件\第1章\实例5.fla

● **视 频** | 视频\第1章\实例5.swf

● **知 识 点** | 新建文档、修改文档属性

● **学习时间** | 1分钟

实例分析

在新建Flash空白文档时，读者可以根据不同的需求来设置文档参数，例如"宽高""帧频"与"背景颜色"，新建文档效果如图1-21所示。

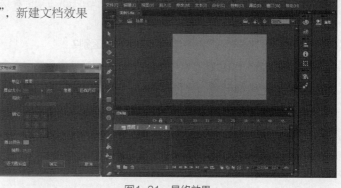

图1-21 最终效果

知识点链接

Flash CC新建文档有什么区别吗？

在Flash CC中，根据不同的需求可以新建不同的文档类型。例如，我们可以创建除FLA文件以外的ActionScript 3.0类和ActionScript 3.0接口文档，同时创建用于HTML5 Canvas的动画资源。通过使用帧脚本中的JavaScript，可以为资源添加交互性。

操作步骤

01 执行"文件>新建"命令，弹出"新建文档"对话框，如图1-22所示。在对话框中读者可以根据不同的需求来设置不同的参数，设置完成后单击"确定"按钮，新建文档成功，如图1-23所示。

图1-22 "新建文档"对话框

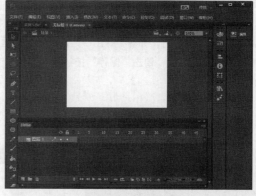

图1-23 新建空白文档

02 如果创建的参数有误差或希望更改文档参数，可以执行"修改>文档"命令，弹出"文档设置"对话框，如图1-24所示。在对话框中设置合适的参数后单击"确定"按钮，结果如图1-25所示。

图1-24 "文档设置"对话框

Q 新建文档有几种方式?

A 新建动画文档有两种方式,第一种是在"常规"选项卡中选择相应的文档类型。第二种是在"模板"选项卡中通过Flash为读者提供的模板新建文档。

Q ActionScript 3.0与HTML5 Canvas有什么区别?

A 选择ActionScript 3.0创建的文档,在 Flash 文档窗口中创建一个新的 FLA 文件(*.fla)。将会为 ActionScript 3.0 设置发布设置。使用 FLA 文件来设置面向 Adobe Flash Player 发布的 SWF 文件的媒体和结构。选择HTML5 Canvas创建的文档,创建用于 HTML5 Canvas 的动画资源。通过使用帧脚本中的 JavaScript,为资源添加交互性。

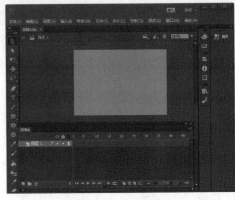

图1-25　最终效果

实例 006 打开与保存Flash动画

- **源 文 件** | 源文件\第1章\实例6.fla
- **视　　频** | 视频\第1章\实例6.swf
- **知 识 点** | "打开""保存"
- **学习时间** | 5分钟

操作步骤

01 执行"文件>打开"命令,弹出"打开"对话框,选择要打开的文档,如图1-26所示。

02 选择要打开的一份或多份文档,单击"打开"按钮,即可打开一份甚至多份文档,如图1-27所示。

03 执行"文件>另存为"命令,弹出"另存为"对话框,如图1-28所示。

04 输入要保存的名称,单击"保存"按钮,即可保存文件到指定的位置,如图1-29所示。

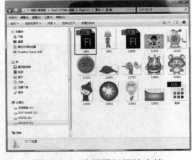

图1-26　选择要打开的文档

图1-27　打开文档

图1-28　"另存为"对话框

图1-29　最终效果

实例总结

在Flash中可以直接打开并编辑的图像格式除了FLA格式以外,还有未压缩文档XFL格式。这两种格式都是Flash特有的图像格式,并且在这两种格式中完整地记录了Flash动画中的各种元素,以方便读者随时制作和编辑动画。

实例 007 创建"笔触"和"填充"

Flash CC 的颜色处理功能十分强大，读者不仅可以使用"工具"面板和"属性"面板中的"笔触颜色"和"填充颜色"创建笔触和填充，还可以使用"颜料桶工具"和"墨水瓶工具"创建并修改笔触和填充。

- **源 文 件** | 源文件\第1章\实例7.fla
- **视 频** | 视频\第1章\实例7.swf
- **知 识 点** | 笔触与填充
- **学习时间** | 5分钟

实例分析

在绘制前，单击工具箱中的"笔触颜色"或"填充颜色"控件，弹出"样本"对话框，在弹出的"样本"对话框中单击某个颜色块，即可成功创建相应的"笔触颜色"和"填充颜色"，设置完成，最终效果如图1-30所示。

图1-30 最终效果

知识点链接

关于填充和笔触的选择

在Flash中可以通过单击选择部分的笔触，通过双击选择图形所有的笔触。同样，在填充上单击可以选择填充对象，三击则可以同时选择"填充"和"笔触"命令。

操作步骤

01 单击工具箱中的"笔触颜色"控件，如图1-31所示，在弹出的"样本"面板中单击相应的颜色块，如图1-32所示。

02 使用相同方法完成"填充颜色"设置，如图1-33所示。再使用"矩形工具"在场景中绘制一个矩形，如图1-34所示。此时可以看到刚刚创建的"笔触颜色"和"填充颜色"被应用到了绘制的图形中。

 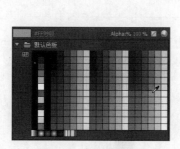 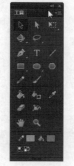 

图1-31 工具箱　　图1-32 "颜色"面板　　图1-33 工具箱　　图1-34 绘制矩形

Q 如何改变图形的颜色？

A 如果想要改变图形的颜色，可以选中该图形，使用相同方法创建新的"笔触颜色"和"填充颜色"，即可更改所选图形的颜色属性。

Q "样本"面板的用途是什么？

A "样本"面板中存放了大量颜色样本，读者不仅可以应用系统预设的各种颜色，还可以根据需求对相应的颜色样本进行复制、删除、添加和保存等操作。

实 例 008 添加和替换颜色样本

- 源 文 件 | 源文件\第1章\实例8.fla
- 视 频 | 视频\第1章\实例8.swf
- 知 识 点 | "样本"面板
- 学习时间 | 5分钟

操作步骤

01 打开素材图像，使用"滴管工具"在人物头发、脸、衣服、裤子和鞋上进行取样，如图1-35所示。

02 单击"样本"面板右上方的▬按钮，选择"保存颜色"选项，随意在画面中吸取其他的颜色，如图1-36所示。

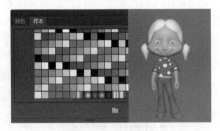

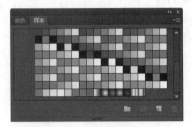

图1-35 打开素材　　　　　　　　　　　　图1-36 吸取其他颜色

03 执行"替换颜色"命令，载入刚刚保存的文件，可以看到颜色"样本"被替换为保存的文件，如图1-37所示。

04 执行"加载默认"颜色命令，并随意在画面中吸取颜色，执行"添加颜色"命令，载入刚刚保存的文件，可以看到颜色只是被添加到了面板中并没有替换刚刚吸取的颜色，颜色样本如图1-38所示。

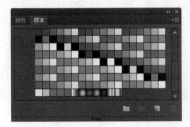

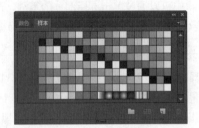

图1-37 替换颜色　　　　　　　　　　　　图1-38 添加颜色

实例总结

　　丰富的色彩搭配是Flash动画中一个不可或缺的条件。通过本例的学习，读者可以轻松地在Flash中完成颜色的选择和修改。但同时需要注意，Flash不支持CMYK的颜色值，只支持RGB或者十六进制的颜色。

实 例 009 图层——制作简单的按钮图形

　　在制作Flash动画时，一个单独的图层是无法满足复杂动画制作需求的，常常需要创建多个不同的图层，以满足不同对象的动画制作要求。本例将通过使用图层创建一个简单的按钮图形。

- 源 文 件 | 源文件\第1章\实例9.fla
- 视 频 | 视频\第1章\实例9.swf
- 知 识 点 | "新建图层""渐变变形工具""颜色"面板
- 学习时间 | 8分钟

实例分析

本实例主要使用"矩形工具"绘制按钮，并在"颜色"面板中调整渐变颜色，使用"渐变变形工具"对渐变色进行调整。然后新建图层，使用"文本工具"输入文字。制作完成效果如图1-39所示。

图1-39 最终效果

知识点链接

文件夹的妙用是什么?

制作一个完整的动画，常常需要几个甚至几十个图层。为了方便读者对众多图层进行管理，可以新建图层"文件夹"，对同类型的图层进行编组管理。

操作步骤

01 执行"文件>新建"命令，弹出"新建文档"对话框，单击"确定"按钮，新建一个空白文档，如图1-40所示。选择工具箱中的"矩形工具"，执行"窗口>颜色"命令，弹出"颜色"面板，如图1-41所示。

02 单击该面板中的"填充颜色"按钮，设置"填充颜色"为线性渐变，渐变颜色为#FFCC00到#FF9900，如图1-42所示。执行"窗口>属性"命令，在"属性"面板中进行相应设置，如图1-43所示。

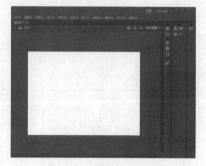

图1-40 新建空白文档

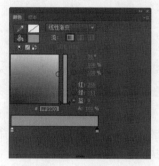

图1-41 "颜色"面板

图1-42 设置渐变颜色

03 在舞台中绘制矩形，效果如图1-44所示。选择工具箱中的"渐变变形工具"，对矩形的渐变颜色进行调整，效果如图1-45所示。

图1-43 "属性"面板

图1-44 绘制矩形

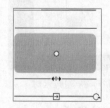

图1-45 调整渐变

04 单击工具箱中的"文本工具"，在"属性"面板中进行相应设置，面板如图1-46所示。单击"时间轴"面板中的"新建图层"按钮，新建"图层2"，"时间轴"面板如图1-47所示。完成后在舞台中单击并输入文本，最终效果如图1-48所示。

> **提示**
>
> 在使用"形状工具"绘制形状时，建议每绘制一个新的形状就创建一个图层，以方便修改和调整每个形状。当所有的形状都确定之后，可将所有形状合并到同一个图层中。

图1-46 "属性"面板

图1-47 "时间轴"面板

图1-48 完成效果

Q 渐变色填充的分类有哪些?

A Flash 中的渐变填充分为线性渐变和径向渐变两种。使用这两种填充方式可以创建丰富多彩的填充效果,并且使用"渐变变形工具"可以轻松地完成对渐变颜色的修改和编辑。

Q 线性渐变与径向渐变的区别是什么?

A 线性渐变是沿着一条轴线,以水平或垂直方向改变颜色,而径向渐变是按从一个中心点向外放射的方式来改变颜色,径向渐变和线性渐变的设置方法大同小异。

实例 010 "直接复制"——制作按钮倒影效果

- **源 文 件** | 源文件\第1章\实例10.fla
- **视 频** | 视频\第1章\实例10.swf
- **知 识 点** | 直接复制
- **学习时间** | 10分钟

┃ 操作步骤 ┃

01 执行"文件>打开"命令,将"素材\第1章\11001.fla"打开,如图1-49所示。

02 将"图层1"与"图层2"中的内容全部选中,执行"编辑>直接复制"命令,如图1-50所示。

03 将复制的内容全部选中并移到一定位置,执行"修改>变形>垂直翻转"命令,效果如图1-51所示。

04 选中复制的矩形,在"颜色"面板中调整矩形的"不透明度"。选中复制的文字,在"属性"面板中调整"不透明度",最终效果如图1-52所示。

图1-49 打开素材

图1-50 直接复制

图1-51 垂直翻转

图1-52 最终效果

┃ 实例总结 ┃

在Flash CC中可以通过"直接复制"命令复制图层或者对象,无需先执行"拷贝"命令,再执行"粘贴"命令。使用"直接复制"的方法可以大大提高工作效率,更好地完成动画制作。

实例 011 辅助线——使用辅助线制作动画安全框

为了在动画中准确定位,通常会使用辅助线功能。本例首先使用辅助线定位文档的尺寸,然后绘制出安全框的范围，为后期动画制作做好准备。

- ● 源 文 件 | 源文件\第1章\实例11.fla
- ● 视　　频 | 视频\第1章\实例11.swf
- ● 知 识 点 | 辅助线
- ● 学习时间 | 5分钟

▍实例分析▍

　　制作动画时常常需要安全框辅助定位。本例首先使用辅助线显示文档窗口的边界，然后创建安全框。读者要在熟练操作的同时理解安全框的功能和作用。本例最终效果如图1-53所示。

图1-53　最终效果

▍知识点链接▍

如何显示和隐藏辅助线？

　　在窗口中创建辅助线后，可以通过执行"视图>辅助线>隐藏辅助线"命令，将辅助线隐藏。之后再次执行该命令可以显示辅助线。还可以通过按快捷键【Ctrl+；】显示或隐藏辅助线。

▍操作步骤▍

01 执行"文件>新建"命令，弹出"新建文档"对话框，如图1-54所示。新建一个大小为410像素×285像素，其他为默认的空白文档，新建成功后如图1-55所示。

图1-54　"新建文档"对话框

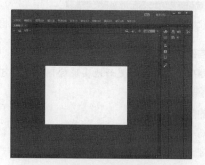

图1-55　新建空白文档

02 执行"视图>标尺"命令，在文档的左侧和上侧可以看到显示的标尺，如图1-56所示。将鼠标指针放在标尺的上方，按鼠标左键向下拖动，创建如图1-57所示的辅助线。

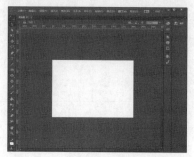

图1-56　显示标尺

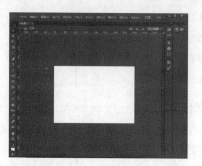

图1-57　创建辅助线

03 使用相同方法完成其他辅助线的创建，创建完成如图1-58所示。然后选择"工具箱"中的"矩形工具"，执行"窗口>属性"命令，弹出"属性"面板，设置"笔触颜色"为无，"填充颜色"为#000099，"矩形边角半径"为15，设置面板如图1-59所示。

04 在舞台中沿着辅助线绘制一个矩形，如图1-60所示。使用"多边形套索工具"对矩形进行选取，并按【Delete】键将选中部分删除，效果如图1-61所示。

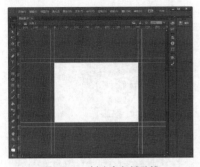
图1-58　创建多条辅助线

图1-59　"属性"面板

图1-60　绘制矩形

05 新建"图层2"，执行"文件>导入>导入到舞台"命令，弹出"导入"对话框，如图1-62所示。选择要导入的图像，单击"打开"按钮，调整图像到如图1-63所示的位置。

图1-61　部分删除

图1-62　"导入"对话框

图1-63　最终效果

Q 如何准确对齐辅助线？

A 创建辅助线后，为了更好地实现对齐功能，可以执行"视图>贴紧>贴紧辅助线"命令，此后移动对象时会自动对齐贴紧辅助线。

Q 网格的用途是什么？

A 在布局动画中的各种元素时，网格是设计师非常有效的辅助工具。在使用网格辅助设计时，网格会布满整个舞台。读者可以根据网格的尺寸准确定位。通过执行"编辑网格"功能轻松地实现对网格基本属性的控制。

实例 012　显示与隐藏网格

- **源 文 件** | 源文件\第1章\实例12.fla
- **视　　频** | 视频\第1章\实例12.swf
- **知 识 点** | "显示网格""隐藏网格"
- **学习时间** | 4分钟

┤ 操作步骤 ├

01 新建一个大小为470像素×470像素，其他参数为默认的空白文档，新建完成效果如图1-64所示。

02 执行"视图>网格>显示网格"命令，即可在舞台中看到网格，如图1-65所示。

03 将"素材\第1章\11201.png"图像导入到舞台中，效果如图1-66所示。

04 再次执行"视图>网格>显示网格"命令,即可隐藏舞台中的网格,如图1-67所示。

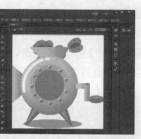

图1-64 新建文档　　　图1-65 显示网格　　　图1-66 导入素材　　　图1-67 隐藏网格

实例总结

制作动画时常常使用到辅助功能。使用这些功能除了可以帮助完成辅助定位外,还可以更好地对齐动画场景中的元素,同时也可以更好地定位动画中的元素。

 提示

若要移动辅助线,可以在工具箱中单击"选择工具"按钮,将辅助线拖到舞台上需要的位置。除了执行此命令删除辅助线外,还可以在选择辅助线后,直接将辅助线拖回到标尺上即可。但需要注意的是,只有在辅助线处于解除锁定状态时,才可以进行移动、删除或拖动等操作。

实例 013 将图像复制再粘贴

在动画制作中常常需要对动画元素进行"复制"操作。在Flash中执行"编辑>复制"命令,即可将对象复制到内存中,再执行"粘贴"命令完成对复制对象的操作。

- **源 文 件** | 源文件\第1章\实例13.fla
- **视　　频** | 视频\第1章\实例13.swf
- **知 识 点** | 复制、粘贴
- **学习时间** | 10分钟

实例分析

本例通过"复制"命令将对象复制到内存中,然后选择执行不同的"粘贴"命令,实现对动画元素的复制。读者要充分了解各种"粘贴"命令的效果,以便在实际操作中运用。本例最终效果如图1-68所示。

图1-68 最终效果

知识点链接

复制和剪切的区别是什么?

使用"复制"命令可以为同一个对象创建多个副本,而不会破坏原对象;使用"剪切"命令则是将同一个对象移动到不同位置,原对象将消失。

┃ 操作步骤 ┃

01 执行"文件>新建"命令，弹出"新建文档"对话框，如图1-69所示。新建一个默认的空白文档，新建完成后效果如图1-70所示。

02 执行"文件>导入>导入到舞台"命令，弹出"导入"对话框，如图1-71所示。选中要导入的图像，单击"打开"按钮，将图像导入到了舞台，效果如图1-72所示。

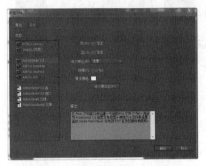
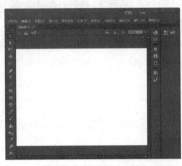
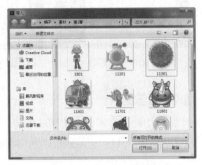

图1-69　"新建文档"对话框　　　　　图1-70　新建空白文档　　　　　图1-71　"导入"对话框

03 执行"编辑>复制"命令，或按快捷键【Ctrl+C】对图像进行复制，再执行"编辑>粘贴到中心位置"命令，或按快捷键【Ctrl+V】对图像进行粘贴，效果如图1-73所示。执行"编辑>粘贴到当前位置"命令，或按快捷键【Shift+Ctrl+V】将图像粘贴到当前位置，最终效果如图1-74所示。

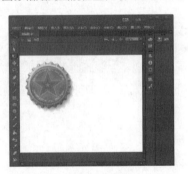
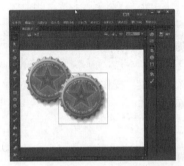
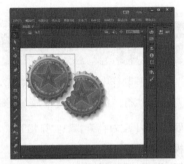

图1-72　导入到舞台　　　　　　　　图1-73　粘贴效果　　　　　　　　图1-74　粘贴到当前位置

提示

将一张图像移动到另一个页面，可以执行"编辑>剪切"命令，移到另一个页面再执行"编辑>粘贴"命令即可。

Q 如何将舞台中的图像全部选中并进行复制、粘贴？

A 单击工具箱中的"选择工具"，在舞台中拖出一个选框，拖动选框到整个舞台的范围或者按快捷键【Ctrl+A】全选，按快捷键【Ctrl+C】可以复制，按快捷键【Ctrl+V】可以粘贴。

Q 如何选中舞台中的某几幅图像进行复制、粘贴？

A 使用"选择工具"，按住【Shift】键，在想要复制的对象上单击，即可选中多个对象，按快捷键【Ctrl+C】复制，按快捷键【Ctrl+V】完成粘贴。

实例 014　将图像转换为元件

- **源文件** | 源文件\第1章\实例14.fla
- **视　频** | 视频\第1章\实例14.swf
- **知识点** | 元件
- **学习时间** | 5分钟

操作步骤

01 新建一个默认的空白文档，执行"插入>新建元件"命令，弹出"创建新元件"对话框，在对话框中进行设置，如图1-75所示。

02 将"素材\第1章\11401.png"图像导入到舞台，效果如图1-76所示。

03 选中导入的图像，执行"修改>转换为元件"命令，弹出"转换为元件"对话框，在对话框中进行设置，如图1-77所示。

04 单击"确定"按钮，返回"场景1"，执行"窗口>库"命令，弹出"库"面板，选中海豚元件并拖入到舞台，最终效果如图1-78所示。

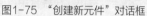
图1-75 "创建新元件"对话框

图1-76 导入图像

图1-77 "转换为元件"对话框

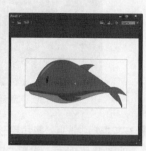
图1-78 最终效果

实例总结

元件是Flash中重要的组成部分。创建后的元件将会被保存在"库"面板中。读者可以通过拖曳的方法将元件从"库"面板中拖入到场景中，而且一个元件可以创建多个。

实例 015 "多角星形工具"与"选择工具"——绘制卡通花朵

Flash中的"选择工具"除了能够移动和缩放对象，还可以通过拖动改变图形的外部轮廓。利用这个特性可以绘制出各种不同的图形效果。

- **源文件** | 源文件\第1章\实例15.fla
- **视 频** | 视频\第1章\实例15.swf
- **知识点** | "多角星形工具""选择工具""椭圆工具"
- **学习时间** | 10分钟

实例分析

在本例中首先使用"多角星形工具"绘制一个规则的五角星图形，然后使用"选择工具"对图形的笔触轮廓进行调整，得到花瓣的效果，最后绘制椭圆形花蕊。制作完成效果如图1-79所示。

图1-79 最终效果

知识点链接

如何使用"多角星形工具"？

单击"属性"面板上的"选项"按钮，然后在"工具设置"对话框中对"边数"和"星形顶点大小"进行设置，从而得到满意的星形图形。

操作步骤

01 执行"文件>新建"命令，弹出"新建文档"对话框，如图1-80所示。设置该文档的大小为350像素×350像素，其他参数保持默认，新建如图1-81所示的空白文档。

图1-80 "新建文档"对话框

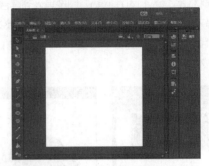

图1-81 新建空白文档

02 在工具箱中选择"多角星形工具"，打开"属性"面板，单击"属性"面板中的"选项"按钮，弹出"工具设置"对话框，如图1-82所示。设置"样式"为星形，"边数"为5，"星形顶点大小"为0.5，单击"确定"按钮，在舞台中绘制"星形"，效果如图1-83所示。

03 选择工具箱中的"选择工具"，调整星形边的形状，调整后效果如图1-84所示。选择工具箱中的"椭圆工具"，在舞台中绘制圆形，得到如图1-85所示的效果图。

图1-82 "工具设置"对话框

图1-83 绘制星形

图1-84 调整图形

图1-85 最终效果

提示

选中对象后，按住【Alt】键的同时拖动鼠标，即可复制选中的对象。需要注意的是，这种方法只适合在同一个图层中进行操作。

Q 如何将图像等比例放大或缩小？

A 选择工具箱中的"任意变形工具"，选择需要调整大小的图像，按住快捷键【Shift+Alt】可以将图像等比例放大或缩小。

Q 如何重复相同的操作？

A 在Flash中如果想要重复执行相同的操作，例如移动、复制和旋转等，可以在执行完一次操作后，再执行"编辑>重复直接复制"命令，即可再次执行上次的操作。

实例 016 "对象绘制"——使用"椭圆工具"绘制云朵

● **源 文 件** | 源文件\第1章\实例16.fla

● **视 频** | 视频\第1章\实例16.swf

● **知 识 点** | "对象绘制"

● **学习时间** | 5分钟

操作步骤

01 新建一个默认的空白文档，在"属性"面板中设置图形的各项参数，设置和新建的文档如图1-86所示。

02 单击工具箱上的"对象绘制"按钮，在舞台中绘制一个椭圆，效果如图1-87所示。

03 使用相同的方法在舞台中绘制多个椭圆，如图1-88所示。注意观察各图形都独立存在。

图1-86　"属性"面板和空白文档

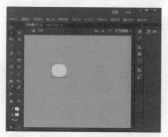

图1-87　绘制椭圆

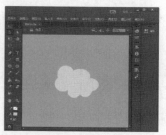

图1-88　最终效果

实例总结

在Flash中绘制图形时，如果使用相同的颜色，则图形会自动附加在一起；如果使用不同的颜色，则会出现相减的效果。而使用"对象绘制"模式可以轻松地解决这些问题。

> **提示**
>
> 使用"绘图工具"绘制图形时，在"属性"面板中设置的属性会延续下来，直到下次绘制图形更改设置后属性才发生变化。

实例 017　对图像使用"对齐"命令

当动画中存在多个对象时，可以执行"窗口>对齐"命令，使用"对齐"面板实现多个对象的排列和分布。同时，勾选"与舞台对齐"选项，使对象以舞台为参照对齐和分布。

- **源文件** | 源文件\第1章\实例17.fla
- **视　频** | 视频\第1章\实例17.swf
- **知识点** | 使用"对齐"面板
- **学习时间** | 3分钟

实例分析

本例主要使用"左对齐""右对齐""水平居中""顶对齐""垂直居中"和"底对齐"6种对齐方式，使用这些命令，可以实现图像与舞台的各种对齐效果。设置完成效果如图1-89所示。

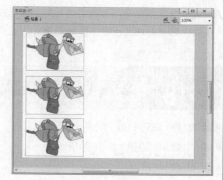

图1-89　最终效果

知识点链接

Flash中对齐图形对象的方法有几种？

在Flash中对齐图形对象的方法有两种：一是执行"修改>对齐"子菜单中的命令进行调整。二是执行"窗口>对齐"命令，在"对齐"面板中调整选定对象的分布和对齐方式。

▌操作步骤▐

01 新建一个参数设置为默认的空白文档，如图1-90所示。执行"插入＞新建元件"命令，新建一个名称为"动画"的"图形"元件，设置如图1-91所示，单击"确定"按钮，创建新元件。

图1-90　新建空白文档

图1-91　"创建新元件"对话框

02 将图像"素材\第1章\11701.png"导入到舞台中，效果如图1-92所示。返回"场景1"，将"动画"元件拖动到舞台中，效果如图1-93所示。

03 使用"选择工具"将场景中的图像选中，如图1-94所示。执行"修改＞对齐＞左对齐"命令，最终效果如图1-95所示。按照相同方法可以完成其他对齐操作。

图1-92　导入素材

图1-93　拖入元件

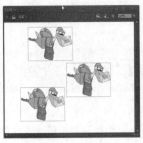

图1-94　选中图像

图1-95　左对齐效果

Q "对齐"面板中"匹配大小"的作用是什么？

A 可以调整多个选定对象的大小，使对象在水平或垂直尺寸上与所选定对象的尺寸一致，此选项包含匹配宽度、匹配高度及匹配宽和高等3种匹配方式。

Q "对齐"面板中"间隔"的作用是什么？

A 用于垂直或水平隔开选定的对象，该选项包含垂直平均间隔和水平平均间隔。当图形尺寸大小不同时，差别会很明显，但当处理大小差不多的图形时，这两个功能没有太大的差别。

实例 018　设置相同宽度与高度

- **源文件** ｜源文件\第1章\实例18.fla
- **视　频** ｜视频\第1章\实例18.swf
- **知识点** ｜对齐
- **学习时间** ｜3分钟

▌操作步骤▐

01 新建一个大小为385像素×200像素的空白文档，新建完成效果如图1-96所示。

02 将素材图像导入到舞台，调整其位置，效果如图1-97所示。

03 选中图像，执行"修改>对齐>设置相同宽度"命令，设置完成效果如图1-98所示。

04 执行"按相同高度分布"命令，并将其调整到合适位置，效果如图1-99所示。

图1-96　新建文档

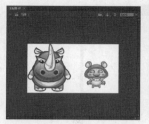
图1-97　导入图像

图1-98　设置相同宽度

图1-99　按高度均匀分布

实例总结

本例主要为读者讲述了"对齐"菜单中的各个"对齐"命令，通过本实例读者要熟练掌握"对齐"命令的操作技巧。

> **提示**
>
> 执行"修改 > 对齐"菜单下的命令，同样可以完成对齐操作。每个命令后面都有一个快捷键，使用快捷键可以以更快捷的方式实现对齐操作。

实例 019　对图像使用"变形"操作

在Flash中对象的变形操作有很多种，通过使用各种变形命令，可以对图形完成不同的变形操作，从而得到一些特殊效果。

- **源 文 件** | 源文件\第1章\实例19.fla
- **视　　频** | 视频\第1章\实例19.swf
- **知 识 点** | "任意变形工具""变形"
- **学习时间** | 3分钟

实例分析

本例主要使用了"变形"命令将图形进行旋转，再使用"任意变形工具"将其进行放大。操作最终效果如图1-100所示。

图1-100　最终效果

操作步骤

01 执行"文件>新建"命令，弹出"新建文档"对话框，如图1-101所示。新建一个大小为766像素×766像素，其他参数为默认的空白文档，新建完成后效果如图1-102所示。

02 新建"图层1"，将"素材\第1章\11901.png"导入到舞台中，新建"图层2"，再将"素材\第1章\11902.png"导入到舞台中，得到如图1-103所示的效果。选中"图层1"，执行"窗口>变形"命令，弹出"变形"面板，在面板中设置"旋转角度"为45°，旋转完成效果如图1-104所示。

图1-101 "新建文档"对话框

图1-102 新建空白文档

图1-103 导入图像

03 多次单击"变形"面板中的"重置选区和变形"按钮，效果如图1-105所示。单击"图层1"，选中"图层1"中的内容，选择工具箱中的"任意变形工具"按钮，按【Shift】键，拖动图像的控制点，可以将图像等比例放大或缩小，场景效果如图1-106所示。

图1-104 旋转图像

图1-105 图像效果

图1-106 最终效果

Q 为什么要设置图像中心点？

A 设置图像的中心点可以使图像有规律地围绕中心点进行旋转，从而得到特殊的效果，例如发光的太阳效果。

Q 为什么旋转出来的图像有的大、有的小？

A 在对图像进行旋转之前是不能对其进行放大与缩小的。如果读者对其放大，那么旋转的图像会越来越大；如果读者对其缩小，那么旋转的图像会越来越小。

实例 020	"任意变形工具"——对图像制作透视效果

● **源 文 件**│源文件\第1章\实例20.fla

● **视 频**│视频\第1章\实例20.swf

● **知 识 点**│"任意变形工具"

● **学习时间**│3分钟

▌操作步骤 ▌

01 新建一个默认的空白文档，将素材图像导入到舞台中，在"图层1"中插入关键帧，得到如图1-107所示的效果。

02 新建"图层2"，将其他素材导入到舞台中，并调整到合适位置，效果如图1-108所示。

03 在"图层2"中插入关键帧，并调整到合适位置，使用"任意变形工具"调整该素材的大小，效果如图1-109所示。

04 新建"图层3"并输入脚本，按快捷键【Ctrl+Enter】，对制作好的动画进行测试，最终效果如图1-110所示。

图1-107　导入素材

图1-108　导入图像并调整

图1-109　调整素材大小

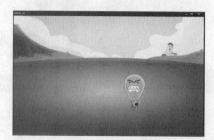

图1-110　最终效果

实例总结

　　本例主要告诉读者如何应用"任意变形工具"。通过本实例的学习，读者要熟练地掌握变形工具的应用，并且要了解配合不同快捷键获得不同变形效果的操作。

提示

在单击"重置选区和变形"按钮之前，必须将图形的中心点调整到另一个图形的中心位置，并将图形调整到合适位置。

第 **02** 章

Flash强大的绘图功能

制作Flash动画之前，首先需要对Flash动画中的物体、场景和角色进行设计和绘制。本章将通过实例讲解在Flash中绘制物体的方法和技巧，读者通过本章的学习可以了解在Flash中绘图的基本方法，并能够充分掌握软件中各种工具的使用和设置。

实例 021 "椭圆工具"和"矩形工具"——绘制卡通胡萝卜

制作动画时,单一的动画角色是不能满足动画制作要求的,所以在创建时常常需要创建不同角度和不同状态的角色。分别绘制人物的不同表情:大哭、微笑和愤怒等,以便满足不同故事情节的需要。

- **源 文 件** | 源文件\第2章\实例21.fla
- **视　　频** | 视频\第2章\实例21.swf
- **知 识 点** | "椭圆工具""矩形工具"
- **学习时间** | 10分钟

实例分析

　　本例通过使用一些基本的绘图工具,绘制一个可爱的胡萝卜人物。通过本例的绘制,读者要熟练绘图工具的使用方法和技巧,并要掌握"选择工具"的使用。制作完成最终效果如图2-1所示。

图2-1　最终效果

知识点链接

如何使用绘图工具完成蔬菜人物绘制?

　　绘制时可使用"椭圆工具"绘制蔬菜人物的身体和器官,使用"矩形工具"完成叶子的绘制,使用"移动工具"调整图形的轮廓。

操作步骤

01 新建一个大小为500像素×277像素,其他选项默认的Flash文档,设置如图2-2所示。单击"确定"按钮,新建一个空白文档,新建成功后如图2-3所示。

02 执行"文件>新建"命令,新建一个名称为"胡萝卜"的"图形"元件,如图2-4所示。

图2-2　"新建文档"对话框

图2-3　空白文档

图2-4　"创建新元件"对话框

03 单击工具箱中的"椭圆工具"按钮,设置"属性"面板上的"填充颜色"为#F93D06,"笔触颜色"为#663300,"笔触高度"为3,如图2-5所示。然后在场景中绘制椭圆,如图2-6所示。

04 单击工具箱中的"部分选取工具",选择刚刚绘制椭圆的"锚记点"进行调整,如图2-7所示。调整后椭圆的形状如图2-8所示。

图2-5 "属性"面板

图2-6 绘制椭圆形

图2-7 调整锚点

图2-8 图形效果

05 单击"椭圆工具"按钮，在场景中绘制椭圆，使用"部分选取工具"调整椭圆形状，调整后的椭圆如图2-9所示。然后选择刚刚调整过的椭圆，设置该椭圆的"填充颜色"为从白色到透明的线性渐变，设置及图形效果如图2-10所示。

06 新建一个图层，单击"线条工具"按钮，设置"属性"面板上的"笔触颜色"为#663300，在舞台中绘制线条，如图2-11所示。再使用"选择工具"对图形进行调整，如图2-12所示。

图2-9 调整椭圆

图2-10 图形效果

图2-11 绘制线条

图2-12 调整线条

07 使用相同方法绘制另一个线条并改变线条的形状，效果如图2-13所示。单击"椭圆工具"按钮，设置"属性"面板上的"笔触颜色"为#663300，"笔触高度"为2，"填充颜色"为#FFFFFF，设置如图2-14所示。

08 按住【Shift】键绘制两个圆形，效果如图2-15所示。新建图层，使用相同方法，用"椭圆工具"在舞台中绘制两个"笔触颜色"为无，"填充颜色"为#290B01的圆形，图形效果如图2-16所示。

图2-13 图形效果

图2-14 "属性"面板

图2-15 图形效果1

图2-16 图形效果2

图2-17 绘制圆形

09 使用"椭圆工具"在舞台中绘制一个"填充颜色"为白色的圆形，如图2-17所示。使用相同方法完成其他圆形的制作，效果如图2-18所示。

10 使用相同方法完成其他图形的绘制，效果如图2-19所示。使用"矩形工具"在舞台中绘制一个"填充颜色"为#66CC00，"笔触颜色"为#333300，"矩形边角半径"为5的矩形。选中绘制的矩形，按快捷键【Ctrl+C】进行复制，按快捷键【Ctrl+V】进行粘贴，并调整到合适位置，得到效果如图2-20所示的图形。

图2-18 图形效果1

图2-19 图形效果2

11 使用"选择工具"将绘制的图形全部选中，使用"任意变形工具"按【Alt】键拖动，对图形进行调整，调整后效果如图2-21所示。然后将该图层移动到最底层，并调整到合适位置。

12 执行"文件>导入>导入到舞台"命令，将"素材\第2章\22101.jpg"导入到舞台中，调整到合适位置，最终效果如图2-22所示。

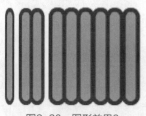

图2-20　图形效果3　　　　　　　图2-21　调整矩形　　　　　　　图2-22　最终效果

Q 使用"任意变形工具"可以调整图形的什么？

A 使用"任意变形工具"除了可以调整图形的宽高和压缩效果外，还可以对选中图形进行旋转，得到想要的旋转角度。

Q 在制作过程中出现错误怎么办？

A 在制作过程中如果出现错误，读者可以通过执行"编辑>撤销"命令，撤销错误的操作，也可以通过按快捷键【Ctrl+Z】撤销。

实例 022　**"椭圆工具"和"线条工具"——绘制向日葵**

● **源 文 件** | 源文件\第2章\实例22.fla

● **视　　频** | 视频\第2章\实例22.swf

● **知 识 点** | "椭圆工具""线条工具""钢笔工具"

● **学习时间** | 17分钟

操作步骤

01 使用"矩形工具"绘制图形，使用"部分选择工具"对图形进行调整，如图2-23所示。

02 使用"椭圆工具"和"钢笔工具"绘制图形，调整后效果如图2-24所示。

03 使用"椭圆工具"和"线条工具"绘制图形，对图形进行适当调整，调整后效果如图2-25所示。

04 绘制出其他的花朵图形，最终完成花朵的绘制，最终效果如图2-26所示。

图2-23　绘制并调整图形　　图2-24　绘制叶子　　图2-25　绘制花朵　　　图2-26　最终效果

实例总结

本例综合使用了多种绘图工具完成了花朵的绘图工作。通过本例的学习，读者要掌握使用不同工具实现不同效果的技巧，并能对不同部分设置不同笔触的效果。另外还要掌握控制多个元件的图层关系的方法和技巧。

提示

绘制圆形时，可以按【Shift】键，绘制完成后通过修改"属性"面板上的"宽度"和"高度"数值来调整其大小。

实例 023 "部分选取工具"——绘制卡通小狗

在绘制一个可爱的卡通小狗形象时，使用 Flash 提供的"椭圆工具"可以绘制出小狗的大致部位，仍有些细微的部位需要修改，此时可以通过"选择工具"对其进行调整，以得到更好的效果。

● 源 文 件 | 源文件\第2章\实例23.fla
● 视　　频 | 视频\第2章\实例23.swf
● 知 识 点 | "部分选取工具""椭圆工具""矩形工具""线条工具"
● 学习时间 | 9分钟

▌ 实例分析 ▌

本例使用 Flash 中基本的"椭圆工具"和"矩形工具"绘制规则图形，还使用了"线条工具"绘制不规则的图形。本例的最终效果如图2-27所示。

图2-27　最终效果

▌ 知识点链接 ▌

还可以怎样调整椭圆？

在调整椭圆的形状时，也可以使用"部分选取工具"对锚点位置进行调整，再配合使用"转换锚点工具"增减锚点数量。

▌ 操作步骤 ▌

01 新建一个默认的空白文档，新建完成后如图2-28所示。使用"椭圆工具"在舞台中绘制一个"填充颜色"为#CC3300，"笔触颜色"为#663300的椭圆，如图2-29所示。

02 单击工具箱中的"选择工具"按钮，调整椭圆轮廓，效果如图2-30所示。单击工具箱中的"线条工具"按钮，在舞台中绘制一根"笔触高度"为3，"笔触颜色"为#66330的线条，如图2-31所示。

图2-28　新建文档

图2-29　绘制椭圆

图2-30　调整椭圆

图2-31　绘制线条

03 使用"选择工具"对刚刚绘制的线条进行调整，如图2-32所示。使用同样的方法在场景中再绘制两根线条，场景效果如图2-33所示。

04 新建"图层3"，单击"椭圆工具"按钮，在舞台中绘制一个椭圆，"填充颜色"为从白色到透明的线性渐变，"笔触颜色"为无，使用"渐变变形工具"对填充进行调整，如图2-34所示。使用"部分选取工具"对绘制的椭圆进行调整，效果如图2-35所示。

05 新建"图层4"，单击"线条工具"按钮，在舞台中绘制两条"笔触颜色"为#000000，"笔触高度"为3的直线，并

使用"选择工具"对其进行调整,调整后效果如图2-36所示。新建"图层5",在舞台中绘制两个"填充颜色"为
#000000,"笔触颜色"为无的圆形,如图2-37所示。

图2-32 调整线条　　图2-33 图形效果　　图2-34 绘制椭圆　　图2-35 调整椭圆　　图2-36 绘制线条

06 新建"图层6",单击"椭圆工具"按钮,在舞台中绘制4个"笔触颜色"为无,"填充颜色"为#FFFFFF,大小不均
的圆形,效果如图2-38所示。

07 再次选择"椭圆工具",打开"颜色"面板,设置"类型"为放射状,"填充颜色"为"透明度"82%的#FFFFFF到
"透明度"0%的#391D00渐变色,在场景中绘制出两个椭圆,绘制完成后如图2-39所示。

08 使用相同的方法绘制两个圆形"填充颜色"为"透明度"100%的#FF3300到"透明度"0%的#CC3300的渐变色,
完成后如图2-40所示。新建"图层8",单击"椭圆工具"按钮,在舞台中绘制两个"填充颜色"为#CC9933,"笔触颜
色"为#663300的圆形,效果如图2-41所示。

图2-37 绘制圆形　　图2-38 绘制圆形　　图2-39 图形效果　　图2-40 绘制圆形　　图2-41 绘制圆形

09 使用相同方法绘制出卡通头像的鼻子,如图2-42所示。再继续绘制出
鼻子的高光效果,如图2-43所示。

10 单击工具箱中的"矩形工具"按钮,在舞台中绘制两个"填充颜色"
为白色,"笔触颜色"为#663300的矩形,并使用"选择工具"对其进行
调整,将"图层12"拖动到"图层8"下面,图形效果如图2-44所示。
重复上面操作,完成后最终效果如图2-45所示。

Q 通过设置元件的"样式"可以修改元件的哪些属性?

A 通过设置元件"属性"面板上的"样式"可以对元件的"色调""亮
度"和"透明度"进行设置,"属性"面板如图2-46所示,这与在"颜色"面板上直接设置图形的样式不同。

图2-42 调整椭圆　　图2-43 绘制高光

图2-44 图形效果　　　　图2-45 最终效果　　　　图2-46 "属性"面板

Q 哪些时候可以使用滤镜？

A 在Flash动画中，并不是对所有元素都可以使用滤镜功能。滤镜只能对文本、影片剪辑和按钮3种对象使用滤镜。

实例 024 "椭圆工具"和"渐变填充"——绘制卡通刺猬

● 源 文 件 | 源文件\第2章\实例24.fla

● 视 频 | 视频\第2章\实例24.swf

● 知 识 点 | "椭圆工具""钢笔工具"

● 学习时间 | 15分钟

┤ 操作步骤 ├

01 使用"椭圆工具"绘制椭圆，使用"选择工具"和"部分选取工具"对所绘制椭圆形进行调整，并使用"钢笔工具"绘制出高光，效果如图2-47所示。

02 使用"椭圆工具"绘制出刺猬脸部的其他图形效果，如图2-48所示。

03 再新建"身体"和"刺"两个图形元件，分别绘制图形，最终将所绘制的各部分图形组合成为一个整体，效果如图2-49所示。

04 新建图层，导入背景素材，并调整图层顺序，完成最终制作，效果如图2-50所示。

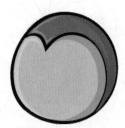

图2-47 绘制圆形

图2-48 绘制图形

图2-49 整体效果

图2-50 最终效果

┤ 实例总结 ├

通过本章前面实例的学习，读者基本掌握了绘图工具的使用方法和绘图要点。通过本实例的学习将进一步了解绘图工具，并将其运用到动画制作中。

> **提示**
>
> 使用"矩形工具"时，可以通过在"属性"面板上设置"矩形边角半径"的值来绘制圆角矩形，可以将4个圆角的角度设置为不同的值，也可以设置为相同的值。

实例 025 "椭圆工具"和"矩形工具"——绘制魔法药瓶

在制作Flash动画时，常常会需要绘制一些动画图标，用作动画场景或按钮元件。在绘制时颜色的使用要大胆，使色彩丰富，并且绘制风格尽量与动画风格保持一致，线条要尽可能简单，不宜太过复杂。

● 源 文 件 | 源文件\第2章\实例25.fla

● 视 频 | 视频\第2章\实例25.swf

● 知 识 点 | "椭圆工具""矩形工具""线条工具"

● 学习时间 | 20分钟

实例分析

　　本实例通过使用"椭圆工具"来绘制瓶子的整体效果，使用"线条工具"来绘制它的轮廓，使用"矩形工具"来绘制瓶子的盖子，使读者掌握"线条工具"和"椭圆工具"的使用方法和技巧。绘制完成最终效果如图2-51所示。

图2-51　最终效果

知识点链接

选择工具的使用

　　要对图形进行操作首先要选中对象。选中的方式分为单击和拖选两种，单击一般选择的是路径、锚点、同一个图形或同一个元件。拖选选中的是一段路径、多个锚点、图形的一部分或多个元件。

操作步骤

01 新建一个大小为240像素×360像素，"帧频"为24fps的Flash文档，新建完成后如图2-52所示。执行"插入>新建元件"命令，新建一个名称为"魔法药瓶1"的"图形"元件，如图2-53所示。

02 单击工具箱中的"椭圆工具"按钮，设置"填充颜色"为无，"笔触颜色"为#8410BD，在舞台中绘制椭圆，效果如图2-54所示。选择工具箱的"线条工具"，在舞台中绘制线条，如图2-55所示。

图2-52　新建文档

图2-53　"创建新元件"对话框

图2-54　绘制椭圆

03 使用相同方法绘制出其他线条，效果如图2-56所示。单击工具箱中的"选择工具"按钮，选中多余部分，按【Delete】键删除，效果如图2-57所示。

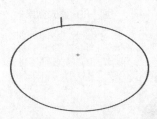

图2-55　绘制线条1

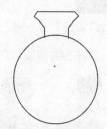

图2-56　绘制线条2

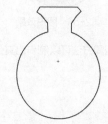

图2-57　删除线条

04 再使用"选择工具"调整线条形状，调整后效果如图2-58所示。打开"颜色"面板，设置"填充颜色"为从#FAE6FD到#CE6AFF的渐变色，"不透明度"为70%，"颜色"面板如图2-59所示。

05 单击工具箱中的"颜料桶工具"按钮，在图形中的空白区域单击进行颜色填充，填充完成后效果如图2-60所示。选择"椭圆工具"，设置"填充颜色"为从#A00EB6到#FD3CE6的线性渐变，完成后效果如图2-61所示。

06 新建"图层2"，在舞台中绘制圆形，使用"渐变变形工具"对渐变进行调整，效果如图2-62所示。隐藏"图层1"，使用"选择工具"选中"图层2"图形的一部分后删除，操作完成后如图2-63所示。

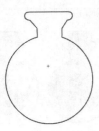   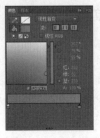

图2-58　图形效果　　　　图2-59　"颜色"面板　　　　图2-60　填充颜色　　　　图2-61　"颜色"面板

07 单击"椭圆工具"按钮，设置"填充颜色"为#C922CB，新建"图层3"，在舞台中绘制椭圆，效果如图2-64所示。使用相同方法绘制两个"填充颜色"为白色，"不透明度"为80%的圆形，绘制完成后如图2-65所示。

图2-62　渐变变形　　　　图2-63　删除图像　　　　图2-64　绘制椭圆　　　　图2-65　绘制圆形

08 选中线条，按快捷键【Ctrl+X】进行剪切，新建"图层5"，按快捷键【Ctrl+V】进行粘贴，将"图层5"隐藏，隐藏后效果如图2-66所示。然后单击"矩形工具"按钮，设置"属性"面板上的"填充颜色"为从#EE9500到#895501再到#E79500的线性渐变，"笔触颜色"为#6F1C00，"属性"面板如图2-67所示。

09 新建"图层6"，在舞台中绘制如图2-68所示的矩形。再使用"选择工具"选中并按【Delete】键删除底部的一部分，效果如图2-69所示。

图2-66　图形效果　　　　图2-67　"属性"面板　　　　图2-68　图形效果　　　　图2-69　图形效果

10 使用相同方法可以制作出其他几种颜色的药瓶，最终效果如图2-70所示。

图2-70　最终效果

> **提示**
>
> 对于填充完成后的渐变效果，可以使用"渐变变形工具"调整渐变的范围、角度等，以得到更自然的图形效果。

Q 如何设置椭圆的"填充颜色"和"笔触颜色"？

A 选中要设置的椭圆，执行"窗口>属性"命令，在"属性"面板中即可完成"填充颜色"和"笔触颜色"的设置，或者执行"窗口>颜色"命令，在"颜色"面板中进行相应的设置。

Q 如何表现图形的立体效果？

A 无论是图形还是文字，可以采用为其添加阴影的方法实现立体效果，也可以多绘制几个同色系的图形，通过叠加的方式来实现。

实例 026 "多角星形工具"和"渐变颜色"——绘制动画按钮

● **源 文 件** | 源文件\第2章\实例26.fla

● **视　　频** | 视频\第2章\实例26.swf

● **知 识 点** | "椭圆工具"和"渐变颜色"填充

● **学习时间** | 15分钟

▌操作步骤 ▐

01 首先绘制一个圆形，将其转换为"影片剪辑"元件，再为该元件添加滤镜效果，制作出阴影，再绘制圆形并填充渐变颜色，效果如图2-71所示。

02 绘制相应的图形，并应用渐变颜色填充，突出按钮的质感，效果如图2-72所示。

03 绘制三角形并应用渐变颜色填充，完成后效果如图2-73所示。

04 使用相同的操作方法，还可以绘制出其他按钮，完成按钮的绘制，最终效果如图2-74所示。

图2-71 绘制圆形

图2-72 绘制图形并填充渐变

图2-73 完成按钮图形的绘制

图2-74 最终效果

▌实例总结 ▐

　　本实例使用常用的Flash绘图工具，通过控制颜色完成按钮的制作。通过本实例的学习，读者要掌握绘制立体图形的方法、如何使用颜色影响图形的立体效果并可以熟练绘制动画按钮。

实例 027 "椭圆工具"和"线条工具"——制作小猪热气球

　　在Flash中常常使用基本的绘图工具绘制一些制作动画所需要的元素。在绘制动画的某一元素时要有清晰的思路，可以先绘制草稿，然后再逐步绘制完成。切记不要急于求成。

● **源 文 件** | 源文件\第2章\实例27.fla

● **视　　频** | 视频\第2章\实例27.swf

● **知 识 点** | "椭圆工具""线条工具"

● **学习时间** | 20分钟

▌实例分析▐

本实例通过使用"椭圆工具"来绘制小猪热气球的身体，使用"线条工具"来绘制小猪的器官和其他部位，使用"渐变填充"增加小猪的立体效果。绘制完成最终效果如图2-75所示。

图2-75　最终效果

▌知识点链接▐

小猪的具体绘制方法是什么?

使用"椭圆工具"绘制小猪的身体轮廓，使用"线条工具"绘制小猪的器官表情，使用"线性渐变"为小猪的肢体填充颜色。

▌操作步骤▐

01 新建一个大小为300像素×300像素，"帧频"为24fps的Flash文档，新建完成后如图2-76所示。执行"插入>新建元件"命令，新建一个名称为"热气球小猪"的"图形"元件，相关设置如图2-77所示。

02 单击"椭圆工具"按钮，设置"填充颜色"为从#FF9900到#FFCC00的线性渐变，"笔触颜色"为#6F1C00，"颜色"面板设置如图2-78所示。在舞台中绘制一个椭圆，如图2-79所示。

图2-76　新建文档

图2-77　"创建新元件"对话框

图2-78　"颜色"面板

图2-79　绘制椭圆1

03 用相同方法在舞台中再绘制一个椭圆，使用"选择工具"对椭圆进行调整，效果如图2-80所示。再用相同方法绘制椭圆，设置该椭圆的"填充颜色"为从#FF9900到#FF6600的线性渐变，"笔触颜色"为#CC6600，效果如图2-81所示。

04 单击"线条工具"按钮，设置该线条的"笔触颜色"为#993300，"笔触高度"为3，在舞台中绘制线条，如图2-82所示。再用相同方法绘制其他线条，并使用"选择工具"进行调整，调整后效果如图2-83所示。

05 单击"多边形工具"按钮，打开"属性"面板，单击"选项"按钮，设置"边数"为3，相关设置如图2-84所示。设置"填充颜色"为从#FF9900到#FFCC00的线性渐变，在舞台中绘制图2-85所示的三角形。

06 使用"选择工具"对三角形的线条进行变形和删除，操作完成后效果如图2-86所示。再使用相同的方法绘制出小猪的其他部位，效果如图2-87所示。

图2-80 绘制椭圆2

图2-81 绘制椭圆3

图2-82 图形效果

图2-83 图形效果

图2-84 "工具设置"对话框

图2-85 图形效果

07 返回"场景1",单击"矩形工具"按钮,设置"填充颜色"为从 #00CCFF 到 #0080FF 的线性渐变,"笔触颜色"为无,在舞台中绘制动画背景,最后将小猪热气球元件从库中拖出,制作完成后效果如图2-88所示。

图2-86 渐变变形

图2-87 绘制图像

图2-88 最终效果

Q 在Flash动画中如何对图形实现透视效果?

A Flash提供了丰富的变形操作方法。要对对象实现透视效果,可以先选中对象,单击"任意变形工具"按钮,同时按【Alt】键和【Shift】键调整对象节点,即可实现透视效果。

Q Flash动画制作中如何控制其生成的SWF文件的体积?

A 在制作Flash动画时,尽量少使用位图文件,多使用矢量图形。将多余的没有使用到的元件删除,还有将文字和位图都分离,打散为矢量图形也可以减小文件体积。另外使用一些小软件也可以控制SWF文件大小。

实例 028 **"椭圆工具"和"颜色"面板——绘制小飞侠**

● **源 文 件** | 源文件\第2章\实例28.fla

● **视 频** | 视频\第2章\实例28.swf

● **知 识 点** | "椭圆工具"和"渐变颜色"填充

● **学习时间** | 35分钟

┃ 操作步骤 ┃

01 使用"椭圆工具"绘制图形,并应用渐变颜色填充图形,绘制完成后效果如图2-89所示。

02 使用"椭圆工具"绘制图形,并对图形进行变形操作,操作完成后效果如图2-90所示。

03 绘制出"身体"和"翅膀"元件,并将图形组合成为一个完整的角色,整合后效果如图2-91所示。

04 完成小飞侠角色的绘制，得到最终效果，如图2-92所示。

图2-89　绘制圆形

图2-90　绘制图形

图2-91　将绘制的各部分整合

图2-92　最终效果

┤ 实例总结 ├

　　本实例使用常用的Flash绘图工具，使用"椭圆工具"完成图形的基本绘制，使用"颜色"面板对图形进行渐变效果的填充，实现逼真的立体效果。通过本例读者要掌握实现立体感的方法和技巧。

实例 029　"椭圆工具"和"线条工具"——绘制卡通小熊玩偶

　　动画制作中，除了场景以外，动画角色也是很重要的元素。角色的风格是决定动画风格的主要因素之一。要在不同的场景或不同的故事背景下要创建不同风格的角色，否则将会产生不伦不类的动画效果。

● 源 文 件｜源文件\第2章\实例29.fla
● 视　　频｜视频\第2章\实例29
● 知 识 点｜"椭圆工具""线条工具"
● 学习时间｜20分钟

┤ 实例分析 ├

　　本实例通过制作一只卡通小熊，讲解在Flash中绘制卡通动物角色的技巧。首先使用"椭圆工具"绘制出小熊的轮廓，然后使用"选择工具"调整轮廓，再通过填充不同的颜色实现图形的质感。绘制完成后效果如图2-93所示。

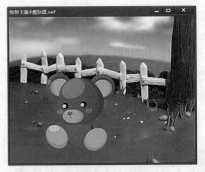

图2-93　最终效果

┤ 知识点链接 ├

使用线条绘制图形有什么优点？

　　使用"线条工具"绘制图形可以使所有线条的轮廓保持一致，并且可以减少图形中锚点的数量。同时这种方法对于没有绘画基础的读者来说，也是比较容易上手的。

┤ 操作步骤 ├

01 新建一个大小为450像素×345像素的空白文档，新建完成后效果如图2-94所示。再新建一个名称为"头部"的"图形"元件，完成后效果如图2-95所示。

02 单击工具箱中"椭圆工具"按钮，设置"笔触颜色"为无，"填充颜色"为#9B3328，在场景中绘制一个椭圆，效果如图2-96所示。单击工具箱中"选择工具"按钮，当指针变成时，即可对场景中的椭圆进行调整，场景效果如图2-97所示。

图2-94　新建文档

图2-95　"创建新元件"对话框

图2-96　绘制椭圆

03 新建"图层2"，单击"椭圆工具"按钮，打开"颜色"面板，设置从"Alpha"值为100%的#D25D00到"Alpha值"为100%的#CC5609到"Alpha"值为100%的#BC4322到"Alpha"值为100%的#A92D3F的径向渐变，"颜色"面板如图2-98所示。

04 在场景中绘制一个椭圆，效果如图2-99所示，单击工具箱中"选择工具"按钮，当指针变成时，即可对场景中的椭圆进行调整，场景效果如图2-100所示。

图2-97　调整图形

图2-98　"颜色"面板

图2-99　调整椭圆

05 新建"图层3"，单击"椭圆工具"按钮，设置"笔触颜色"为无，"填充颜色"为"Alpha"值为30%的#FFFFFF，"属性"面板如图2-101所示。在场景中绘制一个椭圆，单击"任意变形工具"按钮，旋转场景中的椭圆，效果如图2-102所示。

图2-100　调整图形

图2-101　"属性"面板

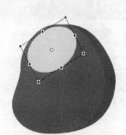

图2-102　调整图形

06 新建"图层4"，单击"椭圆工具"按钮，设置其"笔触颜色"为无，"填充颜色"为#F08C11，在场景中绘制一个椭圆，场景效果如图2-103所示。新建"图层5"，单击"椭圆工具"按钮，设置"笔触颜色"为无，"填充颜色"为#F5A91F，在场景中绘制一个椭圆，场景效果如图2-104所示。

07 新建"图层6"，单击工具箱中"线条工具"按钮，设置其"笔触颜色"为#B94025，"笔触"为1像素，"属性"面板如图2-105所示。在场景中绘制一条直线，使用"选择工具"对线条进行调整，调整后效果如图2-106所示。

图2-103　绘制椭圆

图2-104　绘制椭圆

图2-105　"属性"面板

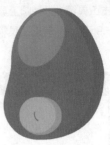

图2-106　场景效果

08 使用相同方法在舞台中绘制椭圆并对其进行调整，完成"头部"元件的制作，效果如图2-107所示。

09 采用"头部"元件的制作方法，制作出"身体"元件和"耳朵"元件，完成的元件效果如图2-108所示。

10 返回"场景1"编辑状态，执行"文件>导入>导入到舞台"命令，将"素材\第2章\22901.jpg"导入场景中，效果如图2-109所示。执行"窗口>库"命令，将"身体"元件从"库"面板中拖入场景中，完成后效果如图2-110所示。

图2-107　图形效果

图2-108　元件效果

图2-109　导入图像

11 新建"图层2"，将"耳朵"元件从"库"面板中拖入场景中，新建"图层3"，将"头部"元件从"库"面板中拖入场景中，效果如图2-111所示。制作完成后最终效果如图2-112所示。

图2-110　拖入元件

图2-111　导入图像

图2-112　最终效果

提示

调整元件的"色调"和"不透明度"，可以通过修改"属性"面板上"色彩效果"下"样式"的参数实现。如果直接对元件内部进行修改，则场景中所有元件实例都会发生变化。

Q 如何实现图形外的羽化效果？

A 对于直接绘制的图形可以首先选中图形，然后执行"修改>形状>柔化填充边缘"命令，设置对话框中的"距离""步骤数"和"方向"，从而得到较好的羽化效果。

Q 如何才能绘制出效果好的图形？

A 在制作卡通类动画时，由于场景和角色的绘制都不需要太过精细，相似就可以，所以在绘制的时候只需要抓住图形的主要特点，而不需要面面俱到。读者可以使用"刷子工具"和"铅笔工具"绘制，必要时也可以使用"钢笔工具"绘制。

实例 030　"钢笔工具"——绘制卡通圣诞老人

- **源 文 件**｜源文件\第2章\实例30.fla
- **视　　频**｜视频\第2章\实例30.swf
- **知 识 点**｜"椭圆工具""钢笔工具"
- **学习时间**｜30分钟

操作步骤

01 首先使用"椭圆工具"设置颜色，绘制老人的身体，并调整图层顺序，绘制完成效果如图2-113所示。

02 使用"矩形工具"绘制老人腰带，再使用"椭圆工具"绘制老人面部，完成后效果如图2-114所示。

03 使用"钢笔工具"与"椭圆工具"绘制老人的帽子及其他部位，得到如图2-115所示效果。

04 将背景图像导入到舞台中，并将绘制好的元件拖入到舞台，绘制完成。最终效果如图2-116所示。

图2-113　绘制各部分图形

图2-114　整合图形

图2-115　绘制帽子

图2-116　最终图形效果

实例总结

　　本实例使用了Flash自带的多种绘图工具，读者要熟练掌握各个工具的使用方法和"属性"设置，才能绘制出丰富的图形效果。对图形填充时要掌握渐变填充的类型和设置方法，使用"渐变填充工具"调整渐变效果的方法等。

实例 031　综合绘图工具——绘制闹钟图形

　　在Flash中绘制图形时，仅使用一种工具往往是无法完成图形制作的。只有综合运用多种绘图工具才能绘制出效果逼真的图形效果。

- **源 文 件**｜源文件\第2章\实例31.fla
- **视　　频**｜视频\第2章\实例31.swf
- **知 识 点**｜"椭圆工具""矩形工具""线条工具"
- **学习时间**｜20分钟

实例分析

　　本实例通过使用"椭圆工具"与"矩形工具"来绘制闹钟的主体形状，并填充不同的颜色，使用"文本工具"制作闹钟的时间，使用"多角星形工具"完成高光的绘制。绘制完成后最终效果如图2-117所示。

图2-117　最终效果

▌知识点链接 ▐

如何选择图形的填充和笔触？

读者可以通过使用"选择工具"选择图形。在需要选择的图形上单击即可选择填充，双击可以将笔触和填充同时选择。在笔触上单击可以选择部分笔触，双击可以选择全部笔触。使用"部分选取工具"选择路径或者锚点，可以进行各种编辑操作。

▌操作步骤 ▐

01 新建一个"帧频"为12fps，其他参数为默认的空白文档，如图2-118所示。新建一个名称为"闹铃主体"的"图形"元件，如图2-119所示。

02 单击工具箱中的"线条工具"按钮，在舞台中绘制线条，使用"选择工具"对线条进行调整，绘制完成后如图2-120所示。设置"填充颜色"为#2B0E4C，使用"颜料桶工具"对图像进行填充，填充后效果如图2-121所示。

图2-118　新建文档　　　图2-119　"创建新元件"对话框

03 将线条删除，删除后效果如图2-122所示。使用相同的方法制作出其他图形，绘制完成后如图2-123所示。选择"图层2"中的图像，按快捷键【Ctrl+C】复制，按快捷键【Ctrl+V】粘贴，并将复制的图像"填充颜色"改为#7D3797，效果如图2-124所示。

图2-120　绘制并调整线条　　图2-121　填充颜色　　图2-122　删除笔触　　图2-123　图像效果1

04 将原图拖动到复制图像的上方，得到如图2-125所示的效果。选中上方的图像将其删除，并调整到合适位置，效果如图2-126所示。

图2-124　图像效果2　　　　图2-125　图形效果　　　　图2-126　调整后的效果

05 使用"椭圆工具"绘制一个"填充颜色"为#1A6A24的圆形，完成后效果如图2-127所示。再使用相同的方法绘制一个"填充颜色"为#B3DC1D的圆形，效果如图2-128所示。

图2-127　填充颜色　　　图2-128　绘制图形

06 使用相同方法绘制其他效果，如图2-129所示。继续使用相同方法绘制，完成效果如图2-130所示。

07 使用相同方法绘制，效果如图2-131所示。再使用相同方法绘制，完成后效果如图2-132所示。

图2-129 渐变变形

图2-130 删除图像

图2-131 绘制椭圆

08 单击"文本工具"按钮，设置"属性"面板中的参数值，如图2-133所示。在舞台中输入文字，效果如图2-134所示。

图2-132 绘制圆形

图2-133 "属性"面板

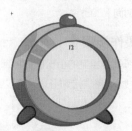
图2-134 图形效果

09 使用相同方法完成其他图形的制作，效果如图2-135所示。根据上面介绍的方法制作出其他效果，如图2-136所示。

10 完成其他两个元件的制作，如图2-137所示。使用"多角星形工具"绘制一个"边数"为4，"星形顶点大小"为0.02的"星形"，效果如图2-138所示。

图2-135 图形效果

图2-136 图形效果

图2-137 元件效果

图2-138 星形效果

11 设置"填充颜色"为从#FF6600到#FFFFCC的线性渐变，"笔触颜色"为无，使用"矩形工具"在舞台中绘制一个矩形，如图2-139所示。

12 执行"文件>保存"命令，将动画保存。按快捷键【Ctrl+Enter】进行测试，测试效果如图2-140所示。

图2-139 矩形效果

图2-140 测试效果

Q 如何利用图形的加减绘图？

A 在 Flash 中绘图时，相同颜色的图形将自动相加在一起，不同颜色的图形将自动相减。如果不想出现图形的加减效果，可以单击工具箱上的"对象绘制"按钮，这样绘制的图形是独立个体，不会出现相加减的效果。

Q 为什么在制作文字特效时，都要将文字分离成矢量？

A 保留文字的基本属性，可以方便对动画的修改，但是由于动画将在不同的电脑中播放，如果该电脑中没有相应的字体文件，则无法保证播放效果，故要将文字分离成矢量。

实例 032 "椭圆工具"和"钢笔工具"——绘制可爱小松鼠

- **源 文 件** | 源文件\第2章\实例32.fla
- **视　　频** | 视频\第2章\实例32.swf
- **知 识 点** | "椭圆工具""钢笔工具"
- **学习时间** | 30分钟

▎操作步骤 ▎

01 为所需要绘制的小松鼠的各部分图形新建相应的元件并分别进行绘制，效果如图2-141所示。

02 完成小松鼠各部分图形绘制之后，将各部分图形进行整合，组成一个完整的小松鼠图形，效果如图2-142所示。

图2-141　分别绘制各部分图形

图2-142　将各部分整合为完整图形

03 导入外部的素材图像作为所绘制图形的背景，效果如图2-143所示。

04 完成图形的绘制，可以看到最终效果，如图2-144所示。

图2-143　导入背景素材

图2-144　最终效果

▎实例总结 ▎

通过使用基本的绘图工具完成了一个小松鼠图形的绘制。通过本例的学习，读者要了解不同动画制作要求下图形的绘制方法和技巧。图形在绘制的同时要充分考虑到动画制作的要求，不能为了美观而忽略了动画制作的其他要求。

实例 033 "椭圆工具""多角星形工具"和"颜色桶工具"——绘制卡通铅笔

使用基本绘图工具可以轻松创建各种丰富图形。如果要对绘制完成的图形"填充颜色"进行修改，可以使用"颜料桶工具"。首先设置新的"填充颜色"，然后使用"颜料桶工具"在需要填色的图形上单击即可。

- **源 文 件** | 源文件\第2章\实例33.fla
- **视　　频** | 视频\第2章\实例33.swf
- **知 识 点** | "椭圆工具""多角星形工具""颜料桶工具"
- **学习时间** | 30分钟

实例分析

　　本实例通过使用"椭圆工具"等绘图工具绘制卡通铅笔，使用"颜料桶工具"对绘制的卡通铅笔进行上色。本实例的最终效果如图2-145所示。

图2-145　最终效果

知识点链接

如何设置填充色的透明度？

　　如果使用绘图工具直接绘制图形，可以通过在"颜色"面板中设置"Alpha"值获得不同的透明效果。如果要设置元件的不透明度，可以通过设置"属性"面板"色彩效果"下"样式"选项中的"Alpha"值完成。

操作步骤

01 新建一个大小为340像素×270像素，"帧频"为24fps，"背景颜色"为白色的空白文档，新建成功后如图2-146所示。再新建一个名称为"绿铅笔"的"图形"元件，设置如图2-147所示。

图2-146　新建文档

图2-147　"创建新元件"对话框

02 使用"矩形工具"，在舞台中绘制一个"填充颜色"为#006A00，"笔触颜色"为无的矩形，效果如图2-148所示。再使用相同方法绘制一个不同颜色的三角形，如图2-149所示。

03 复制3个并排三角形，并调整到合适位置，调整后如图2-150所示。取消选择后，再次选中三角形，按【Delete】键删除，效果如图2-151所示。

图2-148　绘制图像

图2-149　绘制三角形

图2-150　调整位置

图2-151　删除效果

04 使用相同方法完成其他图形的制作，效果如图2-152所示。使用"多角星形工具"，绘制一个"填充颜色"为 #F2E892的三角形，使用相同方法完成矩形的制作并拼接在一起，拼合完成后效果如图2-153所示。

05 复制"图层5"中的图像，更改并设置图形的"填充颜色"为#DED274，使用"线条工具"在图像上绘制如图 2-154所示的线条。选中线条与右侧的图形，将其删除，并调整到合适的位置，效果如图2-155所示。

  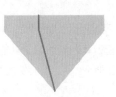 

图2-152　图形效果1　　　图2-153　图形效果2　　　图2-154　绘制线条　　　图2-155　调整图像

06 使用相同方法完成其他图形的制作，完成后效果如图2-156所示。然后复制"图层11"，使用与上面相同的制作方法， 效果如图2-157所示。

07 单击"椭圆工具"按钮，在舞台中绘制一个"填充颜色"为#D2F7F7的圆形，如图2-158所示。再绘制一个白色的 圆形，效果如图2-159所示。然后使用相同方法制作出其他图形，得到如图2-160所示的效果。再绘制出另一只眼睛的 效果，如图2-161所示。

图2-156　图形效果1　　　图2-157　图形效果2　　　图2-158　图形效果3

图2-159　图形效果4　　　图2-160　绘制圆形　　　图2-161　图形效果

08 使用相同方法可以制作出多种颜色的图形，效果如图2-162所示。新建一个名称为"背景图像"的"图形"元件，相 关设置如图2-163所示。

图2-162　制作多种图形　　　　　　　　　　图2-163　"创建新元件"对话框

09 将"素材\第2章\23301.png"导入到舞台，返回"场景1"，将背景图像元件拖入到舞台，并调整到合适位置，如图 2-164所示。完成后按快捷键【Ctrl+Enter】进行效果测试，如图2-165所示。

图2-164　最终效果

图2-165　测试效果

提示

在绘制图形时，由于相同颜色图形的色块会自动相加，不同颜色图形的色块会自动相减，所以在制作时要将图形绘制在不同的图层上。

Q 导入到Flash中的图形格式都有哪些？各有什么优缺点？

A 常见的图形格式有JPG、GIF和PNG 3种。JPG格式具有较好的压缩比，颜色也比较好，但是不支持透底；GIF格式的体积一般较小，但是颜色只有256种；PNG是较好的一种格式，体积较小，颜色丰富，而且支持透底。

实例 034　"椭圆工具"和"渐变填充"——绘制卡通楼房

- **源 文 件**｜源文件\第2章\实例34.fla
- **视　　频**｜视频\第2章\实例34.swf
- **知 识 点**｜"椭圆工具""渐变填充"
- **学习时间**｜15分钟

操作步骤

01 使用"矩形工具"和"多角星形工具"绘制矩形，并对其进行调整，调整后效果如图2-166所示。

02 使用"钢笔工具"绘制出草丛的轮廓，并为其填充颜色，填充完成效果如图2-167所示。

03 将库中制作好的元件拖入到舞台中，并将其调整到合适的位置，调整后效果如图2-168所示。

04 为制作好的图像添加背景颜色，制作完成。最终效果如图2-169所示。

图2-166　图形效果

图2-167　调整渐变填充

图2-168　图形效果

图2-169　最终效果

实例总结

通过绘制卡通楼房，读者要知道场景和角色是组成动画的基本部分，但是一些辅助性的场景也是每个动画所必需的组成部分，例如建筑。通过绘制各类不同风格的建筑，可以使动画制作起来更加多变，效果更加真实。

实例 035　综合运用——绘制卡通小人角色

本实例使用了Flash自带的多种绘图工具。通过本例的学习，读者要熟练掌握每个工具的使用方法和"属性"设置。这样才能绘制出丰富的图形效果。对图形的填充要掌握"渐变填充"的类型及其设置方法和"渐变变形工具"调整渐变效果的方法等。

● **源 文 件** | 源文件\第2章\实例35.fla

● **视　　频** | 视频\第2章\实例35.swf

● **知 识 点** | "椭圆工具""线条工具""颜料桶工具"

● **学习时间** | 15分钟

▎实例分析▎

　　本实例中通过绘制一个卡通小人角色，让读者了解在Flash动画中创建动画角色的方法。为了方便对动画角色的控制，在绘制图形时要对角色采用分开绘制再组合的方法，这样可以保证动画的多样性。绘制完成后最终效果如图2-170所示。

图2-170　最终效果

▎知识点链接▎

如何绘制动画角色？

　　绘制动画角色时，要将参与动画的部分单独绘制，如卡通人物的头部、四肢要单独绘制。这样可以使用相同的元件制作出不同的动画效果，在尽可能方便动画制作的同时又减小了动画的大小。

▎操作步骤▎

01 新建一个大小为300像素×300像素，"帧频"为24fps，"背景颜色"为白色的空白文档，新建完成后如图2-171所示。新建一个名称为"小人"的"图形"元件，设置如图2-172所示。

02 单击"椭圆工具"按钮，在舞台中绘制一个"填充颜色"为无的椭圆，效果如图2-173所示。使用"线条工具"绘制如图2-174所示的线条。

图2-171　新建文档

图2-172　"创建新元件"对话框

图2-173　绘制椭圆

图2-174　绘制线条

03 使用"选择工具"对线条进行删除和调整，操作完成后如图2-175所示。再使用"颜料桶工具"为图形填充黑色，选中线条并删除，如图2-176所示。

04 选中"图层1"中的图形，按快捷键【Ctrl+C】进行复制，新建"图层2"，按快捷键【Ctrl+V】粘贴到当前位置，将复制图形的"填充颜色"更改为#FBCF14，得到如图2-177所示的效果。使用"任意变形工具"将图形等比例缩放，效果如图2-178所示。

图2-175 绘制线条

图2-176 填充颜色

图2-177 复制图像

05 复制"图层2"中的图像到"图层3",使用"直线工具"绘制线条,再使用"选择工具"调整图形,效果如图2-179所示。选择左侧图像进行删除,然后选中线条进行删除,再选中未删除的图形,将颜色更改为#EC9F12,并调整到合适位置,调整后效果如图2-180所示。

图2-178 缩放图像

图2-179 调整线条

图2-180 图形效果

06 单击"椭圆工具"按钮,在舞台中绘制一个"填充颜色"为#F5F7CB,"笔触颜色"为无的椭圆,绘制完成后效果如图2-181所示。使用相同方法,绘制两个"填充颜色"为#F5CEA4的圆形,如图2-182所示。

07 使用相同方法绘制人物的眼睛,效果如图2-183所示。使用"线条工具"绘制人物的鼻子,再使用"椭圆工具"绘制人物的嘴,并使用"线条工具"进行调整,效果如图2-184所示。

图2-181 绘制椭圆

图2-182 绘制圆形

图2-183 绘制眼睛

08 单击"椭圆工具"按钮,绘制一个"填充颜色"为黑色的椭圆,使用"选择工具"进行调整,调整后效果如图2-185所示。然后使用相同方法绘制出其他图形,并调整到合适位置,如图2-186所示。

图2-184 绘制线条

图2-185 绘制椭圆

图2-186 图形效果

09 使用相同的方法绘制出另一只手臂,绘制完成效果如图2-187所示。再制作出其他效果,效果如图2-188所示。

10 返回"场景1",使用"矩形工具"绘制一个"填充颜色"为从#F9EA64到CAB60B的径向渐变矩形,然后将元件从库中拖动到舞台中,最终效果如图2-189所示。

图2-187　图形效果

图2-188　图形效果

图2-189　最终效果

Q 在Flash CS6中可以输出什么格式？

A 使用Flash制作动画效果完成后，可以发布为HTML格式供互联网使用、SWF格式供读者播放动画和GIF格式的图形或动画。

Q 如何对齐场景中不同的元件？

A 执行"窗口>对齐"命令（或者按快捷键【Ctrl+K】），打开"对齐"面板，使用各种对齐和分布命令可以完成对不同元件的对齐操作。

实例 036　综合运用——绘制卡通形象

● **源 文 件**｜源文件\第2章\实例36.fla

● **视　　频**｜视频\第2章\实例36.swf

● **知 识 点**｜"椭圆工具""线条工具""选择工具"

● **学习时间**｜30分钟

▌操作步骤▐

01 使用"线条工具"与"椭圆工具"分别绘制卡通形象各部分的图形效果，如图2-190所示。

02 将所绘制的卡通形象各部分元件整合为一个完整的卡通形象，效果如图2-191所示。

03 导入外部素材图像作为背景，如图2-192所示。

04 将整合的卡通形象元件拖入到场景中，完成最终效果的绘制，如图2-193所示。

图2-190　绘制各部分图形

图2-191　将绘制的各部分元件整合

图2-192　导入背景素材

图2-193　最终效果

▌实例总结▐

　　本实例通过使用明暗不同的图形绘制出质感丰富的图形效果。通过本例的学习，读者需要了解调整元件中心点的方法，以及场景中心对动画的影响，掌握各种绘图工具的使用方法和技巧，并能够清楚地区分不同质感的表现要点。

实例 037　综合运用——绘制可爱娃娃角色

　　要创建不同的动画风格，就要创建不同风格的场景和角色。卡通角色的风格要符合卡通的元素，对人物的眼睛、发型和服饰都有严格的要求，读者要尽量多使用圆形创建各元素，可以表现出可爱的角色风格。

- **源 文 件**｜源文件\第2章\实例37.fla
- **视　　频**｜视频\第2章\实例37.swf
- **知 识 点**｜"椭圆工具""矩形工具""线条工具"
- **学习时间**｜45分钟

实例分析

　　本实例使用Flash中标准的绘图工具绘制一个卡通角色，角色的绘制直接影响后期动画的制作，所以在绘制时要对元件将来制作动画的流程有所规划，将元件的各个部分都单独绘制有利于动画的制作。绘制完成后最终效果如图2-194所示。

图2-194　最终效果

知识点链接

如何使用绘图工具完成人物绘制？

　　使用"椭圆工具"绘制人物头部轮廓和眼睛部分，使用"矩形工具"绘制人物眉毛和衣服部分，使用"线条工具"完成角色的轮廓绘制，使用"墨水瓶工具"为图形填充描边。

操作步骤

01 新建一个大小为400像素×400像素，其他为默认的空白文档，新建完成后如图2-195所示。新建一个名称为"头部"的"图形"元件，效果如图2-196所示。

02 使用"椭圆工具"，在舞台中绘制一个"填充颜色"为#FF1900，"笔触颜色"为#000000的椭圆，使用"选择工具"与"任意变形工具"对其进行调整，调整后效果如图2-197所示。再使用"线条工具"在舞台中进行绘制，效果如图2-198所示。

图2-195　新建空白文档

图2-196　"创建新元件"对话框

图2-197　绘制椭圆并调整

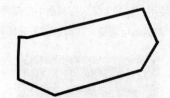

图2-198　绘制线条

03 使用"选择工具"对绘制的线条进行调整，设置"填充颜色"为#FFCCA6，使用"颜料桶工具"对其填色，效果如图2-199所示。使用"选择工具"并选中上面线条将其删除，再调整到合适的位置，得到如图2-200所示的效果。

04 用相同方法绘制出其他效果，如图2-201所示。使用"椭圆工具"在舞台中绘制一个"填充颜色"为#FFD9E6，"笔触颜色"为无的椭圆，效果如图2-202所示。

05 选择"多角星形工具"，打开"属性"面板，单击"选项"按钮，弹出"工具设置"对话框，设置各项参数，如图2-203所示。

06 在舞台中绘制一个"填充颜色"为#66FF00，"笔触颜色"为#000000的五角星，使用"选择工具"对其进行调整，并将其调整到合适位置，调整后效果如图2-204所示。

图2-199　填充颜色

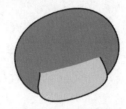

图2-200　图像效果

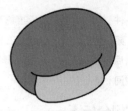

图2-201　绘制其他效果

图2-202　绘制椭圆

图2-203　"工具设置"对话框

图2-204　绘制五角形

07 使用"多角星形工具"在舞台绘制一个"填充颜色"为#FFFFFF，"笔触颜色"为#000000的三角形，并使用"选择工具"对其进行调整，效果如图2-205所示。

08 使用"线条工具"在舞台中绘制两个"笔触颜色"为#FF0066，"笔触高度"为1的线条，并使用"选择工具"对其进行调整，调整后效果如图2-206所示。

09 使用"椭圆工具"与"线条工具"在舞台中绘制椭圆与线条，并使用"选择工具"对其进行调整，效果如图2-207所示。返回"场景1"，新建一个名称为"身体"的"图形"元件，设置如图2-208所示。

图2-205　绘制三角形

图2-206　绘制线条

图2-207　图像效果

10 使用"矩形工具"在舞台中绘制一个"填充颜色"为#FFFFFF，"笔触颜色"为#000000的矩形，并使用"选择工具"对其进行调整，调整后效果如图2-209所示。

11 使用"椭圆工具"在舞台中绘制两个"填充颜色"为#FFCCA6，"笔触颜色"为#FFFFFF的椭圆，并使用"选择工具"对其进行调整，效果如图2-210所示。

图2-208　"创建新元件"对话框

图2-209　绘制矩形

图2-210　绘制椭圆

提示

绘制图形时，要将不同的元素绘制在不同的图层上。由于手臂可以通过复制翻转操作重复使用，所以只需绘制一个元件。

12 使用相同方法分别绘制两个"填充颜色"为#FF1900，"笔触颜色"为#000000的椭圆，并将"时间轴"中的"图层1"移动到最顶层，效果如图2-211所示。再使用相同方法完成心形元件的制作，效果如图2-212所示。

第02章 Flash强大的绘图功能

13 创建一个名称为"可爱娃娃角色"的"影片剪辑"元件，效果如图2-213所示，将制作好的元件拖动到舞台中，并将其调整到合适的位置，效果如图2-214所示。

图2-211 图形效果1

图2-212 图形效果2

图2-213 "创建新元件"对话框

14 返回"场景1"，在舞台中绘制一个"填充颜色"为从#FBD7BF到#F4682D的径向渐变，"笔触颜色"为无的矩形，绘制完成后效果如图2-215所示。最后将制作好的"影片剪辑"元件拖动到舞台中，最终效果如图2-216所示。

图2-214 调整图像

图2-215 绘制矩形

图2-216 最终效果

Q 在Flash动画制作中如何控制其生成的SWF格式文件的大小？

A 在制作Flash动画时，尽量少使用位图文件，多使用矢量图形。使用矢量图形时，将多余的没有使用到的元件删除或将文字和位图都分离打散为矢量的格式都能够减小文件大小。同时使用一些小软件也可以控制SWF文件大小。

实例 038 综合运用——绘制多彩宫殿背景

- **源 文 件** | 源文件\第2章\实例38.fla
- **视　　频** | 视频\第2章\实例38.swf
- **知 识 点** | "矩形工具""钢笔工具"
- **学习时间** | 15分钟

操作步骤

01 使用"矩形工具"和"钢笔工具"绘制宫殿场景的基本元素，绘制完成后效果如图2-217所示。

02 使用"钢笔工具"绘制心形图形，复制多个并调整到合适位置，调整后效果如图2-218所示。

03 使用"矩形工具"和"椭圆工具"，配合"任意变形工具"绘制图形，完成后效果如图2-219所示。

04 绘制其他图形，并使用"椭圆工具"绘制地毯效果，得到如图2-220所示的最终效果。

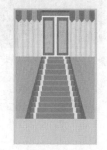

图2-217 绘制基本元素

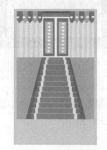

图2-218 绘制心形图形

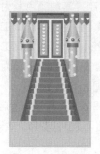

图2-219 绘制图形

图2-220 最终效果

实例总结

绘制较为复杂的图形时，需要绘制其各个细小的组成部分。这时可以通过图层管理绘制对象，也可以将同类的图形转化为元件，既方便图形的管理也方便后续动画的制作。

实例 039 综合运用——绘制卡通小忍者

制作动画时，单一形态的动画角色是不能满足动画制作要求的，所以在创建时常常需要创建不同角度和不同状态下的角色。最好还能搭配上背景，增强图像的美感。

- 源 文 件 | 源文件\第2章\实例39.fla
- 视　　频 | 视频\第2章\实例39.swf
- 知 识 点 | "椭圆工具""矩形工具""多角星形工具"
- 学习时间 | 45分钟

实例分析

本实例中综合运用了Flash中的多种绘图工具，完成卡通小忍者的制作。通过本例的绘制可以使读者更深入地了解"椭圆工具"与"文本工具"的使用方法。完成的最终效果如图2-221所示。

图2-221　最终效果

知识点链接

如何设置一个规定宽度和高度的矩形？

为了得到一个规定大小的图形，在绘制时可以在按【Alt】键的同时在场景中单击，在弹出的"矩形设置"对话框中设置需要绘制图形的各项参数，单击"确定"按钮，即可完成规定大小图形的绘制。

操作步骤

01 新建一个大小为300像素×300像素，其他为默认的空白文档，新建完成后如图2-222所示。再新建一个名称为"头部"的"影片剪辑"元件，效果如图2-223所示。

02 使用"线条工具"，在舞台中绘制"笔触颜色"为#993300，"笔触高度"为5的线条，并使用"选择工具"对其进行调整，调整后如图2-224所示。再选择工具箱中的"颜料桶工具"，将"填充颜色"设置为#CC3300，对其进行填充，效果如图2-225所示。

图2-222　新建文档

图2-223　"创建新元件"对话框

03 使用相同方法绘制其他效果，如图2-226所示。然后使用"椭圆工具"在舞台中绘制两个"填充颜色"为#FFFFFF，"笔触颜色"为#993300，"笔触高度"为1的圆形，效果如图2-227所示。

图2-224 绘制线条

图2-225 填充颜色

图2-226 图形效果

04 使用相同方法在舞台中绘制两个"填充颜色"为#000000，"笔触颜色"为无的圆形，绘制完成效果如图2-228所示。再使用相同方法在舞台中绘制4个"填充颜色"为#FFFFFF，"笔触颜色"为无的圆形，并使用"任意变形工具"对其进行调整，调整后如图2-229所示。

图2-227 绘制圆形1

图2-228 绘制圆形2

图2-229 调整圆形

05 使用"多角星形工具"在舞台中绘制一个三角形，并使用"选择工具"和"任意变形工具"对其进行调整，效果如图2-230所示。然后使用"线条工具"在舞台中绘制一条直线，并使用"选择工具"对其进行调整，调整后如图2-231所示。

06 使用相同方法完成"肢体""身体"和"手"三个元件的制作，效果如图2-232所示。新建一个名称为"剑"的"影片剪辑"元件，设置如图2-233所示。

图2-230 绘制三角形

图2-231 绘制线条

图2-232 图形效果

07 使用"矩形工具"在舞台中绘制一个"填充颜色"为#333333，"笔触颜色"为#000000的矩形，并使用"选择工具"进行调整，调整后效果如图2-234所示。再使用相同方法完成其他图形的绘制，效果如图2-235所示。

图2-233 "创建新元件"对话框

图2-234 调整矩形

图2-235 图形效果

08 仍使用"矩形工具"，在舞台中绘制一个"填充颜色"为#FFFFFF，"笔触颜色"为无的圆形，如图2-236所示。使用相同方法完成其他图形的绘制，效果如图2-237所示。

09 新建一个名称为"忍"的"图形"元件，使用相同方法在舞台中绘制一个圆形，效果如图2-238所示。再选择"文本工具"，在"属性"面板中设置各项参数，如图2-239所示。

图2-236　绘制圆形

图2-237　图形效果

图2-238　绘制圆形

10 在舞台中输入文字并将其拖动到圆形中心，效果如图2-240所示。返回"场景1"，将"素材\第2章\23901.jpg"导入到舞台，将制作好的各元件拖入到舞台中，并调整到合适位置，最终效果如图2-241所示。

图2-239　"属性"面板

图2-240　图形效果

图2-241　最终效果

提示

在设置文本颜色时，只能使用纯色，而不能使用渐变。若要对文本应用渐变，则需要先分离文本，再将文本转换为组成它的线条和填充。

Q Flash 绘制的是矢量图，那么什么是矢量图？

A 矢量图可以任意缩放，所以不影响Flash的画质。在制作Flash动画时，位图图像一般只被用作静态元素或背景图，主要动画都使用矢量图形。因为Flash并不擅长处理位图图像，所以应尽量少使用位图图像元素，且使用过多的位图会使Flash文件变得很大，不方便网络浏览。

Q 为什么在创建文字特效时，都要将文字分离成矢量？

A 保留文字的基本属性，可以方便对动画的修改。由于动画可能在不同的电脑中播放，如果该电脑中没有相应的字体文件，则无法保证播放效果，故要将文字分离。

实例 040 **综合运用——绘制卡通猴子**

● **源 文 件** | 源文件\第2章\实例40.fla

● **视　 频** | 视频\第2章\实例40.swf

● **知 识 点** | "椭圆工具""线条工具"

● **学习时间** | 30分钟

┃ 操作步骤 ┃

01 使用"椭圆工具"绘制卡通猴子的头部轮廓，并使用"选择工具"调整形状，效果如图2-242所示。

02 综合运用Flash的绘制工具完善卡通猴子的头部，将各部分整合为完整图形后，效果如图2-243所示。

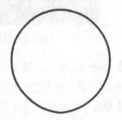

图2-242　分别绘制各部分图形

03 根据卡通猴子头部的绘制方法，绘制出卡通猴子的身体部分，完成后效果如图2-244所示。

04 导入背景素材完成最终图形效果的制作，如图2-245所示。

图2-243　将各部分整合为完整图形

图2-244　绘制身体各部分

图2-245　最终效果

▌实例总结▐

　　本实例使用常见的绘图工具绘制一个卡通猴子。在绘制方法上使用了大量的元件。通过本例的制作，读者要掌握创建元件的方法和技巧，了解元件在Flash动画中的重要性，并能独立完成动画元件的创建。

第

03

章

基本动画类型的制作

　　网络上的Flash动画虽然看起来效果丰富，但制作的方法基本上都是一致的。之所以会产生那么多看似不同的特效，是靠读者在充分理解Flash制作功能的前提下，结合独特的创意完成的。从本质来说Flash CC中的基本动画类型有逐帧动画、补间动画、补间形状和传统补间等，本章将学习几种常见的动画效果。

逐帧效果——街舞动画

Flash动画中有一种循环播放的动画，通常都是利用逐帧动画制作完成的。将不同的图形分别放置在时间轴的不同关键帧上，即可完成逐帧动画的制作。

● 源 文 件 | 源文件\第3章\实例41.fla
● 视　　频 | 视频\第3章\实例41.swf
● 知 识 点 | "文件>导入>导入到舞台"命令
● 学习时间 | 10分钟

实例分析

在本实例的制作过程中讲解了逐帧动画的制作方法，通过将不同的图形导入到场景，并分别放置在不同的关键帧上，帮助读者掌握逐帧动画的使用方法。制作完成后最终效果如图3-1所示。

图3-1　最终效果

知识点链接

导入图片序列时要注意什么？

在使用图像序列时尽量使用压缩比较好的JPG、GIF、PNG格式，不要使用如TIF这种体积大的图形。如果要作为序列导入，还需要注意将名称定义为有序数字。

操作步骤

01 执行"文件>新建"命令，新建一个大小为550像素×400像素，"帧频"为6fps，"背景颜色"为白色的Flash文档。

02 执行"文件>导入>导入到舞台"命令，将"素材\第3章\34101.png"导入到场景中，效果如图3-2所示。新建图层，执行相同的命令，导入"素材\第3章\z34101.png"，弹出提示对话框，如图3-3所示。

图3-2　导入素材

提示

当导入图像文件所在文件夹中存在序列名称时，会弹出下图中的提示对话框，如果单击"是"按钮，会将序列中的所有图像自动以逐帧方式导入到Flash中，单击"否"按钮，则只会将它选择的图像导入到Flash中。

03 单击"是"按钮，"时间轴"面板如图3-4所示。

图3-3　提示对话框

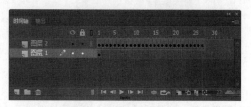

图3-4　"时间轴"面板

Flash 最基础的动画类型是逐帧动画。逐帧动画的原理是将不同的图形分别依次放置在关键帧内，通过连续播放得到动画效果。

04 完成街舞动画的制作，保存动画，按快捷键【Ctrl+Enter】测试动画，最终效果如图3-5所示。

图3-5　测试动画效果

Q 逐帧动画经常制作哪些效果？

A 逐帧动画的应用范围很广泛，在各类作品中经常出现表情动画、倒计时动画、头发飘动效果和光影动画等均是对逐帧动画的应用。逐帧动画一般都比较大，但是效果都比较自然。

Q 如何调整发布的逐帧动画的大小？

A 在对动画进行发布设置时，可以对动画中的图片质量进行选择，从而改变文件的大小。执行"文件＞发布设置"命令，在弹出的"发布设置"对话框中设置SWF格式中的JPG品质，相关参数如图3-6所示，JPEG品质的数值越大，图片质量越高。

图3-6　"发布设置"对话框

实例 042 逐帧动画——开场动画效果

- **源文件** | 源文件\第3章\实例42.fla
- **视频** | 视频\第3章\实例42.swf
- **知识点** | "导入到舞台"命令
- **学习时间** | 5分钟

操作步骤

01 将背景图像素材导入到场景中，如图3-7所示。

02 新建"图层2"，将动画图像组导入到场景中，并调整其位置，调整后效果如图3-8所示。

图3-7　导入背景图像素材　　　图3-8　调整动画

03 导入图像组后，"时间轴"面板会根据图像组的图像数量自动生成帧，"时间轴"面板如图3-9所示。

04 完成动画的制作，测试动画效果，如图3-10所示。

图3-9 "时间轴"面板

图3-10 测试动画效果

┤ 实例总结 ┝

本实例使用几张基本图像，分别放置在时间轴的相应位置，基本逐帧动画的制作即完成。通过本例的学习，读者要掌握图像序列的导入方法，并能够熟练地在动画中使用帧和关键帧来制作动画。

实 例 043 导入图像组——炫目光影效果

Flash作品中常常有类似于光芒四射的动画效果，制作这些效果有时可以直接使用视频文件完成，但由于视频素材常不易得到，所以逐帧动画就成了最为常见的制作方法。逐帧动画只需要相关的图像序列就可以完成动画，这种方法在影视制作上也常用。

- **源 文 件** ┃源文件\第3章\实例43.fla
- **视　　频** ┃视频\第3章\实例43.swf
- **知 识 点** ┃"导入到舞台"命令、设置"Alpha"值
- **学习时间** ┃10分钟

┤ 实例分析 ┝

本实例首先使用一系列透底的图形制作一个逐帧的"影片剪辑"元件，然后将该元件放置到场景中的淡入动画元件上，就完成了动画的制作。制作完成后最终效果如图3-11所示。

图3-11 最终效果

┤ 知识点链接 ┝

为什么要将图形序列制作为"影片剪辑"？

单独将图像序列放在时间轴上时，当动画发生改变或要多次重复使用时就不方便了。制作成"影片剪辑"后，除了可以调整元件位置外，还可以对元件的亮度、透明度进行调整，也可以使用滤镜等功能，所以多使用"影片剪辑"是很好的习惯。

┤ 操作步骤 ┝

01 执行"文件>新建"命令，新建一个大小为350像素×315像素，"帧频"为24fps，"背景颜色"为白色的Flash文档。

02 执行"插入>新建元件"命令，新建一个名称为"逐帧动画"的"影片剪辑"元件，相关设置如图3-12所示。执行"文件>导入>导入到舞台"命令，将图像"素材\第3章\z34301.png"导入到场景中，在弹出的提示对话框中单击"是"按钮，如图3-13所示。

图3-12 "创建新元件"对话框

图3-13 提示对话框

> **提示**
>
> 在 Flash 中常常可以利用逐帧动画制作爆炸、礼花等炫目的效果。制作动画需要的图片通常可以利用第三方软件生成，如3ds Max、ILLUSION 等。

03 在第31帧位置单击，按【F7】键插入空白关键帧，在第95帧位置单击，按【F5】键插入帧，此时的"时间轴"面板如图3-14所示。

导入一系列素材

图3-14 "时间轴"面板

> **提示**
>
> 导入的图形一定要支持透底的格式。选中图形,执行"修改 > 分离"命令,将位图分离成为矢量图,再单击"魔术棒工具"按钮,选择多余部分并删除,从而最大程度地减小动画大小。

04 新建一个名称为"宝石"的"图形"元件，效果如图3-15所示。将"素材\第3章\34301.png"导入到场景中，调整大小和位置，调整后效果如图3-16所示。

> **提示**
>
> 类似于本实例的逐帧动画效果虽然很美观，但是由于大量使用了位图，所以生成的动画一般都比较大。另外，可以通过对齐中心点的方法控制元件位置。

05 返回到"场景1"，将"素材\第3章\34302.jpg"导入到场景中，效果如图3-17所示。在第95帧位置单击，按【F5】键插入帧。然后新建"图层2"，在第10帧位置单击，按【F6】键插入关键帧，将"宝石"元件从"库"面板中拖入到场景中，效果如图3-18所示。

图3-15 "创建新元件"对话框

图3-16 导入图像

图3-17 导入图像

06 分别在第20帧、第85帧和第95帧位置插入关键帧，选中第10帧上的元件，设置"属性"面板中"样式"选项下的"Alpha"值为0%，参数设置如图3-19所示。设置完成后场景效果如图3-20所示。

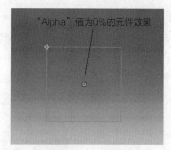

| 图3-18 拖入元件 | 图3-19 "属性"面板 | 图3-20 场景效果 |

07 选中第95帧元件，设置其"样式"下的"Alpha"值为0%，并分别设置第10帧和第85帧上的"补间"类型为传统补间，此时的"时间轴"面板如图3-21所示。

图3-21 "时间轴"面板

08 新建"图层3"，将"逐帧动画"元件从"库"面板中拖入到场景中，效果如图3-22所示。完成绚丽光线动画的制作，保存动画，按快捷键【Ctrl+Enter】测试动画，最终效果如图3-23所示。

图3-22 插入元件

Q 场景中的十字标志代表什么意思？

A 在创建元件时，在场景中有个十字标志，如图3-24所示，代表的是元件的原点坐标位置，也就是x=0，y=0。在场景中制作元件时，要尽量对齐原点，这样在组合动画时就不会出现位置不准的情况。

Q 元件上的圆形标志代表什么？

A 在Flash中创建元件后，元件上会出现一个圆形的标志，如图3-25所示，代表元件本身的中心点。当元件进行旋转和变形时，都要以这个点为中心进行操作。在实际制作动画时可以根据需要使用"选择工具"调整元件中心的位置。

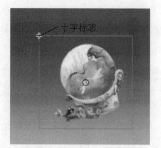

| 图3-23 测试动画效果 | 图3-24 场景中的十字标志 | 图3-25 元件上的圆形标志 |

实例 044 **"传统补间动画"——小人走路**

● **源 文 件** | 源文件\第3章\实例44.fla

● **视 频** | 视频\第3章\实例44.swf

● 知 识 点 | 传统补间动画、导入序列图像

● 学习时间 | 5分钟

操作步骤

01 新建名称为"小人跑步"的"影片剪辑"元件，执行"文件>导入>导入到舞台"命令，将图像"素材\第3章\z34401.png"导入到场景中，效果如图3-26所示。

02 返回"场景1"的编辑状态，将背景图像导入到场景中，如图3-27所示。

图3-26　导入素材

图3-27　导入背景图像

03 新建"图层2"，将小人走路元件拖入到场景，效果如图3-28所示。

04 在相应的位置插入帧，调整元件的位置，并添加"传统补间"，最终完成奔跑动画的制作，测试动画效果，如图3-29所示。

图3-28　拖入图像

图3-29　测试动画效果

实例总结

　　本实例分别用两个逐帧动画制作了"影片剪辑"，并将两个动画组合在一起，产生了丰富的动画效果。通过本例的学习，读者要了解"影片剪辑"的制作方法和用途，掌握制作逐帧动画"影片剪辑"的方法。

实例 045　**"传统补间动画"——汽车飞入**

　　动画中由远及近、由大到小的变化是经常出现的，无论是表现场景还是角色，基本的制作方法都是一致的。此类动画在制作时要注意剧本的编写，不要单一地让角色跑来跑去，要尽可能地出现更多视觉上的美感。

● 源 文 件 | 源文件\第3章\实例45.fla

● 视　　频 | 视频\第3章\实例45.swf

● 知 识 点 | "任意变形工具""影片元件"的应用

● 学习时间 | 10分钟

实例分析

　　在本实例的制作过程中讲解了"传统补间"的使用方法，通过滑雪动画的制作，让读者掌握"传统补间"的使用方法。制作完成最终效果如图3-30所示。

图3-30　最终效果

知识点链接

传统补间动画有什么特点？

　　制作传统补间动画时需要分别制作动画的起始状态和结束状态。动画中间部分由Flash自动生成，而且一旦动画制作完成，就只能通过修改起点和终点才可以改变动画的轨迹。

操作步骤

01 执行"文件>新建"命令，新建一个大小为550像素×400像素，"帧频"为20fps，"背景颜色"为白色的Flash文档。

02 执行"插入>新建元件"命令，新建一个名称为"卡通汽车1"的"影片剪辑"元件，设置如图3-31所示。执行"文件>导入>导入到舞台"命令，将"素材\第3章\34501.png"导入场景中，效果如图3-32所示。

图3-31　"创建新元件"对话框

图3-32　导入素材

03 选择导入的图像，按【F8】键将其转换成名称为"汽车1"的"图形"元件，设置如图3-33所示。分别在"时间轴"面板中第5帧和第10帧位置插入关键帧，"时间轴"面板如图3-34所示。

04 使用"选择工具"将第5帧上的元件垂直向上移动3像素，如图3-35所示，并分别设置第1帧和第5帧位置的"补间"类型为传统补间，"时间轴"面板如图3-36所示。

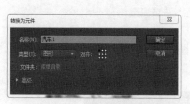

图3-33　"转换为元件"对话框

图3-34　"时间轴"面板

图3-35　场景效果

05 采用相同方法，完成其他元件的制作，效果如图3-37所示。"库"面板中元件的显示效果如图3-38所示。

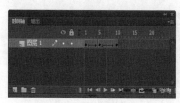

图3-36　"时间轴"面板

图3-37　元件效果

图3-38　"库"面板

创建补间时，还可以在帧或关键帧上单击鼠标右键，在弹出的菜单中选择需要创建的补间类型。

06 返回"场景1"的编辑状态，将"素材\第3章\34502.jpg"导入场景中，效果如图3-39所示。在第100帧位置插入帧，然后新建"图层2"，将"卡通汽车1"元件从"库"面板中拖入场中，并使用"任意变形工具"将元件等比例缩小，效果如图3-40所示。

07 在"图层2"第1帧位置单击鼠标右键，在弹出的菜单中选择"创建补间动画"命令，此时"时间轴"面板如图3-41所示。在第10帧位置单击，调整元件的位置，效果如图3-42所示。

图3-39　导入图像

图3-40　拖入元件

图3-41　"时间轴"面板

08 在第20帧位置单击，调整元件的位置，效果如图3-43所示。使用"选择工具"对"运动路径"进行调整，单击工具箱中"任意变形工具"按钮，调整元件大小，调整后效果如图3-44所示。

图3-42　场景效果1

图3-43　场景效果2

图3-44　场景效果3

利用"选择工具"，在运动路径上单击并拖动，即可对运动路径进行调整，使运动路径弯曲或变直。

09 使用相同的方法，完成其他帧的制作，"时间轴"面板如图3-45所示。参照"图层2"的制作方法，完成"图层3"的制作，"时间轴"面板如图3-46所示。

图3-45　"时间轴"面板

图3-46　"时间轴"面板

10 新建"图层4",在第100帧位置创建关键帧,打开"动作"面板,输入脚本代码,如图3-47所示。此时的"时间轴"面板如图3-48所示。

图3-47 "动作"面板

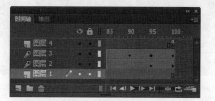

图3-48 "时间轴"面板

11 执行"文件>保存"命令,按快捷键【Ctrl+Enter】测试影片,动画效果如图3-49所示。

图3-49 测试动画效果

Q "传统补间动画"能实现哪些效果?

A "传统补间动画"只对元件起作用,能够制作位置变换动画、大小变换动画、透明度动画、颜色转换动画等。

实例 046 传统补间动画——日夜变换

- **源 文 件** | 源文件\第3章\实例46.fla
- **视 频** | 视频\第3章\实例46.swf
- **知 识 点** | 传统补间动画、设置"Alpha"值属性
- **学习时间** | 10分钟

操作步骤

01 将相关的图像素材导入到场景中,如图3-50所示。

图3-50 导入素材

02 在"属性"面板中设置"Alpha"值和调整颜色滤镜,"属性"面板设置如图3-51所示。

03 制作动画的"传统补间"效果,"时间轴"面板如图3-52所示。

04 完成动画的制作,测试动画效果,如图3-53所示。

图3-51 "属性"面板

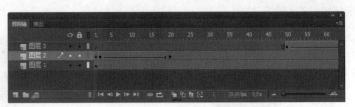

图3-52 "时间轴"面板

Q 如何制作图形元件的淡入淡出效果？

A 主要通过调整元件的透明度（Alpha）数值来实现效果，参数设置如图3-54所示，再配合"传统补间动画"就可以轻松实现图形的淡入淡出效果。

图3-53 测试动画效果

图3-54 "属性"面板

┃ 实例总结 ┃

本实例使用"传统补间动画"制作日夜变换的效果。通过本实例的学习，读者要掌握"传统补间动画"的制作方法。

实例 047 "传统补间动画"——儿童游乐园

在动画制作中不可能只使用一种动画类型，那样的动画将是无趣的。使用多种动画方式综合制作动画才是动画制作的常用手法。

● **源 文 件** ┃ 源文件\第3章\实例47.fla

● **视 频** ┃ 视频\第3章\实例47.swf

● **知 识 点** ┃ 使用"导入到舞台"命令导入图像、"传统补间动画"

● **学习时间** ┃ 10分钟

┃ 实例分析 ┃

本实例是使用"传统补间"制作出的一个小朋友的移动效果。通过本实例的学习，读者可以掌握"传统补间动画"的使用方法。制作完成后最终效果如图3-55所示。

图3-55 最终效果

知识点链接

如何制作人物的移动动画？

在制作此类动画时一般是利用传统补间制作一个人物行走的动画元件，移动传统补间末帧的位置，即在动画播放时就会呈现出人物移动的动画。

操作步骤

01 执行"文件>新建"命令，新建一个大小为600像素×375像素，"帧频"为10fps，"背景颜色"为白色的Flash文档。

02 将"素材\第3章\ 34701.jpg"导入到场景中，效果如图3-56所示。在第80帧插入帧，新建"图层2"，用相同的方法导入"34702.png"图像，效果如图3-57所示。

> **技巧**
>
> 使用快捷键可以有效提高工作效率。按【F5】键插入帧；按【F6】键插入关键帧；按【F7】键插入空白关键帧；按【F8】键转换元件。

图3-56　导入背景

03 按【F8】键将图像转化为名称为"人物1"的"图形"元件，设置如图3-58所示。在第10帧位置插入关键帧，选中第1帧，在"属性"面板中设置"Alpha"值为20%，"属性"面板如图3-59所示。

图3-57　导入素材

图3-58　"转换为元件"对话框

图3-59　"属性"面板

04 设置完成后场景效果如图3-60所示。在第25帧插入关键帧，将元件水平向左移动，在第30帧插入关键帧，在"属性"面板中设置"亮度"为100%，参数设置如图3-61所示。

05 设置完成后元件效果如图3-62所示。在第35帧插入关键帧，设置"亮度"为0%，分别在第1帧、第10帧、第25帧和第30帧位置创建"传统补间"，此时"时间轴"面板如图3-63所示。

图3-60　场景效果

图3-61　"属性"面板

图3-62　元件效果

图3-63　"时间轴"面板

06 使用相同的方法制作"图层3"和"图层4"的内容,"时间轴"面板如图3-64所示。

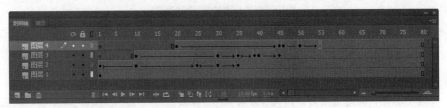

图3-64 "时间轴"面板

07 完成儿童游乐园的制作,保存动画,按快捷键【Ctrl+Enter】测试动画,效果如图3-65所示。

图3-65 测试动画效果

提示

首先指定动画开始元件的位置,然后插入关键帧,调整动画结束时元件的位置,再指定"传统补间动画",即可完成动画制作。

Q 如何让动画效果看起来比较流畅?

A 决定动画播放效果是否流畅的主要因素是网速和帧频。解决网速问题的办法是制作一个预载动画,让动画在下载完成后再播放。动画制作的帧频太快或者太慢都会使动画看起来不自然,要根据动画的播放多次试验,选择较好的帧频播放动画。

Q 如何能较好地控制图层?

A 要想较好地控制图层,首先要为每个图层命名,其次要尽可能少地使用图层,同时还可以使用图层组管理图层。制作时也要通过显示/隐藏图层和锁定图层辅助制作。

实例 048 "传统补间动画"——小鱼戏水

- **源 文 件**│源文件\第3章\实例48.fla
- **视　　频**│视频\第3章\实例48.swf
- **知 识 点**│转换为元件、"传统补间动画"
- **学习时间**│10分钟

| 操作步骤 |

01 将动画相关的素材导入到"库"面板,如图3-66所示。

02 将背景图像从"库"面板中拖入到场景中,如图3-67所示。

03 新建"图层2",将动画图像素材拖入到场景,并转换成"图形"元件,完成后效果如图3-68所示。

04 创建"传统补间动画",完成动画效果的制作,测试动画效果,如图3-69所示。

图3-66　"库"面板

图3-67　导入背景图像

图3-68　导入动画图像

图3-69　测试动画效果

实例总结

本实例综合使用"传统补间"来制作动画。通过对本实例的学习，读者要了解"传统补间动画"在使用时所扮演的角色，并能清楚地控制元件和场景间的关系。

**实例
049**　"传统补间动画"——小熊滑冰

角色移动动画是动画制作中最为常见的一种。制作这种动画的方式既可以是"补间动画"也可以是"传统补间动画"。在不同的情况下，两种制作方法有很大的区别。通过本例的学习，读者要掌握这两种方法的使用。

● 源 文 件 | 源文件\第3章\实例49.fla
● 视　　频 | 视频\第3章\实例49.swf
● 知 识 点 | "转换为元件"命令、"补间动画"、设置元件的"高级"样式
● 学习时间 | 10分钟

实例分析

在本实例的制作过程中讲解了"补间动画"的使用方法。通过小熊动画的制作，让读者掌握"补间动画"的使用。制作完成后最终效果如图3-70所示。

图3-70　最终效果

操作步骤

01 执行"文件>新建"命令，新建一个大小为480像素×160像素，"帧频"为18fps，"背景颜色"为白色的Flash文档。

02 将"素材\第3章\34901.jpg"导入到场景中，效果如图3-71所示。在第115帧位置按【F5】键插入帧。新建"图层2"，使用相同的方法导入"素材\第3章\34902.png"，效果如图3-72所示。

图3-71 导入图像

图3-72 导入素材

> **提示**
>
> 导入场景中的位图为PNG格式，由于PNG格式具有很好的压缩比，色彩也很鲜艳，支持透底效果，所以当导入的图形为不规则形状时，常常要选择PNG格式。

03 将图像选中后，按【F8】键将图像转换成一个名称为"小熊"的"图像"元件，设置如图3-73所示。然后将元件调整到合适位置，场景效果如图3-74所示。

图3-73 "转换为元件"对话框

图3-74 场景效果

> **提示**
>
> 创建"补间动画"的对象必须为元件。设定动画开始状态后，可以调整动画的长度，当再次调整元件属性时，动画自动生成。还可以通过调整动画轨迹丰富动画效果。

04 在第1帧位置单击鼠标右键，在弹出的菜单中选择"创建补间动画"命令，此时"时间轴"面板如图3-75所示。在第60帧位置单击，使用方向键将元件水平向左移动，元件效果如图3-76所示。

05 选中第61帧的元件，执行"修改>变形>水平翻转"命令，调整后效果如图3-77所示。选中第60帧上的元件，执行相同的命令，选中第115帧的元件并水平向右移动，场景效果如图3-78所示。

图3-75 "时间轴"面板

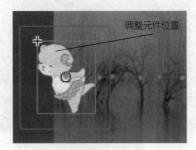
图3-76 元件效果1

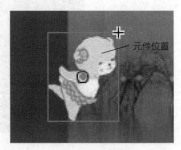
图3-77 元件效果2

06 新建"图层3",将"小熊"元件从"库"面板中拖入到场景中,选中元件,设置其"属性"面板中"色彩效果"的"样式"为高级,参数值设置如图3-79所示,设置完成后场景效果如图3-80所示。

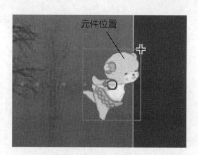

图3-78 场景效果

图3-79 "属性"面板

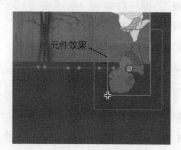

图3-80 场景效果

提示

样式选项下的"高级"选项可以同时调整元件的透明度和色调,如果需要制作倒影等效果,则可以很好地运用该选项。

07 使用"图层2"的制作方法,制作出"图层3"中的动画效果,"时间轴"面板如图3-81所示。

图3-81 "时间轴"面板

08 完成小熊滑冰动画的制作,保存动画,按快捷键【Ctrl+Enter】测试动画,效果如图3-82所示。

图3-82 测试动画效果

提示

这种角色移动动画在制作时要注意动画的播放频率,不要太缓慢也不能太过匆忙,否则很难达到好的效果。

Q "补间动画"与"传统补间动画"的区别是什么?

A "传统补间动画"要求指定开始和结束的状态后,才可以制作动画。而"补间动画"则是在制作了动画后,再控制结束帧上的元件属性,可以设置位置、大小、颜色、透明度等元件的属性,还可以在制作完成后调整动画的轨迹。

Q 如何实现元件的镜像效果?

A 在Flash中可以直接使用"选择工具"向相反方向拖曳就可以实现元件镜像效果,但这种操作很难控制比例。建议使用"修改>变形>水平翻转"命令来完成水平翻转,使用"垂直翻转"命令完成垂直翻转,菜单命令如图3-83所示。

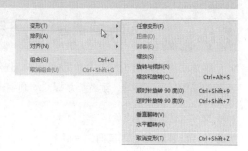

图3-83 菜单命令

实例 050 "传统补间动画"——飞船降落动画

- 源 文 件 | 源文件\第3章\实例50.fla
- 视　频 | 视频\第3章\实例50.swf
- 知 识 点 | "补间动画"
- 学习时间 | 10分钟

操作步骤

01 将背景图像素材导入场景，效果如图3-84所示。
02 新建"图层2"，将动画图像素材导入场景中并创建"补间动画"，效果如图3-85所示。

图3-84　导入素材　　　　　　　　图3-85　导入动画图像

03 完成补间动画效果的制作，在"时间轴"面板中生成关键帧，"时间轴"面板如图3-86所示。
04 完成动画的制作，测试动画效果，如图3-87所示。

图3-86　"时间轴"面板　　　　　　图3-87　测试动画效果

实例总结

本实例使用元件制作"补间动画"。通过本例的学习，读者要掌握制作"补间动画"的方法和技巧，并且要了解"补间动画"与"传统补间动画"的区别。

实例 051 "动画编辑器"——弹跳

弹跳动画也是动画制作中常见的一种。制作这种动画的方式可以先创建"补间动画"，然后对"动画编辑器"进行相关的编辑。通过学习，读者要掌握"动画编辑器"的操作和使用。

- 源 文 件 | 源文件\第3章\实例51.fla
- 视　频 | 视频\第3章\实例51.swf
- 知 识 点 | "转换为元件"命令、"补间动画"、设置"动画编辑器"的基本动画
- 学习时间 | 10分钟

实例分析

在本实例的制作过程中讲解了"动画编辑器"的使用方法，通过弹跳足球动画的制作，让读者掌握"动画编辑器"基本动画的使用方法。制作完成后最终效果如图3-88所示。

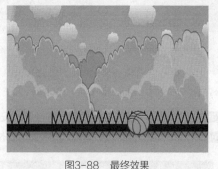

图3-88 最终效果

知识点链接

"补间动画"可以应用于哪些对象？

"补间动画"分为动作补间和形状补间。动作补间动画可以产生物体位置的移动、物体大小的改变和简单的形变、物体的旋转、物体的透明度、色调和亮度的改变，以及利用导轨复杂路径运动。元件、文本对象及位图都能用来创建动作补间动画。

"形状补间动画"可以用于产生物体位置的移动、物体大小的改变、复杂的形状改变。只有图形才能用来创建"形状补间动画"。

操作步骤

01 执行"文件>新建"命令，新建一个大小为550像素×400像素，"帧频"为16fps，"背景颜色"为白色的Flash文档。

02 将"素材\第3章\35101.jpg"导入到场景中，效果如图3-89所示。在第70帧插入帧，新建"图层2"，用相同的方法导入"素材\第3章\35102.png"，效果如图3-90所示。

03 将图像选中后，按【F8】键将图像转换成一个名称为"足球"的"图形"元件，设置如图3-91所示。将元件调整到合适位置，场景效果如图3-92所示。

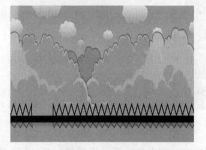

图3-89 导入图像

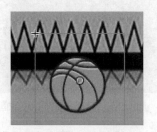

图3-90 导入素材

图3-91 "转换为元件"对话框

04 在第1帧位置创建"补间动画"，"时间轴"面板如图3-93所示。在第5帧位置插入关键帧，在"时间轴"上双击，进入"动画编辑器"，设置如图3-94所示。

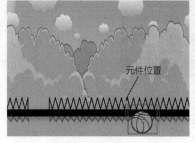

图3-92 场景效果

图3-93 "时间轴"面板

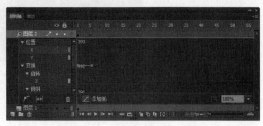

图3-94 "动画编辑器"对话框

选择第1帧并单击右键，在弹出的菜单中选择"创建补间动画"命令即可创建"补间动画"。

打开"动画编辑器"，会发现在"时间轴"面板中选择的第几帧位置，则编辑器中也会显示第几帧。

05 在"动画编辑器"中调整 y 轴的位置，设置如图3-95所示。场景效果如图3-96所示。

06 在第10帧位置插入关键帧，调整 x 轴的位置，设置如图3-97所示。场景效果如图3-98所示。

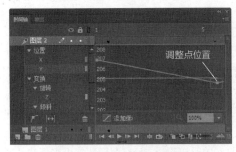
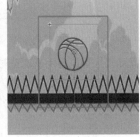
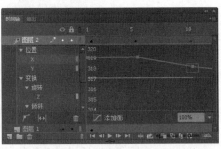

图3-95 "动画编辑器"对话框　　图3-96 场景效果　　图3-97 "动画编辑器"对话框

在"动画编辑器"对话框中使用鼠标拖曳红色的点。选择 x 轴，向下拖曳时元件向左移动，向上拖曳时元件向右移动。选择 y 轴时，向下拖曳时元件向上移动，向上拖曳时向下移动。

07 接着调整 y 轴的位置，设置如图3-99所示。场景效果如图3-100所示。

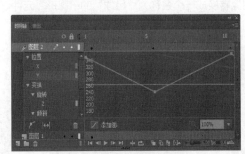
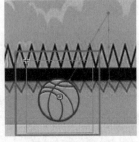

图3-98 场景效果　　图3-99 "动画编辑器"对话框　　图3-100 场景效果

08 使用相同的方法分别制作第15帧、第20帧、第25帧、第30帧、第35帧和第40帧中的动画，设置完成后，"时间轴"面板如图3-101所示。场景效果如图3-102所示。

图3-101 "时间轴"面板

09 完成弹跳动画的制作，保存动画，按快捷键【Ctrl+Enter】测试动画，效果如图3-103所示。

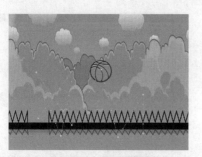

图3-102 场景效果

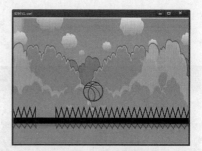

图3-103 测试动画效果

这种弹跳动画在制作时要注意动画的自然流畅，巧妙地结合 x 轴和 y 轴的调整，以实现较流畅的弹起效果。

Q 如何一次性创建多个"补间动画"？

A 如果需要一次创建多个补间，可将补间的对象放置在多个图层上，选择所有图层，然后执行"插入>补间动画"命令，即可以同时为多个对象创建"补间动画"效果。

Q 如何更准确地移动元件的位置？

A 使用"选择工具"调整元件位置时，常常会很难控制其准确性。可以使用键盘上的方向键实现准确移动，也可以使用"属性"面板上的坐标准确移动元件位置。

实 例 052 "补间动画"——蝴蝶飞舞

● **源 文 件** | 源文件\第3章\实例52.fla
● **视　　频** | 视频\第3章\实例52.swf
● **知 识 点** | "补间动画"
● **学习时间** | 10分钟

操作步骤

01 将背景图像素材导入到场景，效果如图3-104所示。

02 新建元件，导入蝴蝶素材，制作蝴蝶飞舞动画，效果如图3-105所示。

图3-104 导入背景

图3-105 制作飞舞动画

03 返回场景，拖入元件，完成"补间动画"效果的制作，"时间轴"面板如图3-106所示。

04 完成动画的制作，测试动画效果，如图3-107所示。

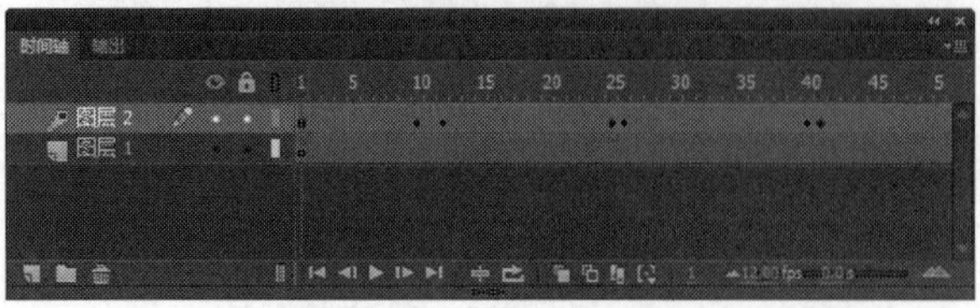

图3-106 "时间轴"面板

图3-107 测试动画效果

实例总结

本实例中首先导入外部素材，然后制作"补间动画"。通过控制不同帧上的元件的形态来实现蝴蝶飞舞的动画效果。读者在制作过程中要充分了解"补间动画"的要点。

实例 053 "动画预设"——飞船动画

"动画预设"是预先配置的"补间动画"，可以将它们应用于舞台上的对象。在Flash CC的"动画预设"中提供了32种默认预设动画，读者可以修改现有预设，还可以自定义动画预设。

● 源 文 件 | 源文件\第3章\实例53.fla
● 视　　频 | 视频\第3章\实例53.swf
● 知 识 点 | 转换为元件、"动画预设"
● 学习时间 | 10分钟

实例分析

本实例使用"动画预设"中的"飞入后停顿再飞出"命令，制作出飞船飞入飞出的自然流畅效果。制作完成最终效果如图3-108所示。

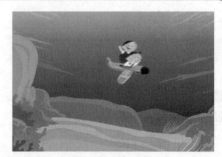

图3-108 最终效果

知识点链接

如何应用"动画预设"？

只需选择需要的预设对象，单击"应用"按钮即可。读者可以创建并保存自己的自定义预设，也可以修改现有动画预设，还可以创建自定义补间。使用"动画预设"面板还可导入和导出预设。

操作步骤

01 执行"文件>新建"命令，新建一个大小为600像素×425像素，"帧频"为12fps，"背景颜色"为白色的Flash文档。

02 执行"文件>导入>导入到舞台"命令，将图像"素材\第3章\35301.jpg"导入到场景中，效果如图3-109所示，在第65帧位置插入帧。新建"图层2"，将"素材\第3章\35302.png"导入到场景中，调整大小和位置，效果如图3-110所示。

03 按【F8】键将其转换为名称为"飞船"的"影片剪辑"元件，设置如图3-111所示。调整元件位置，效果如图3-112所示。

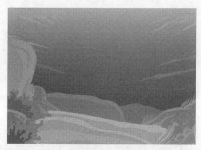

图3-109 导入图像　　　　　　　图3-110 导入图像　　　　　　　图3-111 "转换为元件"对话框

04 执行"窗口>动画预设"命令，弹出"动画预设"面板，如图3-113所示。选择"飞入后停顿再飞出"选项，单击"应用"按钮，场景效果如图3-114所示。

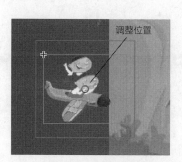

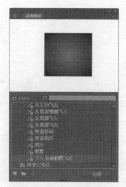

图3-112 调整位置　　　　　　　图3-113 "动画预设"面板　　　　　　图3-114 场景效果

05 完成飞船动画的制作，"时间轴"面板如图3-115所示。

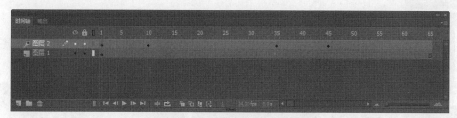

图3-115 "时间轴"面板

06 保存动画，按快捷键【Ctrl+Enter】测试动画，效果如图3-116所示。

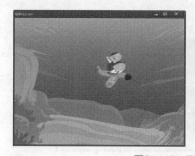

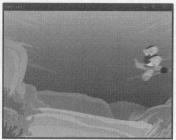

图3-116 测试动画效果

提示

若要应用预设使其动画在舞台上对象的当前位置结束，则需要在按住【Shift】键的同时单击"应用"按钮，或者从面板菜单中选择"在当前位置结束"即可完成操作。

实例 054 "动画预设"——蹦蹦球动画

● **源 文 件**｜源文件\第3章\实例54.fla

● **视　　频**｜视频\第3章\实例54.swf

● **知 识 点**｜"动画预设"

● **学习时间**｜10分钟

操作步骤

01 将背景图像素材导入到场景,效果如图3-117所示。

02 新建"图层2",打开"颜色"面板,进行设置,使用"椭圆工具"在场景中绘制圆形,将其转换为"影片剪辑"元件,"颜色"面板及绘制效果如图3-118所示。

03 打开"动画预设"面板,选择"3D弹入"选项并应用,面板设置及场景效果如图3-119所示。

图3-117　导入背景图像

图3-118　绘制图形

图3-119　"动画预设"面板和场景效果

04 完成动画的制作,测试动画效果,如图3-120所示。

图3-120　测试动画效果

实例总结

本实例制作了简单的飞入飞出动画效果,通过本例的学习,读者要掌握"动画预设"的使用方法和技巧。能熟练使用"动画预设"制作简单快捷的动画效果,以提高工作效率。

实例 055 "动画预设"——飞入动画

飞入动画在Flash中是常见的一种动画效果。下面通过一个实例来做具体的讲解。

- **源 文 件** | 源文件\第3章\实例55.fla
- **视 频** | 视频\第3章\实例55.swf
- **知 识 点** | 转换为元件、"动画预设"
- **学习时间** | 10分钟

实例分析

本实例制作一个模糊飞入的效果。选择元件，打开"动画预设"对话框，选择"从右边模糊飞入"选项，然后应用至元件。制作完成后最终效果如图3-121所示。

图3-121 最终效果

知识点链接

应用预设后更改"动画预设"对原对象有无影响？

预设应用于舞台上的对象后，在"时间轴"中创建的补间与"动画预设"面板就不再有任何关系了。在"动画预设"面板中删除或重命名某个预设，对以前使用该预设创建的所有补间没有任何影响。在面板中的现有预设上保存新预设，对使用原始预设创建的补间没有任何影响。

操作步骤

01 执行"文件>新建"命令，新建一个大小为900像素×500像素，"帧频"为12fps，"背景颜色"为白色的Flash文档。

02 执行"文件>导入>导入到舞台"命令，将图像"素材\第3章\35501. jpg"导入到场景中，效果如图3-122所示。然后在第55帧位置插入帧，新建"图层2"，使用相同的方法将图像"素材\第3章\35502.png"导入到场景中，效果如图3-123所示。

图3-122 导入图像1

03 选中"图层2"，按【F8】键将图像转换为名称为"汽车"的"影片剪辑"元件，设置如图3-124所示。执行"窗口>动画预设"命令，弹出"动画预设"对话框，选择"从右边模糊飞入"选项，如图3-125所示。

图3-123 导入图像2

图3-124 "转换为元件"对话框

图3-125 "动画预设"面板

04 完成设置，单击"应用"按钮，在第55帧位置插入帧，"时间轴"面板如图3-126所示。场景效果如图3-127所示。

图3-126 "时间轴"面板　　　　　　　　　　　　图3-127 场景效果

05 完成飞入动画的制作，保存动画后按快捷键【Ctrl+Enter】测试动画，效果如图3-128所示。

图3-128 测试动画效果

> **提示**
>
> 如果选定帧只包含一个可补间对象，也可以将"动画预设"应用于不同图层上的多个选定帧。

Q 一个对象可以应用几个"动画预设"？

A 每个对象只能应用一个预设。如果将第二个预设应用于相同的对象，则第二个预设将替换第一个预设。

Q "动画预设"中的补间帧会随着"时间轴"变化吗？

A 每个"动画预设"都包含特定数量的帧。在应用预设时，在"时间轴"中创建的补间范围将包含此数量的帧。如果目标对象已应用了不同长度的补间，则补间范围需要进行调整，以符合动画预设的长度。同时也可在应用预设后调整"时间轴"中补间范围的长度。

实例 056 "动画预设"——圣诞气氛动画

- **源 文 件** | 源文件\第3章\实例56.fla
- **视　　频** | 视频\第3章\实例56.swf
- **知 识 点** | "动画预设"
- **学习时间** | 15分钟

操作步骤

01 将背景图像素材导入到场景中，效果如图3-129所示。

02 新建"图层2"，导入另一张素材图像并转换为"影片剪辑"元件，新建的元件如图3-130所示。

03 打开"动画预设"编辑器，选择"快速移动"并应用，面板设置及场景效果如图3-131所示。

04 完成动画的制作，并测试动画效果，如图3-132所示。

图3-129 导入背景图像 　　　　　　　　　　　　图3-130 新建元件

图3-131 "动画预设"面板和场景效果 　　　　　　图3-132 测试动画效果

实例总结

　　本实例使用"动画预设"制作飞入动画效果。通过本例的学习，读者要了解"动画预设"的使用方法，以方便快捷地制作出漂亮的动画效果。

实 例 057 "补间形状动画"——炉火

　　火焰动画效果是非常常见的一种动画。制作的方法有很多种，下面介绍一个使用"补间形状动画"制作的火焰动画效果。

● 源 文 件 | 源文件\第3章\实例57.fla
● 视　　频 | 视频\第3章\实例57.swf
● 知 识 点 | "补间形状动画"
● 学习时间 | 10分钟

实例分析

　　本实例通过制作燃烧的火焰动画效果来讲解"补间形状动画"的使用。读者需要理解"补间形状动画"的制作方法。制作完成后最终效果如图3-133所示。

图3-133 最终效果

知识点链接

什么样的形状适合创建"补间形状动画"？

补间形状适合用于简单形状。一般使用矢量形状创建由一个形状变化为另一个形状的动作。

操作步骤

01 执行"文件>新建"命令，新建一个大小为300像素×400像素，"帧频"为24fps，"背景颜色"为白色的Flash文档。

02 执行"窗口>颜色"命令，打开"颜色"面板，参数设置如图3-134所示，选择"矩形工具"绘制图形，效果如图3-135所示，然后在第10帧位置插入帧。

03 新建"图层2"，将"素材\第3章\35701.png"导入到场景中，效果如图3-136所示。新建"图层3"，选择"线条工具"绘制图形，使用"选择工具"调整图形并设置"填充颜色"为#FBDA6E，删除边缘线，效果如图3-137所示。

图3-134 "颜色"面板

图3-135 绘制矩形

图3-136 导入图像

图3-137 绘制火焰

04 创建补间形状，执行"修改>形状>添加形状提示"命令，重复该操作，得到效果如图3-138所示。在第5帧位置插入关键帧，调整火焰，调整后效果如图3-139所示。

> **提示**
>
> 如果要控制更加复杂、罕见的形状变化，可以使用形状提示。形状提示可以标识起始形状和结束形状中相对应的点。

05 在第1帧位置创建"补间形状"，选择复制第1帧形状，粘贴至第10帧位置，在第5帧创建"补间形状"，"时间轴"面板如图3-140所示。新建"图层4"，将图像"素材\第3章\35702.png"导入到场景中，调整大小和位置，调整后效果如图3-141所示。

图3-138 添加形状提示

图3-139 调整火焰

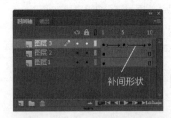

图3-140 "时间轴"面板

06 完成火焰动画的制作，保存动画，按快捷键【Ctrl+Enter】测试动画，效果如图3-142所示。

图3-141 导入素材并调整

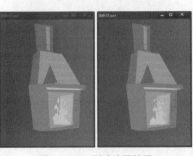

图3-142 测试动画效果

Q 形状动画能实现哪些效果？

A 形状动画只对图形起作用，可以实现位置变换、大小变换、透明度变化、颜色转换、形状变形等动画效果。

Q 使用什么方法可以将图形分离到各个图层？

A Flash提供了一个非常简单实用的功能，即可以将多个图形分布在不同图层，并依次命名，以方便动画的制作。具体的操作是执行"修改＞时间轴＞分散到图层"命令，如图3-143所示。

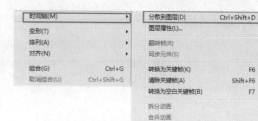

图3-143 选择"分散到图层"命令

实例 058 "补间形状动画"——飘扬的头发

● **源 文 件** | 光盘\源文件\第3章\实例58.fla

● **视   频** | 光盘\视频\第3章\实例58.swf

● **知 识 点** | "补间形状动画"

● **学习时间** | 10分钟

▍操作步骤 ▍

01 新建Flash文档并导入素材图像，如图3-144所示。

02 插入"影片剪辑"元件，并绘制人物，效果如图3-145所示。

03 使用"选择工具"调整头发并创建"补间形状动画"效果，"时间轴"面板如图3-146所示。

04 完成动画的制作，并测试动画效果，如图3-147所示。

图3-144 导入素材　　图3-145 绘制图形　　图3-146 "时间轴"面板　　图3-147 测试动画效果

▍实例总结 ▍

本实例利用"补间形状动画"制作飘扬的头发的动画效果。通过本实例的学习，读者要掌握利用"补间形状动画"制作动画效果的方法和技巧，以及制作形变动画的要点。

实例 059 "补间形状动画"——披风飘动

飘舞动画效果也是常见的一种动画。制作的方法有很多种，下面介绍一个使用补间形状制作的披风飘动动画效果。

● **源 文 件** | 源文件\第3章\实例59.fla

● **视   频** | 视频\第3章\实例59.swf

● **知 识 点** | "补间形状动画"

● **学习时间** | 10分钟

实例分析

　　本实例使用"补间形状"制作披风飘动的动画效果,读者需要进一步掌握"补间形状动画"的制作方法。制作完成后最终效果如图3-148所示。

图3-148　最终效果

知识点链接

如何为组、实例或位图创建"补间形状动画"?

　　要对组、实例或位图图像应用形状补间,需要分离这些元素。如果对文本应用形状补间,则需要将文本分离两次。

操作步骤

01 执行"文件>新建"命令,新建一个大小为473像素×325像素,"帧频"为24fps,"背景颜色"为白色的Flash文档。

02 将"素材\第3章\35901.jpg"导入到场景中,效果如图3-149所示。新建"图层2",将"素材\第3章\35902.png"导入到场景中,并调整至图3-150所示的位置。

03 新建名称为"披风"的"图形"元件,选择"线条工具"绘制图形,使用"选择工具"进行调整,"填充颜色"为#20537D,删除边缘线,如图3-151所示。新建"图层2"并使用相同的方法绘制图形,如图3-152所示。

图3-149　导入图像1

图3-150　导入图像2

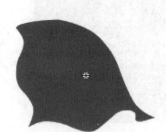

图3-151　绘制图形1

04 新建名称为"披风飘动"的"影片剪辑"元件,拖入"披风"元件,在第5帧位置插入关键帧,使用"选择工具"调整"披风"形状,在第1帧位置创建"补间形状动画",效果如图3-153所示。再使用相同的方法制作第10帧、第15帧和第20帧上的内容,"时间轴"面板如图3-154所示。

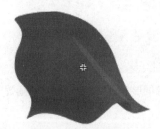

图3-152　绘制图形2

图3-153　图形效果

图3-154　"时间轴"面板

05 拖动选中第1帧至第20帧内容,单击鼠标右键,选择"复制帧"命令,在第21帧插入空白关键帧,然后单击鼠标右键,选择"粘贴帧"命令,再单击鼠标右键,选择"翻转帧"命令,"时间轴"面板如图3-155所示。

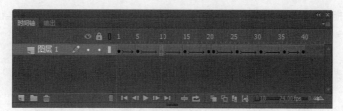

图3-155 "时间轴"面板

06 返回"场景1",新建"图层3",拖出"披风飘动"元件,调整大小并进行旋转,拖放至图3-156所示位置,完成披风飘动动画的制作,保存动画,按快捷键【Ctrl+Enter】测试动画,效果如图3-157所示。

图3-156 场景效果

图3-157 测试动画效果

提示

尽量避免使用有一部分被挖空的形状。

Q 如何制作形状动画?

A 在形状补间中,可在"时间轴"中的特定帧绘制一个形状,并更改该形状或在另一个特定帧绘制另一个形状,然后Flash将内插中间帧的中间形状,创建一个形状变形为另一个形状的动画。

Q 如何向补间添加缓动?

A 若要向补间添加缓动,需要选择两个关键帧之间的某一帧,然后在属性检查器的"缓动"字段中输入一个值。若输入一个负值,则在补间开始处缓动;若输入一个正值,则在补间结束处缓动。

实例 060 **"补间形状"——变形动画**

● **源 文 件**│源文件\第3章\实例60.fla

● **视　　频**│视频\第3章\实例60.swf

● **知 识 点**│"补间形状"

● **学习时间**│10分钟

┃ 操作步骤 ┃

01 新建Flash文档,将图像素材导入到场景,效果如图3-158所示。

02 新建"图形"元件,分别绘制气球和感叹号,绘制完成后效果如图3-159所示。

图3-158 导入素材　　图3-159 绘制元件

03 返回场景，新建图层，拖出元件，再分离图形，创建"补间形状动画"效果，并调整图层位置，"时间轴"面板如图3-160所示。

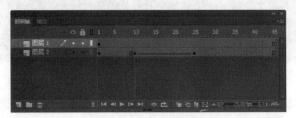

图3-160 "时间轴"面板

04 完成动画的制作，测试动画效果，如图3-161所示。

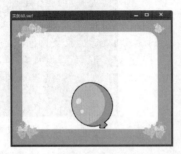 

图3-161 测试动画效果

┃ 实例总结 ┃

本实例制作了简单的补间形状动画效果，通过本实例的学习，读者要掌握制作"补间形状动画"的方法和技巧。

第

04章

高级动画类型的制作

　　本章将在前两章的基础上为读者深入介绍几种高级动
画效果。Flash中的高级动画类型有遮罩动画、路径跟随动
画、3D动画等。通过本章的学习，读者能够制作出一些复
杂的高级动画效果。

实例
061

"遮罩动画"——动感线条动画

"遮罩动画"在Flash动画制作中经常会使用到。通过将一个元件或者动画设置为遮罩层，可以制作丰富的动画效果。当然，遮罩层也可以是一个静止的图形，这样动画将被局限在一个固定的形状里。

- **源　文　件** | 源文件\第4章\实例61.fla
- **视　　　频** | 视频\第4章\实例61.swf
- **知　识　点** | 遮罩层"补间形状"
- **学习时间** | 15分钟

实例分析

本实例通过创建遮罩层，结合"补间形状"和"传统补间动画"，制作出动感的线条动画。通过本实例的学习，读者需要掌握遮罩层和"补间动画"相结合的制作方法。制作完成后最终效果如图4-1所示。

图4-1　最终效果

知识点链接

什么样的图形可以做遮罩层？

遮罩层可以是图形、影片剪辑，也可以是时间轴动画。创建遮罩动画后，遮罩层和被遮罩层都将被锁定。

操作步骤

01 执行"文件>新建"命令，新建一个Flash文档。设置大小为565像素×296像素，"背景颜色"为#FFFFFF，"帧频"为60，参数值设置如图4-2所示。

02 执行"文件>导入>导入到舞台"命令，将"素材\第4章\46101.jpg"导入场景中，效果如图4-3所示。按【F8】键，将图像转换成名称为"背景"的"图形"元件，设置如图4-4所示，然后在第75帧位置按【F5】键插入帧。

03 新建"图层2"，单击"椭圆工具"按钮，绘制一个椭圆图形，效果如图4-5所示。在第15帧位置按【F6】键插入关键帧，使用"任意变形工具"将图形放大到覆盖整个场景，效果如图4-6所示。

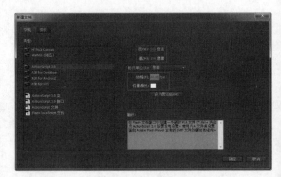

图4-2　"新建文档"对话框

在第1帧位置创建形状补间动画，在"图层2"上单击右键，在弹出的菜单中选择"遮罩层"选项，创建遮罩动画，此时的"时间轴"面板如图4-7所示。

图4-3　导入素材

图4-4　"转换为元件"对话框

图4-5 绘制椭圆

图4-6 调整图形

图4-7 "时间轴"面板

04 新建"图层3"，在第15帧位置按【F6】键插入关键帧，执行"文件>导入>导入到舞台"命令，将"素材\第4章\ 46102.png"导入场景中，效果如图4-8所示。新建"图层4"，使用"椭圆工具"在场景中绘制一个椭圆图形，效果如 图4-9所示。

图4-8 导入图像

图4-9 绘制椭圆

05 按【F6】键在第30帧位置插入关键帧，使用"任意变形工具"将图形放大，调整后效果如图4-10所示。在第15帧 位置插入关键帧并创建"补间形状动画"，在"图层4"上单击鼠标右键，在弹出的菜单中选择"遮罩层"选项，创建遮 罩动画，"时间轴"面板如图4-11所示。

图4-10 调整图形

图4-11 "时间轴"面板

06 采用同样的方法，将"46103.png""46104.png""46105.png"先后导入场景中，并制作出同样的遮罩动画效果，
场景效果如图4-12所示。此时"时间轴"面板如图4-13所示。

图4-12 场景效果

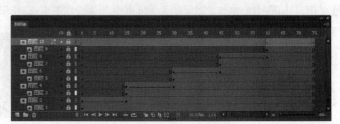

图4-13 "时间轴"面板

07 执行"文件 > 保存"命令，将动画保存，按快捷键【Ctrl+Enter】测试影片，动画效果如图4-14所示。

图4-14　测试动画效果

提示

在动画播放过程中，遮罩层只显示该层中对象的外形，而被遮罩层是按照遮罩层形状显示上层对象。

Q 如何使用遮罩层？

A 要创建遮罩层，就要先将图层指定为遮罩层，然后在该图层上绘制或放置一个填充形状。读者可以将任何填充形状用作遮罩，包括组、文本和元件还可以使用遮罩层来显示下方图层中图片或图形的部分区域。

Q 创建遮罩层要注意什么？

A 在创建遮罩层时，对于用作遮罩的填充形状可以使用"补间形状"，对于类型对象、图形实例或影片剪辑，可以使用"补间动画"。

实例 062　"遮罩动画"——画面转换效果

- **源 文 件** | 源文件\第4章\实例62.fla
- **视　　频** | 视频\第4章\实例62.swf
- **知 识 点** | 遮罩层"补间形状"
- **学习时间** | 10分钟

┤操作步骤├

01 将背景素材导入到场景中。新建图层并导入另一个素材，效果如图4-15所示。

02 使用"多角星形工具"绘制五角星，作为遮罩层图形，效果如图4-16所示。

图4-15　导入素材　　　　　　　　　　　　　　图4-16　绘制遮罩

03 使用"补间形状"制作遮罩层动画，"时间轴"面板如图4-17所示。

图4-17　"时间轴"面板

04 完成动画的制作，测试动画效果，如图4-18所示。

图4-18 测试动画效果

实例总结

本实例使用遮罩层"补间形状""传统补间"等功能制作出画面渐现和画面转换的动画效果。通过本实例的学习，读者要掌握遮罩层的使用方法和技巧，结合基本动画制作出生动丰富的动画效果。

实 例 063 "遮罩动画"——春暖花开动画

利用遮罩功能可以方便快捷地制作出层次感丰富的动画效果。

- **源 文 件** | 源文件\第4章\实例63.fla
- **视 频** | 视频\第4章\实例63.swf
- **知 识 点** | 遮罩层"补间形状"、设置"高级"样式
- **学习时间** | 20分钟

实例分析

本实例将完成一个遮罩动画的制作。首先使用矩形作为花枝的遮罩层，再使用圆形制作花朵的遮罩层，从而实现花枝生长、花朵开放的动画效果。制作完成最终效果如图4-19所示。

图4-19 最终效果

知识点链接

遮罩层有什么特点？

同一个Flash动画中可以存在多个遮罩层，并且遮罩层都在被遮罩层上面。遮罩层在动画播放过程中只保留图形的形状。

操作步骤

01 执行"文件>新建"命令，新建一个大小为800像素×600像素，"帧频"为36fps，"背景颜色"为白色的Flash文档。

02 执行"文件>导入>导入到舞台"命令，将图像"素材\第4章\46301.png"导入到场景中，并调整其位置，效果如图4-20所示。在第150帧插入关键帧，新建"图层2"，使用"矩形工具"绘制矩形，绘制完成效果如图4-21所示。

03 在第30帧位置插入关键帧，使用"任意变形工具"将绘制的矩形扩大，效果如图4-22所示。选择第1帧并创建"补间

形状"动画,在"图层2"名称处单击鼠标右键,在弹出的菜单中选择"遮罩层"选项,"时间轴"面板如图4-23所示。

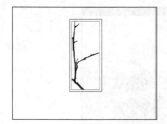
图4-20 导入图像

图4-21 绘制矩形

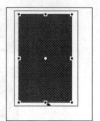
图4-22 调整图形

图4-23 "时间轴"面板

> **提示**
>
> 遮罩层和被遮罩层都能制作动画,并且还能使用"影片剪辑"元件制作遮罩层,这样会使动画效果更加丰富。

04 使用相同的方法,可以制作出"图层3"~"图层8",完成后的"时间轴"面板如图4-24所示。场景效果如图4-25所示。

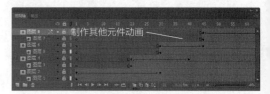
图4-24 "时间轴"面板

> **提示**
>
> 使用矩形制作的"遮罩动画"体现花枝的生长过程,使用圆形制作的"遮罩动画"体现花朵的生长过程。操作相似,但动画效果却相差很远。"遮罩动画"的变化效果非常丰富,可以使用图形元件作为遮罩层,也可以使用"影片剪辑"元件作为遮罩层,并且一个遮罩层可以为多个图层服务。需要注意,遮罩层必须在被遮罩层的上端。

05 新建"图层9",在第50帧位置插入关键帧,将"素材\第4章\46305.png"导入场景中,效果如图4-26所示。新建"图层10",在第50帧位置插入关键帧,使用"椭圆工具"绘制圆形,效果如图4-27所示。

图4-25 场景效果

图4-26 导入图像

图4-27 绘制圆形

> **提示**
>
> 除了可以使用"导入到舞台"命令外,也可以通过"导入到库"命令,将图形先导入到"库"面板中,再创建为元件。

06 在第60帧位置插入关键帧,使用"任意变形工具"将圆形等比例扩大,调整后效果如图4-28所示。在第50帧位置创建"补间形状"动画,并设置"图层10"为遮罩层,"时间轴"面板如图4-29所示。

07 使用相同的方法，可以制作出"图层11"至"图层16"，完成后的"时间轴"面板如图4-30所示。场景效果如图4-31所示。

08 新建"图层17"，将"素材\第4章\46309.png"导入到场景中，效果如图4-32所示。新建"图层18"，在第70帧位置按【F6】键插入关键帧。

09 将"素材\第4章\46310.png"导入到场景中，并按【F8】键转换成名称为"花瓣"的"图形"元件，场景效果如图4-33所示。

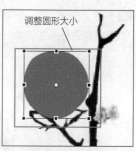
图4-28　调整圆形

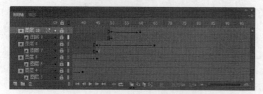
图4-29　"时间轴"面板1

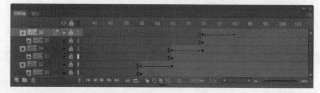
图4-30　"时间轴"面板2

图4-31　场景效果

图4-32　导入图像

图4-33　场景效果

10 将"花瓣"元件选中后，在"属性"面板的"颜色效果"标签中设置"样式"为高级，设置各项参数，如图4-34所示。在第80帧位置插入关键帧，选中元件后，修改其"属性"面板中的各项参数，如图4-35所示。

提示

通过样式选项下的"高级"选项可以同时修改元件的色调和透明度，使元件效果更加丰富。

图4-34　"属性"面板

图4-35　扩大元件

11 在第100帧位置按【F6】键插入关键帧，将"花瓣"元件选中，在"属性"面板的"颜色效果"标签中设置其"样式"为无，并分别设置第70帧和第80帧上的"补间"类型为传统补间，设置完成后"时间轴"面板如图4-36所示。

图4-36　"时间轴"面板

12 新建"图层19"，在第70帧位置插入关键帧，使用"椭圆工具"在场景中绘制出一个圆形，效果如图4-37所示。在第85帧位置插入关键帧，使用"任意变形工具"将图形等比例放大，调整后效果如图4-38所示。

绘制圆形

图4-37 绘制圆形

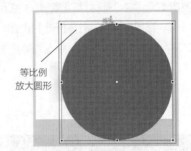

等比例放大圆形

图4-38 调整圆形

13 设置第70帧上的"补间"类型为补间形状，并设置"图层19"为遮罩层，"时间轴"面板如图4-39所示。

遮罩动画

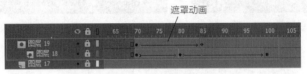

图4-39 "时间轴"面板

14 完成花瓣散落动画的制作，保存动画，按快捷键【Ctrl+Enter】测试动画，效果如图4-40所示。

图4-40 测试动画效果

Q "遮罩动画"可以使用哪些元件制作？

A 遮罩层上可以是图形，也可以是元件。对于元件来说，可以是图形、按钮或影片剪辑。而对于笔触对象，不可以作为遮罩层使用。

Q 使用文字可以创建"遮罩动画"吗？

A "遮罩动画"允许文字作为遮罩图层，由于字体在不同的硬件设备中会有所变化，所以使用文字作为遮罩层，可以将文字分离为图形。

实例
064 "遮罩动画"——放大镜效果

● **源 文 件** | 源文件\第4章\实例64.fla

● **视　　频** | 视频\第4章\实例64.swf

● **知 识 点** | 遮罩层"补间形状"、传统补间

● **学习时间** | 10分钟

▌操作步骤▐

01 将背景图像素材导入场景中，如图4-41所示。

02 新建图层，选择"文本工具"输入文字，然后转换为元件并创建动画和遮罩，效果如图4-42所示。

图4-41 导入素材

图4-42 创建遮罩

03 用相同的方法完成其他图层的动画制作，并导入相关素材，场景效果和"时间轴"面板如图4-43所示。

图4-43 场景效果和"时间轴"面板

04 完成放大镜动画的制作，测试动画效果如图4-44所示。

图4-44 测试动画效果

实例总结

通过本实例的制作，读者要掌握基本"遮罩动画"的制作方法，并了解使用不同元件制作遮罩呈现不同的动画效果的方法，还要了解使用图形元件或者"影片剪辑"元件制作"遮罩动画"的要诀和技巧。

实例 065 "遮罩动画"——图片遮罩动画

遮罩功能是非常强大的，可以用多种不同的方式实现不同的效果。在Flash中遮罩可以使动画制作变得方便、快捷，大大地提高工作效率，成为动画制作中不可或缺的工具。

- **源 文 件** | 源文件\第4章\实例65.fla
- **视 频** | 视频\第4章\实例65.swf
- **知 识 点** | 遮罩层、滤镜
- **学习时间** | 30分钟

实例分析

　　在本实例的制作过程中讲解了图片遮罩层的使用方法。通过动画的制作，让读者了解元件的排列效果以及遮罩层的应用方法。制作完成最终效果如图4-45所示。

图4-45　最终效果

知识点链接

如何断开遮罩层与被遮罩层的连接？

　　如果要断开遮罩层与被遮罩层的连接，只需要选择要断开连接的图层，将其直接拖曳到遮罩层上方，就可以完成该操作。

操作步骤

01 执行"文件>新建"命令，新建一个大小为400像素×650像素，"背景颜色"为#FFCC00，"帧频"为30fps的Flash文档，参数设置如图4-46所示。

02 执行"文件>导入>导入到舞台"命令，将"素材\第4章\46501.png"导入场景中，效果如图4-47所示。按【F8】键，将图像转换成名称为"背景"的"影片剪辑"元件，设置如图4-48所示。

03 打开"属性"面板，单击"添加滤镜"按钮，在弹出的列表中选择"投影"选项，设置"模糊X"为5像素，

图4-46　新建Flash文档

图4-47　导入图像

"模糊Y"为5像素，"强度"为50%，"品质"为高，保持其他默认设置，参数设置如图4-49所示。设置完成后场景效果如图4-50所示。

图4-48　"转换为元件"对话框

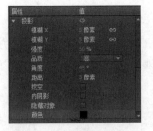

图4-49　"属性"面板

图4-50　场景效果

提示

　　只有"影片剪辑"元件和"按钮"元件才可以添加"滤镜"效果。

04 执行"插入>新建元件"命令，新建一个名称为"遮罩动画"的"影片剪辑"元件，设置如图4-51所示。单击"矩形工具"按钮，在场景中绘制一个大小为33像素×33像素的矩形，效果如图4-52所示。

05 按F8键，将图形转换成名称为"遮罩"的"图形"元件，设置如图4-53所示。按【F6】键在第30帧位置插入关键

帧，按住【Shift】键使用"任意变形工具"将元件等比例缩放成大小为70像素×70像素的元件，效果如图4-54所示。在第1帧位置创建"传统补间动画"，并设置"属性"面板的"旋转"为顺时针旋转1次，"属性"面板如图4-55所示。

图4-51　"创建新元件"对话框　　　　图4-52　绘制矩形　　　　图4-53　"转换为元件"对话框

06 新建"图层2"，按【F6】键在第30帧位置插入关键帧，打开"动作"面板，在面板中输入"stop();"脚本语言，如图4-56所示，输入完成后"时间轴"面板如图4-57所示。

07 执行"插入>新建元件"命令，新建一个名称为"遮罩动画2"的"影片剪辑"元件，将"遮罩动画"从"库"面板中拖入场景中，按住【Alt】键使用"选择工具"将元件水平拖动7像素，复制出一个元件，效果如图4-58所示。新建"图层2"，按【F6】键在第5帧位置插入关键帧，将元件垂直向下移动7像素，效果如图4-59所示。

图4-54　缩放元件　　　　图4-55　"属性"面板

图4-56　"动作"面板　　　　　　图4-57　"时间轴"面板

图4-58　排列元件

图4-59　排列元件

08 采用同样方法，复制出可能覆盖整个"背景"元件的"遮罩动画"元件，效果如图4-60所示。新建一个图层，按【F6】键在最后一帧位置插入关键帧，打开"动作"面板，在面板中输入"stop();"脚本语言，此时的"时间轴"面板如图4-61所示。

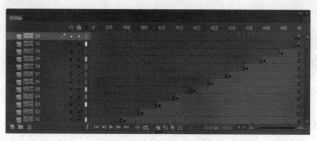

图4-60　复制元件　　　　　　　图4-61　"时间轴"面板

09 返回"场景1"编辑状态，新建"图层2"，将"遮罩动画2"元件从"库"面板中拖入场景中，效果如图4-62所示。在"图层2"上单击右键，在弹出的菜单中选择"遮罩层"选项，新建"图层3"，打开"动作"面板，在面板中输入"stop();"脚本语言，"时间轴"面板如图4-63所示。

10 执行"文件>保存"命令，将动画保存。按快捷键【Ctrl+Enter】测试影片，动画效果如图4-64所示。

图4-62 拖入元件　　　　　图4-63 "时间轴"面板　　　　　图4-64 预览动画效果

Q 遮罩层可以用哪些内容制作？

A 遮罩层中的内容可以是填充的形状、文字对象、图形元件的实例、影片剪辑或按钮等，而笔触不可用于遮罩层。

Q "动作"面板是什么？

A "动作"面板是ActionScript中一个具备强大功能的代码编辑器，此编辑器提供代码提示、代码格式自动识别及搜索替换功能。

实 例
066　　**"遮罩动画"——广告动画**

● **源 文 件** | 源文件\第4章\实例66.fla

● **视　　频** | 视频\第4章\实例66.swf

● **知 识 点** | 遮罩层

● **学习时间** | 10分钟

┤操作步骤├

01 新建元件，将相应的图像素材导入到场景，并将元件组合，效果如图4-65所示。

02 采用相同的方法，完成其他元件的组合，并将其一起拖到一个大元件中，场景效果如图4-66所示。

03 输入文本动画，如图4-67所示。

04 最终完成动画的制作，最终效果如图4-68所示。

图4-65 元件组合　　　　图4-66 场景效果　　　　图4-67 输入文本　　　　图4-68 最终效果

┤实例总结├

通过本实例的制作，读者要熟练掌握各种遮罩效果的制作。巧妙地利用遮罩效果来完成以后类似的动画效果的制作。

“遮罩动画”——田园风光动画

在遮罩层上放置的填充形状、文字和元件实例，Flash会忽略遮罩层中的位图、渐变、透明度、颜色和线条样式。遮罩层中的任何填充区域都是完全透明的，而任何非填充区域都是不透明的。

● 源 文 件 ┃ 源文件\第4章\实例67.fla
● 视　　频 ┃ 视频\第4章\实例67.swf
● 知 识 点 ┃ 遮罩层
● 学习时间 ┃ 10分钟

实例分析

　　本实例通过制作田园风光动画，让读者了解遮罩动画的应用技巧。制作完成后的最终效果如图4-69所示。

图4-69　最终效果

知识点链接

什么是帧频？

　　帧频是动画的播放速度，以每秒播放的帧数（fps）为度量单位。帧频太慢会使动画看起来不连贯，帧频太快会使动画的细节变得模糊，24fps的帧速率是新建Flash文档的默认设置，也是在Web上提供最佳效果，标准的动画速率也是24fps。

操作步骤

01 执行“文件>新建”命令，新建一个大小为550像素×290像素，“帧频”为20fps的Flash文档，设置如图4-70所示。
02 执行“文件>导入>导入到舞台”命令，将“素材\第4章\46701.png”导入场景中，效果如图4-71所示。在第70帧位置按【F5】键插入帧，“时间轴”面板如图4-72所示。

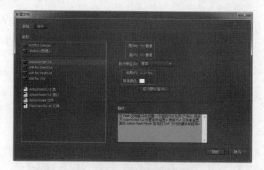

图4-70　新建Flash文档

图4-71　导入图像

图4-72　“时间轴”面板

03 新建"图层2"，执行"文件>导入>导入到舞台"命令，将"素材\第4章\46702.png"导入场景中，效果如图4-73所示。新建"图层3"，单击"矩形工具"按钮，在场景中绘制一个如图4-74所示的矩形。

图4-73 导入图像

图4-74 绘制矩形

04 选择刚刚绘制的矩形，按【F8】键，将矩形转换成名称为"矩形"的"图形"元件，如图4-75所示。在第10帧位置按【F6】键插入关键帧，将场景中的元件向右上角移动，效果如图4-76所示，然后在第1帧位置创建"传统补间动画"。

图4-75 "转换为元件"对话框

图4-76 移动元件

图4-77 选择"遮罩层"选项

05 在"图层3"上单击右键，在弹出的菜单中选择"遮罩层"选项，如图4-77所示，创建遮罩动画，"时间轴"面板如图4-78所示。

图4-78 "时间轴"面板

06 新建"图层4"，在第10帧位置按【F6】键插入关键帧，执行"文件>导入>导入到舞台"命令，将"素材\第4章\46703.png"导入场景中，效果如图4-79所示。采用相同的方法，新建"图层5"并导入相应的素材，效果如图4-80所示。

图4-79 导入图像

图4-80 导入素材

07 新建"图层6"，在第20帧位置按【F6】键插入关键帧，执行"文件>导入>导入到舞台"命令，将"素材\第4章\46705.jpg"导入场景中，效果如图4-81所示。新建"图层7"，在第20帧位置按【F6】键插入关键帧，单击"钢笔工具"

按钮，在场景中绘制一个三角形，效果如图4-82所示。

08 单击"颜料桶工具"按钮，在刚刚绘制的三角形路径内单击，效果如图4-83所示。在第35帧位置按【F7】键插入空白关键帧，单击"矩形工具"按钮，绘制一个矩形，绘制完成效果如图4-84所示。在第20帧创建"补间形状动画"，在"图层7"上单击右键，在弹出的菜单中选择"遮罩层"选项，创建"遮罩动画"，如图4-85所示。

图4-81 导入图像

图4-82 绘制路径

图4-83 填充颜色

图4-84 绘制矩形

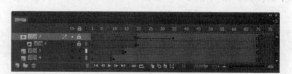

图4-85 "时间轴"面板

09 采用"图层6"和"图层7"的制作方法，制作"图层8"和"图层9"的动画，"时间轴"面板如图4-86所示。制作完成后场景效果如图4-87所示。

图4-86 "时间轴"面板

图4-87 场景效果

10 新建"图层10"，在第60帧位置按【F6】键插入关键帧，"时间轴"面板如图4-88所示。执行"文件>导入>导入到舞台"命令，将"素材\第4章\46707.png"导入场景中，调整图像的位置，如图4-89所示。

图4-88 "时间轴"面板

图4-89 导入图像

11 新建"图层11"，在第70帧位置按【F6】键插入关键帧，打开"动作"面板，输入"stop();"脚本语言，如图4-90所示。此时"时间轴"面板如图4-91所示。

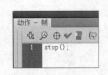

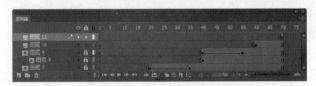

图4-90　输入脚本语言　　　　　　　　　图4-91　"时间轴"面板

12 执行"文件>保存"命令，将动画保存。按快捷键【Ctrl+Enter】测试影片，动画效果如图4-92所示。

图4-92　预览动画效果

Q 创建遮罩层需要注意什么？

A 不能对遮罩层上的对象使用3D工具，包含3D对象的图层也不能用做遮罩层。一个遮罩层只能包含一个遮罩项目。

Q 如何删除遮罩层？

A 选择要删除的图层，单击鼠标右键，在弹出的快捷菜单中选择"删除图层"选项，即可完成对遮罩层的删除。

实例 068 "遮罩动画"——产品宣传广告动画

- **源 文 件**｜源文件\第4章\实例68.fla
- **视　　频**｜视频\第4章\实例68.swf
- **知 识 点**｜遮罩层、"传统补间"
- **学习时间**｜10分钟

操作步骤

01 导入素材图像，新建图层，绘制矩形，在相应的位置插入关键帧，调整矩形大小，创建"补间形状动画"，并创建"遮罩动画"，图形效果如图4-93所示。

02 采用相同的方法，导入素材，绘制圆形，再创建"遮罩动画"，效果如图4-94所示。

03 导入其他素材图像，分别转换为图形元件，在不同的图层上制作"传统补间动画"，制作完成后如图4-95所示。

04 完成动画的制作，测试动画效果，如图4-96所示。

图4-93　图形效果　　　图4-94　图形效果　　　图4-95　制作传统补间动画　　　图4-96　最终效果

实例总结

本实例使用遮罩效果，制作出了精美的宣传广告动画。通过本例的学习，读者要进一步学习制作遮罩动画的方法和技巧，灵活运用到动画制作中。

实例 069　"遮罩动画"——飞侠

"遮罩动画"能够制作出许多独特的Flash动画效果，如聚光灯效果、过渡效果等。遮罩动画实际上就是限制动画的显示区域。

- **源 文 件** | 源文件\第4章\实例69.fla
- **视　　频** | 视频\第4章\实例69.swf
- **知 识 点** | 遮罩层、"补间形状""传统补间动画"
- **学习时间** | 15分钟

实例分析

本实例通过创建遮罩层，结合"补间形状"和"传统补间动画"，制作出生动的飞侠渐现动画。通过本例的学习，读者需要掌握遮罩层和补间动画相结合的制作方法。制作完成最终效果如图4-97所示。

图4-97　最终效果

知识点链接

遮罩层与被遮罩层？

"遮罩动画"的创建需要两个图层，即遮罩层和被遮罩层。遮罩层位于上方，用于设置待显示区域的图层；被遮罩层是指位于遮罩层的下方，用来插入待显示区域对象的图层。

操作步骤

01 执行"文件>新建"命令，新建一个大小为550像素×400像素，"帧频"为12fps，"背景颜色"为白色为Flash文档。

02 执行"文件>导入>导入到舞台"命令，将图像"素材\第4章\46901.png"导入到场景中，效果如图4-98所示，在第100帧位置插入帧。新建"图层2"，将"素材\第4章\46902.png"导入到场景中，调整大小和位置，调整后效果如图4-99所示。

图4-98　导入图像1

图4-99　导入图像2

03 按【F8】键将其转换成名称为"人物1"的"图形"元件，设置如图4-100所示。在第20帧位置插入关键帧，将人物放大。在第1帧位置创建"传统补间动画"，新建"图层3"，选择"椭圆工具"，在人物中心处绘制形状，效果如图4-101所示。在第20帧位置插入关键帧，调整形状和大小。

图4-100 "转换为元件"对话框

图4-101 绘制图形

04 选择第1帧，创建"补间形状动画"，在该图层名称处单击鼠标右键，在弹出的菜单中选择遮罩层选项，"时间轴"面板如图4-102所示。此时的场景效果如图4-103所示。

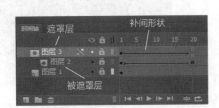

图4-102 "时间轴"面板

图4-103 场景效果

05 使用相同的方法完成其他层的制作，制作完成后"时间轴"面板如图4-104所示。

图4-104 "时间轴"面板

06 其他层制作完成后场景效果如图4-105所示。完成飞侠动画的制作，保存动画，按快捷键【Ctrl+Enter】测试动画，效果如图4-106所示。

图4-105 场景效果

图4-106 测试动画效果

Q 如何使用遮罩层?

A 要创建遮罩层，就要先将图层指定为遮罩层，然后在该图层上绘制或放置一个填充形状。读者可以将任何填充形状用作遮罩，包括组、文本和元件。也可以使用遮罩层来显示下方图层中图片或图形的部分区域。

Q 创建遮罩层要注意什么?

A 在创建遮罩层时，对于用作遮罩的填充形状可以使用补间形状，对于类型对象、图形实例或影片剪辑，可以使用补间动画。

实例 070 "遮罩动画"——商业动画

● **源 文 件** │ 源文件\第4章\实例70.fla
● **视　　频** │ 视频\第4章\实例70.swf
● **知 识 点** │ 遮罩层、转换为元件
● **学习时间** │ 10分钟

▍操作步骤▍

01 制作相应的元件，制作完成再返回主场景，将背景图像导入场景中，效果如图4-107所示。

02 将图像导入场景中，并将其转换成元件，制作淡入效果，再为其制作出文本的"遮罩动画"，图形效果如图4-108所示。

图4-107　制作并导入元件

图4-108　图形效果

03 将人物图像导入场景中，制作淡入效果，制作完成效果如图4-109所示。

04 完成动画的制作，测试动画效果，如图4-110所示。

图4-109　制作淡入效果

图4-110　最终效果

▍实例总结▍

本实例使用简单的遮罩效果，制作出了精美的商业广告动画。通过本例的学习，读者要进一步学习制作"遮罩动画"的方法和技巧并灵活运用，结合不同的动画类型制作不同的动画效果。

实例 071 路径跟随动画——飞舞的心

利用传统运动路径可以创建简单的路径跟随动画，通过本例的学习，读者可以了解并掌握在动画中更好地利用传

统运动路径的方法，并对路径引导动画有更深层的了解。

● **源 文 件** | 源文件\第4章\实例71.fla
● **视   频** | 视频\第4章\实例71.swf
● **知 识 点** | "添加传统运动引导层""传统补间动画"
● **学习时间** | 20分钟

▋ 实例分析 ▋

　　本实例制作了沿路径飞舞的心的动画效果。通过本例的学习，读者需要掌握"添加传统运动引导层"的方法。制作完成最终效果如图4-111所示。

图4-111　最终效果

▋ 知识点链接 ▋

引导层和被引导层的关系有哪些?

　　被引导层是与引导层关联的图层。读者可以沿引导层上的笔触排列被引导层上的对象或为这些对象创建动画效果。被引导层可以包含静态插图和传统补间，但不能包含补间动画。

▋ 操作步骤 ▋

01 执行"文件>新建"命令，新建一个大小为600像素×350像素，"帧频"为12fps，"背景颜色"为白色的Flash文档。
02 将"素材\第4章\47101.jpg"导入到场景中，效果如图4-112所示。在第145帧位置插入帧，然后新建名称为"心"的"图形"元件，设置如图4-113所示。

图4-112　导入图像

图4-113　"创建新元件"对话框

03 单击"钢笔工具"按钮，绘制图形并调整为心形，打开"颜色"面板，参数设置如图4-114所示。使用"颜料桶工具"为图形填充颜色，然后删除边缘线，图形效果如图4-115所示。

图4-114　"颜色"面板

图4-115　绘制图形

04 返回"场景1"编辑，新建"图层2"，将"心"元件从"库"面板中拖入场景中，调整大小，调整后效果如图4-116所示。在第97帧位置插入关键帧，调整元件位置和大小，调整后效果如图4-117所示。然后再在第1帧位置创建传统补间。

元件位置

图4-116 调整元件大小

调整元件位置

图4-117 调整元件

05 在"图层2"上单击鼠标右键，选择"添加传统运动引导层"，使用"钢笔工具"绘制线条并进行调整，分别移动第1帧和第97帧上的元件的中心点到引导线一端，元件位置如图4-118所示。新建"图层4"，使用相同方法制作心由小变大的动画，场景效果如图4-119所示。

元件位置

图4-118 元件位置

元件位置

图4-119 场景效果

> **提示**
>
> 向运动引导层添加一个路径以引导传统补间，可以选择运动引导层，然后使用钢笔、铅笔、线条、圆形、矩形或刷子工具绘制所需的路径，也可以将笔触粘贴到运动引导层。

06 使用相同的方法制作出其他图层，制作完成后"时间轴"面板如图4-120所示。

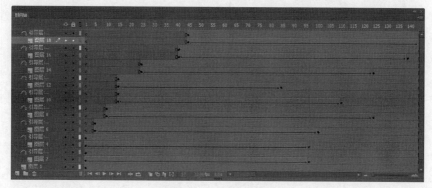

图4-120 "时间轴"面板

> **提示**
>
> 在传统补间图层上方添加一个运动引导层，并缩进传统补间图层的名称，来表明该图层已绑定到该运动引导层。如果"时间轴"中已有一个引导层，可以将包含传统补间的图层拖到该引导层下方，以此可以将该引导层转换为运动引导层，同时将传统补间绑定到该引导层。

07 完成飞舞的心的动画制作，保存动画，按快捷键【Ctrl+Enter】测试动画，效果如图4-121所示。

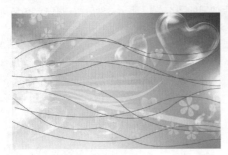

图4-121　测试动画效果

Q 如何控制"传统补间动画"中对象的移动？

A 若要控制"传统补间动画"中对象的移动，则需要创建运动引导层。注意，这里无法将补间动画图层或反向运动姿势图层拖动到引导层上。

Q 编辑运动路径要注意什么？

A 编辑运动路径时，如果补间包含动画，则会在舞台上显示运动路径。运动路径显示每帧中补间对象的位置。读者可以通过拖动运动路径的控制点来编辑舞台上的运动路径。注意，这里无法将运动引导层添加到补间或反向运动图层。

实例 072　路径跟随动画——汽车行驶

- **源 文 件** | 源文件\第4章\实例72.fla
- **视　　频** | 视频\第4章\实例72.swf
- **知 识 点** | "添加传统运动引导层""传统补间动画"遮罩层、转换为元件
- **学习时间** | 10分钟

┃ 操作步骤 ┃

01 新建Flash文档并导入背景图像，制作素材的淡入效果。再新建图层并导入汽车图片，效果如图4-122所示。

图4-122　导入图形

02 将汽车图片转换为"影片剪辑"元件。创建"传统补间动画"并"添加传统引导层"，场景效果和"时间轴"面板如图4-123所示。

图4-123　场景效果和"时间轴"面板1

03 返回场景，拖入汽车元件，制作遮罩层，效果及"时间轴"面板如图4-124所示。

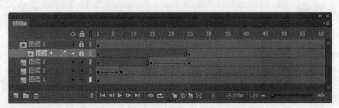

图4-124 场景效果和"时间轴"面板2

04 完成动画的制作，测试动画效果，如图4-125所示。

图4-125 测试动画效果

实例总结

本实例中通过"添加传统运动引导层"控制动画路径，通过本例的学习，读者要掌握制作"路径跟随动画"的方法和技巧，能够独立完成特定移动路线动画的制作。

实例 073 "添加传统引导层"——飞机飞行动画

本实例利用"添加传统运动引导层"路径创建路径跟随动画。通过实例的学习，读者可以了解与掌握如何在动画中更好地创建路径动画。

● **源 文 件** | 源文件\第4章\实例73.fla

● **视 频** | 视频\第4章\实例73.swf

● **知 识 点** | "添加传统运动引导层""传统补间动画"、转换为元件

● **学习时间** | 15分钟

实例分析

本实例通过路径跟随制作环绕飞行动画，并结合"传统补间动画"制作出自然流畅的飞行效果。制作完成最终效果如图4-126所示。

图4-126 最终效果

是否可以将常规层拖动到引导层上？

若将常规层拖动到引导层上，则会把引导层转换为运动引导层，且常规层将会链接到新的运动引导层。

┤ 操作步骤 ├

01 执行"文件>新建"命令，新建一个大小为550像素×400像素，"帧频"为20fps，"背景颜色"为白色的Flash文档。

02 将"素材\第4章\47301.jpg"导入到场景中，效果如图4-127所示。使用相同的方法导入素材图"47302.png"，效果如图4-128所示。

03 新建一个名称为"飞船"的"图形"元件，相关设置如图4-129所示。将"素材\第4章\47303.png"图像导入到场景中，效果如图4-130所示。

图4-127 导入图像

图4-128 导入素材

图4-129 "创建新元件"对话框

04 按【F8】键将图片转换为名称为"飞机动画"的"影片剪辑"元件，设置如图4-131所示。在第50帧位置插入帧，新建"图层2"，然后单击鼠标右键，选择"添加传统运动引导层"选项，使用"钢笔工具"绘制路径并调整，绘制完成效果如图4-132所示。

图4-130 导入飞机

图4-131 "创建新元件"对话框

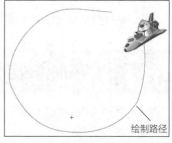

图4-132 绘制路径

> **提示**
>
> 调整元件位置时，配合使用"任意变形工具"调整元件的角度，以实现动画的自然旋转效果。

05 在第15帧位置插入关键帧并移动元件，调整元件位置和大小，然后在第1帧位置创建"传统补间动画"，调整后效果如图4-133所示。在第29帧位置插入关键帧，调整元件位置和大小并创建"传统补间动画"，调整后效果如图4-134所示。

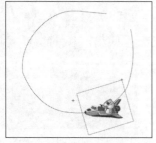

图4-133 场景效果

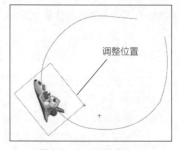

图4-134 调整位置1

06 在第37帧位置插入关键帧,调整位置,执行"修改>变形>垂直翻转"命令,创建"传统补间动画",场景效果如图4-135所示。在第50帧位置插入关键帧,调整位置,再创建"传统补间动画",场景效果如图4-136所示。

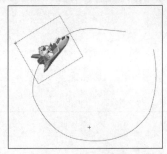

图4-135 调整位置2

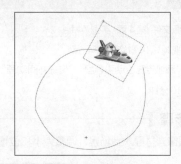

图4-136 调整位置3

07 完成制作的"时间轴"面板如图4-137所示。

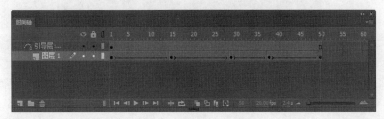

图4-137 "时间轴"面板

08 返回"场景1",新建"图层3",将"飞机动画"元件从"库"面板中拖入场景,场景效果如图4-138所示。完成飞机动画制作,保存动画,按快捷键【Ctrl+Enter】测试动画,效果如图4-139所示。

图4-138 场景效果

图4-139 最终效果

> **提示**
>
> 因为对象在自己单独的元件中完成动画效果,所以在场景的"时间轴"面板中不用延长帧。

Q 创建引导层的方法是什么?

A 在Flash中创建引导层的方法有两种。一种方法是选择一个图层,使用鼠标右键单击图层名称,在弹出的快捷菜单中选择"添加传统运动引导层"选项,在当前选择图层上方添加一个引导层,在添加的引导层中绘制所需的路径;另一种方法同样是选择一个图层,使用用鼠标右键单击图层名称,在弹出的快捷菜单中选择"引导层"选项,把当前图层转换为引导层。

Q 运动引导层的用途有哪些?

A 运动引导层可以绘制路径,补间实例、组或文本块可以沿着这些路径运动,还可以将多个层链接到一个运动引导层,使多个对象沿同一条路径运动。注意,链接到运动引导层的常规层就成为引导层。

动画综合——太阳升起

● **源 文 件** | 源文件\第4章\实例74.fla

● **视　　频** | 视频\第4章\实例74.swf

● **知 识 点** | "添加传统运动引导层""传统补间动画"、转换为元件

● **学习时间** | 10分钟

┃ 操作步骤 ┃

01 将背景图像素材导入到场景，调整大小和位置，效果如图4-140所示。

图4-140　导入背景

02 新建图层，导入太阳素材，并将其转换为"图形"元件，然后在第50帧位置插入关键帧，调整大小和位置，场景效果如图4-141所示。

03 设置第1帧上的元件"不透明度"为50%，并创建"传统补间动画"，再为图层"添加运动引导层"，得到如图4-142所示的效果。

图4-141　场景效果

图4-142　添加运动引导层

04 完成动画的制作，测试动画效果，如图4-143所示。

图4-143　最终效果

┃ 实例总结 ┃

　　本实例中使用"添加传统运动引导层"控制动画路径。通过本例的学习，读者要进一步巩固制作"路径跟随动画"的方法和技巧，并灵活运用，结合不同的动画类型制作不同的动画效果。

**实 例
075**
3D动画——旋转星星

　　使用"3D旋转工具"可以在3D空间里旋转影片剪辑实例，3D旋转控件出现在选定舞台对象上，X控件为红色、Y

控件为绿色、Z控件为蓝色、自由旋转控件为橘色。

● **源 文 件**｜源文件\第4章\实例75.fla
● **视　　频**｜视频\第4章\实例75.swf
● **知 识 点**｜3D旋转动画、补间动画
● **学习时间**｜10分钟

实例分析

　　本实例制作星星旋转效果，通过实例来介绍3D旋转效果的方法和技巧。制作完成最终效果如图4-144所示。

图4-144　最终效果

知识点链接

如何设置3D旋转？

　　单击并拖动X控件可使实例沿着x轴方向进行旋转；单击并拖动y轴控件可使实例沿着y轴方向进行旋转；单击并拖动Z控件可使实例沿着z轴进行旋转；单击并拖动自由旋转控件可使实例同时绕x、y、z轴方向进行自由旋转。

操作步骤

01 执行"文件>新建"命令，新建一个大小为500像素×320像素，"帧频"为16fps，"背景颜色"为白色的Flash文档。

提示

　　若要使用Flash的3D功能，则Flash文件的发布必须设置为Flash Player 10和ActionScript 3.0。

02 执行"文件>导入>导入到舞台"命令，将图像"素材\第4章\47501.jpg"导入到场景中，效果如图4-145所示。新建"图层2"，将"素材\第4章\47502.png"导入到场景中，调整大小和位置，效果如图4-146所示。

图4-145　导入素材

图4-146　导入图像

03 新建名称为"星星"的"影片剪辑"元件，设置如图4-147所示。将"素材\第4章\47503.png"导入到场景中，效果如图4-148所示。

04 新建名称为"星星动画"的"影片剪辑"元件，设置如图4-149所示。将"库"面板中的"星星"元件拖入场景，在第1帧上单击鼠标右键，选择"创建补间动画"，使用"3D工具"选中元件，选择时间轴中的末帧，拖曳y轴进行旋转，场景效果如图4-150所示。

图4-147 "创建新元件"对话框

图4-148 调整位置

图4-149 "创建新元件"对话框

05 此时的"时间轴"面板如图4-151所示。返回场景编辑，新建"图层3"，将"星星动画"元件从"库"面板中拖入场景中，效果如图4-152所示。

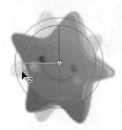

图4-150 旋转效果

图4-151 "时间轴"面板

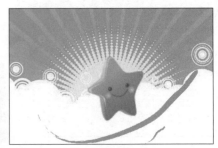

图4-152 场景效果

06 保存动画，按快捷键【Ctrl+Enter】测试动画，效果如图4-153所示。

图4-153 测试动画效果

> **提示**
>
> 如果选中多个影片剪辑实例，使用"3D旋转工具"旋转其中一个，其他对象将以相同的方式旋转，按住【Shift】键单击其他对象可把控件移动到该对象上。

Q 如何完成3D工具中全局与局部的转换？

A 3D工具默认的是"全局模式"，如果要在局部模式中使用这些工具，则需要单击"工具"面板中"选项"部分的"全局转换"按钮，面板如图4-154所示。

Q 3D平移工具的作用是什么？

A 单击并拖动X控件可使实例沿着x轴方向移动；单击并拖动y轴控件可使实例沿着y轴方向移动；单击并拖动Z控件可使实例沿着z轴方向更改大小。平移工具在制作实例由近到远、由远到近的出场效果时，具有较好的立体感，可以使动画丰富生动。

图4-154 "工具"面板

"3D工具"——平移动画

- ● 源 文 件 | 源文件\第4章\实例76.fla
- ● 视　　　频 | 视频\第4章\实例76.swf
- ● 知 识 点 | 3D平移动画、补间动画
- ● 学习时间 | 15分钟

┃ 操作步骤 ┃

01 将图像素材导入到场景，调整其大小和位置，并以此作为动画的背景，效果如图4-155所示。

02 新建名称为"时钟"的"影片剪辑"元件，将图片素材导入并转换为名称为"时钟动画"的"影片剪辑"元件，使用"3D平移工具"制作3D平移动画效果，如图4-156所示。

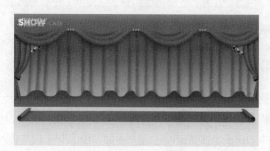

图4-155 导入背景图像

图4-156 导入素材并制作动画

03 返回场景，新建图层，再拖入"时钟动画"元件，如图4-157所示。

04 完成动画的制作，测试动画效果，如图4-158所示。

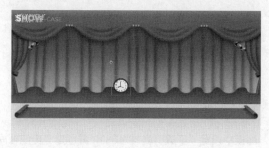

图4-157 拖入元件

图4-158 测试动画效果

┃ 实例总结 ┃

　　本实例使用"3D工具"制作旋转和平移的动画效果。通过本例的学习，读者要学会使用"3D工具"制作立体旋转效果和移动元件的方法。

综合动画——场景

　　下面将制作综合性的动画效果，通过本例的学习，读者要学习将所有动画类型综合起来使用，制作场景效果。

- ● 源 文 件 | 源文件\第4章\实例77.fla
- ● 视　　　频 | 视频\第4章\实例77.swf
- ● 知 识 点 | 传统补间、"补间形状""遮罩动画"、路径跟随、3D动画
- ● 学习时间 | 10分钟

实例分析

本实例通过多种动画类型的结合，制作出综合性的场景动画。制作完成最终效果如图4-159所示。

图4-159 最终效果

知识点链接

图层的操作技巧是什么？

为了便于查看、编辑各个图层的内容，可以将有的图层隐藏起来，完成操作后再将图层重新显示出来。编辑某些图层内容时，可以将其他图层进行锁定，对于遮罩来说，必须锁定图层才能起作用。

操作步骤

01 执行"文件>新建"命令，新建一个大小为730像素×530像素，"帧频"为12fps，"背景颜色"为白色的Flash文档。

02 将"素材\第4章\47701.png"导入到场景中，效果如图4-160所示。在第35帧位置插入帧，按【F8】键将导入的素材转换为名称为"背景"的"图形"元件，面板设置如图4-161所示。

图4-160 导入素材

图4-161 "转换为元件"对话框

03 在第10帧位置插入关键帧，选择第1帧上的元件，在"属性"面板中设置"不透明度"为0%，并创建"传统补间动画"，"属性"面板如图4-162所示。新建图层，导入素材，使用相同的方法制作"图层2""图层3"和"图层4"的内容，此时的"时间轴"面板如图4-163所示。

图4-162 "属性"面板

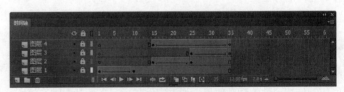

图4-163 "时间轴"面板

04 制作完成后场景效果如图4-164所示。在第33帧位置插入关键帧，新建"图层5"，将"素材\第4章\47705.png"导入到场景中，效果如图4-165所示。

图4-164 场景效果

图4-165 导入素材

05 在第100帧位置插入关键帧，新建"图层6"，并将其设置为遮罩层，效果如图4-166所示。 分别新建图层，将"素材\第4章\47706.png"和"素材\第4章\47707.png"导入到场景中，放至遮罩层下方，效果如图4-167所示。

图4-166 创建遮罩

图4-167 导入素材

06 此时的"时间轴"面板如图4-168所示。

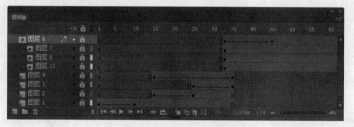

图4-168 "时间轴"面板

07 新建图层，在第46帧位置插入关键帧，将"素材\第4章\47708.png"导入到场景中，效果如图4-169所示。

08 按【F8】键将图形转换为名称为"小鸟"的"图形"元件，在该图层上单击鼠标右键，选择"添加传统运动引导层"，选择"钢笔工具"绘制路径，再使用"选择工具"进行调整，效果如图4-170所示。

图4-169 导入素材

图4-170 绘制路径

提示

制作引导线动画时，元件实例的中心点一定要贴紧至引导层中的路径上，否则将不能沿着路径运动。

09 选中"小鸟"图层，在第100帧位置插入关键帧，将元件移至引导线的另一端，在第46帧位置创建"传统补间动画"，此时的"时间轴"面板如图4-171所示。

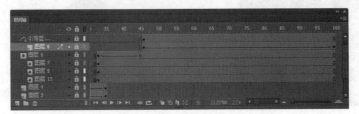

图4-171 "时间轴"面板

10 新建图层，将"素材\第4章\47709.png"导入到场景中，效果如图4-172所示。按【F8】键将图形转换为名称为"字动画"的"影片剪辑"元件，选择"3D旋转工具"，在第1帧位置创建补间动画，此时的"时间轴"面板如图4-173所示。

11 将元件进行旋转，效果如图4-174所示。旋转完成后场景效果如图4-175所示。

图4-172 导入素材

图4-173 "时间轴"面板

图4-174 3D旋转

12 完成场景动画的制作，保存动画，按快捷键【Ctrl+Enter】测试动画，最终效果如图4-176所示。

图4-175 场景效果

图4-176 测试动画效果

Q 补间动画的图层有何特点？

A Flash 文档中的每一个场景都可以包含任意数量的时间轴图层。使用图层和图层文件夹可组织动画序列的内容和分隔动画对象。在图层和文件夹中组织它们，可防止它们在重叠时相互擦除、连接或分段。若要创建一次包含多个元件或文本字段的补间移动动画，则需要将每个对象放置在不同的图层中。读者可以将一个图层用作背景图层来放静态插图，再使用其他图层放置单独的动画对象。

Q 何为姿势图层？

A 在向元件实例或形状中添加骨骼时，Flash 会在时间轴中为它们创建一个新图层。此新图层称为"姿势图层"。Flash 在时间轴中现有的图层之间添加新的姿势图层，可以使舞台上的对象保持以前的堆叠顺序。

实例 078 "动画预设"——飞机着陆动画

- **源 文 件** | 源文件\第4章\实例78.fla
- **视 频** | 视频\第4章\实例78.swf
- **知 识 点** | "动画预设"
- **学习时间** | 10分钟

操作步骤

01 新建Flash文档并导入素材，效果如图4-177所示。

02 新建图层，将素材导入到场景，移动至合适位置，如图4-178所示。

图4-177 导入背景图像

图4-178 导入飞机

03 打开"动画预设"面板，选择"从右边模糊飞入"选项，面板设置及场景效果如图4-179所示。

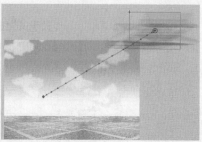
图4-179 选择动画预设类型

04 完成动画的制作，测试动画效果，如图4-180所示。

图4-180 测试动画效果

实例总结

　　本实例综合以前所学知识制作过渡自然的场景动画效果。通过本例的学习，读者要学会运用所学知识制作复杂的Flash动画。

实例 079 **综合动画——飘雪场景**

　　下面继续介绍综合性的动画效果，通过本例的学习，读者要将所有动画类型综合起来使用，制作出多彩多姿、丰富漂亮的Flash动画。

● **源 文 件** 源文件\第4章\实例79.fla

● **视　　频** 视频\第4章\实例79.swf

● 知 识 点 | 传统补间、"添加传统运动引导层"

● 学习时间 | 10分钟

实例分析

本实例使用补间形状制作雪花飘落的动画效果。读者通过学习将进一步掌握补间形状动画的制作方法。制作完成最终效果如图4-181所示。

图4-181　最终效果

知识点链接

关于关键帧

当创建逐帧动画时，每个帧都是关键帧。在补间动画中，可以在动画的重要位置定义关键帧，Flash会创建关键帧之间的帧内容。补间动画的插补帧显示为浅蓝色或浅绿色，并会在关键帧之间绘制一个箭头。由于Flash文档会保存每一个关键帧中的形状，所以只应在插图中有变化的点处创建关键帧。

操作步骤

01 执行"文件>新建"命令，新建一个大小为400像素×400像素，"帧频"为24fps，"背景颜色"为白色的Flash文档。

02 打开"颜色"面板，参数设置如图4-182所示。设置"笔触颜色"为无，使用"矩形工具"绘制与舞台大小相同的矩形，效果如图4-183所示。

03 新建名称为"背景"的"图形"元件，面板设置如图4-184所示。将"素材\第4章\47901.png"导入到场景中，执行"修改>分离"命令，效果如图4-185所示。

图4-182　"颜色"面板

图4-183　绘制矩形

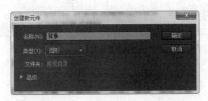

图4-184　"创建新元件"对话框

图4-185　导入图像

04 用相同的方法导入其他素材，执行"分离"命令，效果如图4-186所示。

图4-186　导入素材

05 此时的"库"面板如图4-187所示。新建名称为"气泡"的"图形"元件，面板设置如图4-188所示。

06 选择"椭圆工具"，设置"填充颜色"为白色，"笔触"为无，绘制图形，效果如图4-189所示。新建元件，使用相同的方法绘制阴影，得到如图4-190所示的效果。

图4-187 "库"面板

图4-188 "创建新元件"对话框

图4-189 绘制图形1

07 新建名称为"雪花动画"的"影片剪辑"元件，面板设置如图4-191所示。将"雪花"元件从"库"面板拖入场景中，新建"图层2"，将"雪花"元件从"库"面板中拖入场景。

08 在第15帧、第75帧和第90帧位置分别插入关键帧，在"属性"面板中分别设置第1帧和第90帧位置上的元件"不透明度"为0%，"属性"面板如图4-192所示。

图4-190 绘制图形2

图4-191 "创建新元件"对话框

图4-192 "属性"面板

09 分别在第1帧、第15帧和第75帧位置创建"传统补间"动画。在"图层2"处单击鼠标右键，在弹出的菜单中选择"添加运动引导线"选项，选择"线条工具"，绘制线条并使用"选择工具"调整路径，"时间轴"面板如图4-193所示。

图4-193 "时间轴"面板

10 使元件沿路径运动，场景效果如图4-194所示。使用相同的方法完成其他图层动画的制作，效果如图4-195所示。

图4-194 场景效果1

图4-195 场景效果2

11 制作完成后的"时间轴"面板如图4-196所示。

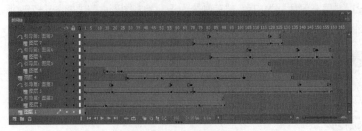

图4-196　"时间轴"面板

12 新建名称为"整体动画"的"影片剪辑"元件，面板设置如图4-197所示。将"背景"元件从"库"面板拖入场景中，在第145帧位置插入帧，在第10帧、第129帧和第144帧位置分别插入关键帧，在"属性"面板中设置第1帧和第144帧上的元件的"不透明度"为0%，"属性"面板如图4-198所示。

13 新建图层，使用相同的方法完成其他图层的制作，场景效果如图4-199所示。

图4-197　"创建新元件"对话框　　图4-198　"属性"面板　　　　图4-199　场景效果

14 制作完成后的"时间轴"面板如图4-200所示。

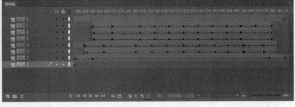

图4-200　"时间轴"面板

提示

此处是在播放完第1个场景后，在同一图层上接着制作第2个场景。

15 新建"图层10"，将"雪花动画"元件从"库"面板拖入场景中，效果如图4-201所示。返回"场景1"编辑，新建"图层2"，将"整体动画"拖入舞台中，场景效果如图4-202所示。

图4-201　拖入雪花动画　　　　　　　　　　　图4-202　场景效果

16 完成飘雪场景动画的制作，保存动画，按快捷键【Ctrl+Enter】测试动画，效果如图4-203所示。

图4-203 测试动画效果

Q 如何编辑传统补间中的补间帧？

A 在传统补间中，只有关键帧是可编辑的。补间帧可以被查看，但无法直接编辑。若要编辑补间帧，需要修改一个定义关键帧，或在起始和结束关键帧之间插入一个新的关键帧。

Q 如何将图层和运动引导层链接起来？

A 将现有图层拖到运动引导层的下面，该图层在运动引导层下面以缩进形式显示。图层上的所有对象自动与运动路径对齐。在运动引导层下面创建一个新图层，该图层上补间的对象自动沿着运动路径补间。在运动引导层下面选择一个图层，选择"修改>时间轴>图层属性"选项，弹出"图层属性"对话框，选择"引导层"，如图4-204所示，单击"确定"按钮即可。

图4-204 "图层属性"对话框

实 例 080

综合动画——祝福贺卡

- **源 文 件** | 源文件\第4章\实例80.fla
- **视 频** | 视频\第4章\实例80.swf
- **知 识 点** | 传统补间
- **学习时间** | 10分钟

操作步骤

01 新建Flash文档，将图像素材导入到场景中，效果如图4-205所示。

02 新建图层并导入图像，制作淡入效果，创建"传统补间动画"，效果如图4-206所示。

图4-205 导入素材   图4-206 创建动画

03 用相同的方法制作其他图层的内容，设置如图4-207所示。

04 完成动画的制作，测试动画效果，如图4-208所示。

图4-207　制作其他图层

图4-208　测试动画效果

▌实例总结▐

　　本实例制作一个温馨的贺卡动画，通过使用"传统补间动画"可以制作出信封打开和信纸展开的动画效果。读者在制作动画时，要注意合理安排动画制作顺序，安排好动画角色的出场和退场。

第05章

制作Flash文本动画

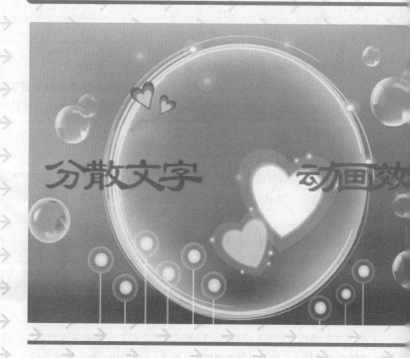

　　本章主要讲解使用不同的方法，完成各种文字动画效果的制作。通过本章的学习，读者要透彻理解Flash动画中常常出现的文本动画的制作原理并加以运用。

实例 081 "文本工具"——倒计时文字效果

文本在Flash动画制作中非常常见，它是制作动画时必不可少的元素，可以通过文本的添加，以凸显动画的主题，还可以为文本创建超链接。本章主要对文本各个属性设置进行详细讲解。

- **源 文 件** | 源文件\第5章\实例81.fla
- **视　　频** | 视频\第5章\实例81.swf
- **知 识 点** | "文本工具"和文字属性
- **学习时间** | 5分钟

实例分析

本实例主要通过对文字属性的设置，使所输文字与整个Flash动画的场景更加吻合。在实例的制作中主要使用了插入关键帧和改变"属性"面板参数的操作，完成倒计时动画效果。制作完成后的最终效果如图5-1所示。

图5-1　最终效果

知识点链接

如何控制文本的外形效果？

在Flash中可以通过"属性"面板中"字符"选项下的各项参数控制文本的外形，包括设置文本的字体、字号和颜色等信息。

操作步骤

01 执行"文件>新建"命令，新建一个大小为385像素×385像素，"帧频"为12fps，"背景颜色"为白色的Flash文档。

02 新建完成后，执行"文件>导入>导入到舞台"命令，导入素材图像"素材\第5章\58101.jpg"，效果如图5-2所示。在第11帧位置单击，按【F5】键插入帧，新建"图层2"，此时的"时间轴"面板如图5-3所示。

图5-2　导入素材

图5-3　"时间轴"面板

03 单击"文本工具"按钮，设置"属性"面板中"字符"选项下的参数，如图5-4所示。使用"文本工具"在场景中输入文本，场景效果如图5-5所示。

04 在"图层2"的第2帧位置单击，按【F6】键插入帧，修改该帧上文字为"9"，效果如图5-6所示。此时的"时间轴"面板如图5-7所示。

图5-4　"字符"面板

图5-5　输入文字

图5-6　修改文字

05 使用相同的方法，分别在第3帧~第11帧上各插入关键帧，并修改各帧上的数字，效果如图5-8所示。修改完成，"时间轴"面板如图5-9所示。

图5-7 "时间轴"面板

图5-8 修改文字

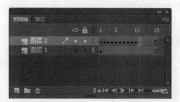

图5-9 "时间轴"面板

06 完成倒计时文字动画的制作，保存动画，按快捷键【Ctrl+Enter】测试影片，效果如图5-10所示。

Q 如何获得不同的字体效果？

A 在动画制作中使用多种字体效果可以为动画增加很多的亮点。字体和图片一样，都具有版权。读者可以通过购买获得不同的字体文件。

Q 为什么选择文本工具后，系统反应会很慢？

A 第一次单击"文本工具"按钮，Flash软件会调用关于文本工具的程序。所以一般会有一段时间的延迟。具体的启动时间与计算机的硬件配置有直接关系。

图5-10 测试动画效果

实例 082 文本动画——圣诞节祝福

- **源 文 件** | 源文件\第5章\实例82.fla
- **视　　频** | 视频\第5章\实例82.swf
- **知 识 点** | "文本工具"
- **学习时间** | 10分钟

┃ 操作步骤 ┃

01 新建文件，导入背景素材图像并调整图片的大小和位置，效果如图5-11所示。

02 新建"影片剪辑"元件，输入相应的文字，制作文字动画效果，场景效果如图5-12所示。

03 返回场景中，将制作好的动画元件拖入场景中，并调整位置，如图5-13所示。

04 完成发光文字动画效果的制作，测试动画，最终效果如图5-14所示。

图5-11 新建文件并导入素材

图5-12 场景效果

图5-13 将元件拖入场景

图5-14 最终效果

实例总结

在Flash动画中常常使用文本动画表现动画的主题。为了使动画主题更加明确，在制作文本动画时，不要制作得太过烦琐，而应简单有力，达到快速传递动画的目的即可。

实例 083 "形状补间"——阴影文字动画

在形状补间动画的起始帧和结束帧插入不同的对象，Flash就可以在动画中创建中间的过渡帧，本案例将使用"形状补间"制作分散式文字动画。

- **源 文 件** | 源文件\第5章\实例83.fla
- **视　　频** | 视频\第5章\实例83.swf
- **知 识 点** | "矩形工具""形状补间"
- **学习时间** | 20分钟

实例分析

本实例主要用"补间形状"制作阴影文字动画效果。通过本实例的学习，希望读者能综合运用所学习的知识制作出更快捷简单的动画效果。制作完成后的测试动画效果如图5-15所示。

图5-15　最终效果

知识点链接

形状补间动画的特点

形状补间动画主要是针对图像而言。在Flash动画制作中，使用元件是无法制作形状补间动画的，而使用形状补间动画可以制作位移、形变、缩放、颜色等动画。

操作步骤

01 执行"文件>新建"命令，新建一个大小为413像素×262像素，"帧频"为36fps，"背景颜色"为#99CCFF的Flash文档。

02 新建名称为"变形"的"影片剪辑"元件，面板设置如图5-16所示。单击"矩形工具"按钮，设置其"笔触颜色"为无，"填充颜色"为#FFFFFF，面板设置如图5-17所示。使用"矩形工具"在场景中绘制两个矩形，绘制完成效果如图5-18所示。在第25帧位置单击，按【F7】键插入空白关键帧，使用"矩形工具"在场景中绘制3个矩形，效果如图5-19所示，再使用相同方法绘制其他矩形如图5-20所示。绘制完成，"时间轴"面板如图5-21所示。

图5-16　"创建新元件"对话框

图5-17　"填充和笔触"对话框

图5-18　绘制矩形

图5-19　绘制矩形

图5-20 绘制其他矩形

图5-21 "时间轴"面板

03 采用"图层1"的制作方法,制作出"图层2"的动画,完成后的"时间轴"面板如图5-22所示,场景效果如图5-23所示。

图5-22 "时间轴"面板

图5-23 场景效果

04 新建一个名称为"遮罩文字"的"影片剪辑"元件,面板设置如图5-24所示。单击"文本工具"按钮,设置"属性"面板上的参数,"属性"面板如图5-25所示。

05 使用"文本工具"在场景中输入文本,效果如图5-26所示。选中该文本,按【F8】键将文本转换为名称为"文本1"的"图形"元件,面板设置如图5-27所示。

图5-24 "创建新元件"对话框　　　　　图5-25 "属性"面板　　　　　图5-26 输入文本

06 将"文本1"元件从"库"面板中拖入场景中,使用"任意变形工具"将"文本1"元件翻转,效果如图5-28所示。选中翻转后的"文本1"元件,设置其"色彩效果"面板的"Alpha"值为10%,面板如图5-29所示。设置完成后场景效果如图5-30所示。

 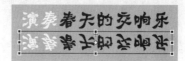 

图5-27 "转换为元件"对话框　　　　图5-28 翻转元件　　　　图5-29 "色彩效果"面板

07 新建"图层2",将"变形"元件从"库"面板中拖入场景中,效果如图5-31所示。将"图层2"设置为遮罩层,"时间轴"面板如图5-32所示。

 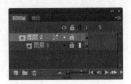

| 图5-30　场景效果 | 图5-31　拖入元件组 | 图5-32　"时间轴"面板 |

08 返回"场景1"的编辑状态，将"素材\第5章\58301.jpg"导入场景中，效果如图5-33所示。新建"图层2"，将"遮罩文字"元件从"库"面板中拖入场景中，效果如图5-34所示。

09 完成隐影文字动画的制作，保存动画，按快捷键【Ctrl+Enter】测试影片，效果如图5-35所示。

| 图5-33　导入图像 | 图5-34　拖入元件 | 图5-35　测试动画效果 |

Q 形状补间动画有什么作用？

A 形状补间动画是指一个形状变形为另一个形状的动画。在形状补间动画的起始帧和结束帧各插入不同的对象后，Flash就可以在动画中创建中间的过渡帧了。

Q 如何使用"变形"中的命令？

A 调整元件的旋转角度时，可以使用"修改＞变形"菜单下的一些命令，也可以在"变形"面板中进行精确数值的设置来完成旋转操作。

实例 084　"文本工具"——蚕食文字动画

● **源 文 件** | 源文件\第5章\实例84.fla

● **视　　频** | 视频\第5章\实例84.swf

● **知 识 点** | "文本工具"

● **学习时间** | 10分钟

操作步骤

01 导入背景素材图像，并新建相关的元件，制作出相应的图形元件效果，如图5-36所示。

02 在主场景中制作文字依次入场的动画效果，如图5-37所示。

03 在主场景中制作出文字出场动画的效果，如图5-38所示。

04 完成动画的制作，测试动画效果，如图5-39所示。

图5-36　导入素材

| 图5-37　输入文字并制作动画 | 图5-38　制作出场动画 | 图5-39　测试动画效果 |

实例总结

本案例中首先制作动画场景，然后输入文字并制作文字的淡入效果。通过制作文字动画，读者要对控制元件透明度的方法有所了解。

实例 085 "矩形工具"——波光粼粼文字动画

Flash作为动画制作软件，具有强大的绘图功能。使用该软件提供的矩形工具可以绘制出各种丰富的图像效果，在本案例中将使用矩形工具制作波光粼粼的动画效果。

- **源 文 件**｜源文件\第5章\实例85.fla
- **视 频**｜视频\第5章\实例85.swf
- **知 识 点**｜"文本工具"和"矩形工具"
- **学习时间**｜5分钟

实例分析

通过本实例的学习，读者可以对在文本动画中应用遮罩动画和"传统补间"动画有所了解。制作完成后测试动画效果如图5-40所示。

图5-40 最终效果

知识点链接

设置"Alpha"值有什么用途？

使用"Alpha"值可设置实心填充的不透明度，还可以设置渐变填充的当前所选滑块的不透明度。

操作步骤

01 执行"文件>新建"命令，新建一个大小为540像素×244像素，"帧频"为36fps，"背景颜色"为#FFCCFF的Flash文档。

02 新建名称为"矩形组"的"影片剪辑"元件，面板设置如图5-41所示。单击"矩形工具"按钮，设置其"笔触颜色"为无，"填充颜色"为#000000，"属性"面板如图5-42所示。

图5-41 "创建新元件"对话框

03 使用"矩形工具"在场景中绘制一个矩形，效果如图5-43所示。选中该矩形，按【F8】键将矩形转换成名称为"矩形"的"图形"元件，面板设置如图5-44所示。

图5-42 "属性"面板

图5-43 绘制矩形

图5-44 "转换为元件"对话框

04 多次将"矩形"元件从"库"面板中拖入场景的不同位置，效果如图5-45所示。

05 新建一个名称为"文字动画"的"影片剪辑"元件，如图5-46所示。在第10帧位置单击，按【F6】键插入关键帧，单击"文本工具"按钮，设置"属性"面板中"字符"的参数，如图5-47所示。

图5-45 场景效果　　　　　　　　　图5-46 "创建新元件"对话框　　　　　图5-47 "字符"面板

06 使用"文本工具"在场景中输入文本，效果如图5-48所示。选中该文本，按【F8】键将文本转换成名称为"文本"的"图形"元件，面板设置如图5-49所示。

07 分别在第70帧、第100帧位置单击，按【F6】键插入关键帧，选中第10帧场景中的元件，设置其"属性"面板中"Alpha"值为0%，"属性"面板如图5-50所示。设置完成后场景效果如图5-51所示。选中第70帧中的元件，设置其"属性"面板中"Alpha"值为29%，"属性"面板如图5-52所示。设置完成后场景效果如图5-53所示。

图5-48 输入文本　　　　　　　　图5-49 "转换为元件"对话框　　　　　图5-50 "属性"面板

图5-51 场景效果　　　　　　　　图5-52 "属性"面板　　　　　　　图5-53 场景效果

08 在第10帧、第70帧位置设置传统补间，此时的"时间轴"面板如图5-54所示。

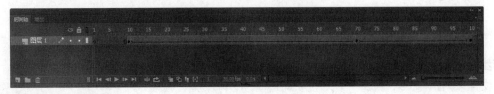

图5-54 "时间轴"面板

09 新建"图层2"，将"文本"元件从"库"面板中拖入场景中，并对齐"图层1"上的元件，效果如图5-55所示。

10 新建"图层3"，将"矩形组"元件从"库"面板中拖入场景中，使用"任意变形工具"将元件等比例缩小，效果如图5-56所示。在第99帧位置单击，按【F6】键插入关键帧，选中该帧中的元件，使用"任意变形工具"将元件等比例放大，调整后效果如图5-57所示。

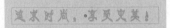

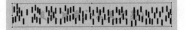

图5-55 拖入元件　　　　　　　　图5-56 拖入元件　　　　　　　图5-57 调整元件大小

> **提示**
>
> 需要注意，在将"文本"元件拖入场景后，文本内容要与下方图层中的文本位置完全一致。

11 在"图层3"的第1帧位置设置"传统补间动画"，在"图层3"上单击右键，选择"遮罩层"命令，在第100帧位置单击，按【F7】键插入空白关键帧，此时的"时间轴"面板如图5-58所示。

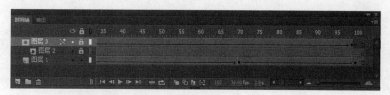

图5-58　"时间轴"面板

12 新建"图层4"，在第100帧位置单击，按【F6】键插入关键帧，在"动作"面板中输入"stop();"脚本语言，如图5-59所示，此时的"时间轴"面板如图5-60所示。

13 返回"场景1"编辑状态，将"素材\第5章\58501.jpg"导入场景中，效果如图5-61所示。新建"图层2"，将"文字动画"元件从"库"面板中拖入场景中，效果如图5-62所示。

图5-59　输入脚本语言

图5-60　"时间轴"面板

图5-61　导入图像

14 完成波光粼粼文字动画制作，保存动画，按快捷键【Ctrl+Enter】测试动画，效果如图5-63所示。

图5-62　拖入元件

图5-63　测试动画效果

Q 如何将文本变为渐变图形？

A 在设置文本颜色时，只能使用纯色，而不能使用渐变。若要对文本应用渐变，则应先分离文本，从而将文本转换为组成它的线条和填充。

Q 如何设置字符选项中的颜色？

A 单击"样本"右侧的按钮图标，弹出"颜色"对话框，输入颜色值为RGB，将其添加到自定义颜色中，单击"确定"按钮即可完成。

实例 086　文字遮罩——波纹文字效果

● **源 文 件** | 源文件\第5章\实例86.fla

● **视　　频** | 视频\第5章\实例86.swf

● **知 识 点** | "文本工具"和遮罩层

● **学习时间** | 10分钟

┃ 操作步骤 ┃

01 导入背景素材，并将其转换为图形元件，如图5-64所示。

02 新建元件，输入相应的文字并制作文字遮罩动画，效果如图5-65所示。

03 返回主场景中，将制作好的元件拖入主场景中，制作主场景动画，场景效果如图5-66所示。

04 完成动画的制作，测试动画效果，如图5-67所示。

图5-64 导入素材

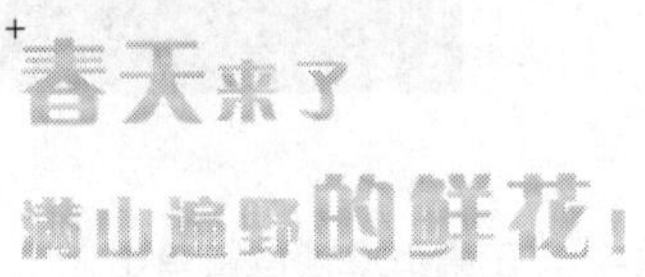

图5-65 输入文字

图5-66 场景效果

图5-67 测试效果

▌ 实例总结 ▐

本实例主要利用矩形工具绘制多个矩形，并将绘制的矩形制作为动画，再将制作的矩形动画所在的图层设置为遮罩层，从而制作出波纹文字动画效果。

实例 087 图层和文本——广告式文字动画

在制作广告式文字动画时，要选材新颖，能用最基本的动画类型与图片制作出复杂的动画。下面将以案例的形式来告诉读者广告式文字动画的制作过程。

- 源 文 件 | 源文件\第5章\实例87.fla
- 视 频 | 视频\第5章\实例87.swf
- 知 识 点 | "矩形工具"和形状补间动画的应用
- 学习时间 | 5分钟

▌ 实例分析 ▐

本实例主要制作一个广告式文字动画效果。通过实例的学习，读者可以了解如何利用基本的动画类型制作复杂的动画效果。完成后效果如图5-68所示。

图5-68 最终效果

▌ 知识点链接 ▐

调整矩形时为什么不能调整矩形的位置与高度？

在调整矩形时，不能调整矩形的位置和高度。如果调整了位置和高度，那么创建的"补间形状"就有可能创建图形的变形动画，而不是拉长动画。

操作步骤

01 执行"文件>新建"命令，新建一个大小为455像素×209像素，"帧频"为36fps，"背景颜色"为#FFCCCC的Flash文档。

02 新建名称为"矩形变换"的"影片剪辑"元件，面板设置如图5-69所示。单击"矩形工具"按钮，设置其"笔触颜色"为无，"填充颜色"为#000000，面板如图5-70所示。使用"矩形工具"在场景中绘制一个矩形，选中该矩形，设置其"宽"为1像素，"高"为40像素，面板如图5-71所示，设置完成后效果如图5-72所示。

图5-69 "创建新元件"对话框

图5-70 "填充和笔触"面板

图5-71 "位置和大小"面板

03 在第20帧位置插入关键帧，选中该帧上的矩形，修改其"宽"为15像素，效果如图5-73所示。

04 在第1帧位置创建补间形状动画。新建"图层2"，在第20帧位置插入关键帧，在"动作"面板中输入"stop();"脚本语言，如图5-74所示，此时的"时间轴"面板如图5-75所示。

图5-72 效果图1

图5-73 效果图2

图5-74 输入脚本语言

图5-75 "时间轴"面板

05 新建一个名称为"变换组"的"影片剪辑"元件，面板设置如图5-76所示。将"矩形变换"元件从"库"面板中拖入场景中，效果如图5-77所示。在第50帧位置单击，按【F5】键插入帧，新建"图层2"，在第2帧位置单击，按【F6】键插入关键帧，将"矩形变换"元件从"库"面板中拖入场景中，"时间轴"面板如图5-78所示，此时的效果如图5-79所示。

图5-76 "创建新元件"对话框

图5-77 拖入元件

图5-78 "时间轴"面板

图5-79 拖入元件

06 采用"图层1""图层2"的制作方法，制作出其他图层的动画，完成后的"时间轴"面板如图5-80所示，此时效果如图5-81所示。

07 新建"图层3"，在第50帧位置单击，按【F6】键插入关键帧，在"动作"面板中输入"stop();"脚本语言，"时间轴"面板如图5-82所示。

图5-80 "时间轴"面板

图5-81 拖入元件图

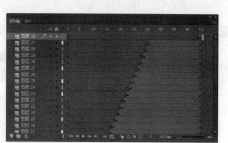
图5-82 "时间轴"面板

08 新建一个名称为"文字动画1"的"影片剪辑"元件，面板设置如图5-83所示。单击"文本工具"按钮，设置"属性"面板上的参数，如图5-84所示。

09 使用"文本工具"在场景中输入文本，效果如图5-85所示。新建"图层2"，将"变换组"元件从"库"面板中拖入场景中，如图5-86所示。将"图层2"设置为遮罩层，"时间轴"面板如图5-87所示。

图5-83 "创建新元件"对话框

图5-84 "属性"面板

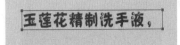
图5-85 输入文本

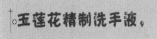
图5-86 拖入元件

10 按照同样方法，制作出"文字动画2""文字动画3"元件，效果如图5-88所示。

图5-87 "时间轴"面板

图5-88 制作"文字动画2""文字动画3"元件

11 返回"场景1"编辑状态。将"素材\第5章\58701.jpg"导入场景中，效果如图5-89所示。在第300帧位置单击，按【F5】键插入帧，新建"图层2"，将"文字动画1"元件从"库"面板中拖入场景，效果如图5-90所示。

12 在第100帧位置单击，按【F7】键插入空白关键帧，将"文字动画2"元件从"库"面板中拖入场景中，效果如图5-91所示，此时的"时间轴"面板如图5-92所示。

图5-89 导入图像

图5-90 拖入元件

图5-91 拖入元件

13 在第200帧位置单击，按【F7】键插入空白关键帧，将"文字动画3"元件从"库"面板中拖入场景中，效果如图5-93所示，此时的"时间轴"面板如图5-94所示。

图5-92 "时间轴"面板 　　图5-93 拖入元件 　　图5-94 "时间轴"面板

14 完成广告式文字动画制作，保存动画，按快捷键【Ctrl+Enter】测试影片，如图5-95所示。

图5-95 测试动画效果

Q 如何调整文本的位置?

A 除了可以在"属性"面板中调整文本位置外,还可以直接拖动文本框来改变其位置,也可以使用"选择工具"直接拖动文本,来改变文本的位置。

Q 如何创建不扩展的文本字段?

A 按住【Shift】键的同时双击动态和输入文本字段的手柄,即可创建在舞台上输入文本时不扩展的文本字段,也可以创建固定大小的文本字段。

实例 088 "文本工具"——文字分散变换动画

- **源 文 件** | 源文件\第5章\实例88.fla
- **视 频** | 视频\第5章\实例88.swf
- **知 识 点** | "文本工具"和"变形工具"
- **学习时间** | 10分钟

┃ 操作步骤 ┃

01 导入背景素材,输入文字内容,将文字打散,场景效果如图5-96所示。

02 在第50帧位置插入空白关键帧,输入文字并打散,效果如图5-97所示。

03 在第1帧位置创建补间形状动画,此时"时间轴"面板如图5-98所示。

04 完成动画的制作,测试动画效果,如图5-99所示。

图5-96 场景效果

图5-97 输入文字效果

图5-98 "时间轴"面板

图5-99 测试动画效果

┃ 实例总结 ┃

本实例通过制作一个简单的文本动画,向读者讲解通过"文本工具"和"变形工具"制作文本动画的方法。在实例的制作中并没有烦琐的操作,读者在制作中不必将动画制作得多么花哨,只要突出主题就可以了。

实例 089 逐帧文字——摇奖式文字动画

逐帧动画是一种常见的动画形式。在逐帧动画中每一帧都是关键帧,都会使舞台的内容发生变化。因此,每个新关键帧都包含之前关键帧的内容,在此基础上进行编辑、修改或添加新的内容可以得到新的画面。下面将以案例的形式告诉读者逐帧文字动画的制作。

- **源 文 件** | 源文件\第5章\实例89.fla
- **视 频** | 视频\第5章\实例89.swf

● 知 识 点丨逐帧动画
● 学习时间丨5分钟

实例分析

　　本实例主要利用Flash的基本动画功能制作摇奖式文字动画效果。通过为文字制作逐帧动画，制作文字内容的变化效果，通过在"影片剪辑"元件上添加脚本语言，制作出摇奖式文字动画效果。制作完成后测试动画效果如图5-100所示。

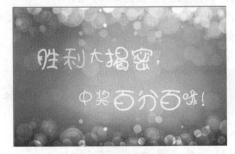

图5-100　最终效果

知识点链接

导入逐帧动画的方法

　　由于逐帧动画需要在每一帧上都创建新的内容，所以导入图像序列时，只需要选择图像序列的开始帧，并根据提示操作，就可以将图像序列导入，创建逐帧动画。

操作步骤

01 执行"文件>新建"命令，新建一个大小为439像素×218像素，"帧频"为24fps，"背景颜色"为#CC99FF的Flash文档。

02 新建名称为"文本动画"的"影片剪辑"元件，面板设置如图5-101所示。单击"文本工具"按钮，设置"字符"面板上的参数，如图5-102所示。在场景中输入文本，效果如图5-103所示。依次在第2帧~第20帧位置单击，按【F5】键插入关键帧，分别使用"文本工具"在场景中输入文本，文字可参照源文件进行制作，此时的"时间轴"面板如图5-104所示。

图5-101　"创建新元件"对话框

图5-102　"字符"面板

图5-103　输入文本

图5-104　"时间轴"面板

03 用同样的方法，将在场景中输入的文本再次输入两遍，在第65帧位置单击，按【F5】键插入帧，"时间轴"面板如图5-105所示。

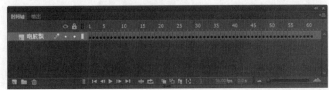

图5-105　"时间轴"面板

04 返回"场景1"编辑状态。将"素材\第4章\58901.jpg"导入场景中，效果如图5-106所示。新建"图层2"，将"文字动画"元件从"库"面板中拖入场景中，效果如图5-107所示。

05 选中场景中的"文字动画"元件，执行"窗口>变形"命令，打开"变形"面板，设置"宽"为150%，"高"为150%，面板设置如图5-108所示，设置完成后场景效果如图5-109所示。

图5-106　导入图像

图5-107　拖入元件

图5-108　"变形"面板

图5-109　场景效果

提示

在按【F9】键也可以打开"动作"面板。

06 选中"文字动画"元件，设置其"属性"面板的"色彩效果"区域中参数，如图5-110所示。设置完成后场景效果如图5-111所示。

07 再次选中"文字动画"元件，在"动作"面板中输入如图5-112所示的脚本语言。

图5-110　"色彩效果"面板

图5-111　场景效果

图5-112　输入脚本语言

08 采用同样方法，将其他"文字动画"元件拖入场景中，并适当调整各元件的大小，场景效果如图5-113所示。

09 完成摇奖文字动画制作，保存动画，按快捷键【Ctrl+Enter】测试影片，如图5-114所示。

图5-113　场景效果

图5-114　测试动画效果

Q 在第2帧位置插入关键帧，修改文本的好处有哪些？

A 第2帧文本的位置与第1帧文本的位置完全相符。如果在第2帧插入空白关键帧，则在场景中输入文本后，还需要调整文本在场景中的位置。为了减少不必要的麻烦，所以在第2帧位置插入关键帧，并修改文本内容。

Q "分离"的用途是什么？

A 使用文本"分离"的方法，可以快速将文本字段分布到不同的图层，"分离"后可以分别设置每个文本的字体颜色，还可以使每个字段产生动画效果。

实例 090 "文本工具"——飞速旋转文字动画

● **源 文 件** | 源文件\第5章\实例90.fla

● **视　　频** | 视频\第5章\实例90.swf

● **知 识 点** | "文本工具"

● **学习时间** | 10分钟

▌操作步骤▐

01 导入背景素材图像并将其转换为图形元件，效果如图5-115所示。

02 绘制矩形，新建名称为"元件1"的"影片剪辑"的元件，并制动画效果，设置如图5-116所示。

图5-115 导入素材

图5-116 "创建新元件"对话框

03 输入文字，创建新元件，并制作文字动画效果，如图5-117所示。

04 完成动画效果的制作，测试动画效果，如图5-118所示。

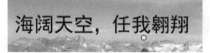

图5-117 制作动画

图5-118 测试动画效果

实例总结

　　本实例中通过导入素材制作飞速旋转动画，然后再将该动画元件应用到文字动画制作中，制作场景中飞速旋转文字的动画效果。制作过程中读者要了解制作旋转动画的不同方法及应用要点。

实例 091 文本制作遮罩——闪烁文字动画

　　在Flash动画中常常要制作各种文字动画效果，文字过光效果是最为常见的一种动画方式。使用此类动画可以增加动画的质感，使整个动画效果更加丰满，本实例将为一个广告语制作一个过光动画。

● **源 文 件**│源文件\第5章\实例91.fla

● **视　频**│视频\第5章\实例91.swf

● **知 识 点**│文本工具

● **学习时间**│5分钟

实例分析

　　本实例主要通过设置"Alpha"值，制作矩形元件的闪烁效果，通过Flash的遮罩功能，将文本作为遮罩的形状，将闪烁的矩形作为被遮罩层，从而制作出闪烁的文字动画效果。制作完成的最终效果如图5-119所示。

图5-119 最终效果

使用遮罩时要注意什么?

遮罩层就像一个窗口,透过它可以看到位于它下面的链接层区域。除了透过遮罩项目显示的内容之外,其余的所有内容都被遮罩层的其余部分隐藏起来。一个遮罩层只能包含一个遮罩项目。遮罩层不能在按钮内部,也不能将一个遮罩层用于另一个遮罩。

┨ 操作步骤 ┠

01 执行"文件>新建"命令,新建一个大小为400像素×213像素,"帧频"为36fps,"背景颜色"为#FFFF66的Flash文档。

02 新建名称为"矩形动画"的"影片剪辑"元件,面板设置如图5-120所示。使用"矩形工具",设置"笔触颜色"为无,"填充颜色"为#FFFFFF,在场景中绘制"宽度"值为36像素,"高度"值为39像素的矩形,新建完成后效果如图5-121所示。按【F8】键将矩形转换成名称为"矩形"的"图形"元件,面板设置如图5-122所示。

图5-120 "创建新元件"对话框

图5-121 绘制矩形

图5-122 "转换为元件"对话框

03 分别在第10帧、第20帧、第30帧和第40帧位置单击,按【F7】键插入关键帧,依次选中第10帧、第30帧场景中的元件,设置其"属性"面板中"Alpha"值为0%,面板设置如图5-123所示。在第1帧、第10帧、第20帧和第30帧位置设置"传统补间动画",在第200帧位置单击,按【F5】插入帧,"时间轴"面板如图5-124所示。

04 新建一个名称为"矩形组"的"影片剪辑"元件,面板设置如图5-125所示。在第35帧位置单击,按【F6】键插入关键帧,将"矩形动画"元件从"库"面板中拖入场景中,效果如图5-126所示,然后再在第80帧位置插入帧。

图5-123 调整"Alpha"值

图5-124 "时间轴"面板

图5-125 "创建新元件"对话框

05 新建"图层2",在第20帧位置单击,按【F6】键插入关键帧,将"矩形动画"元件从"库"面板中拖入场景中,选中该元件,设置其"属性"面板的"色彩效果"区域中各项参数,面板设置如图5-127所示。设置完成后场景效果如图5-128所示。

图5-126 拖入元件

图5-127 "色彩效果"面板

图5-128 场景效果

> **提示**
>
> 在"属性"面板中,"样式"下拉列表中的"高级"选项也可以调整元件颜色。

06 采用"图层1""图层2"的制作方法,制作出其他图层上的动画,完成后的"时间轴"面板如图5-129所示。设置完成后场景效果如图5-130所示。

07 新建一个名称为"遮罩文字"的"影片剪辑"元件,面板设置如图5-131所示。将"矩形组"元件从"库"面板中拖入场景中,新建"图层2",单击"文本工具"按钮,设置其属性,如图5-132所示。

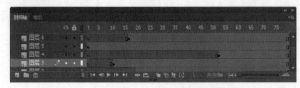

图5-129 "时间轴"面板

图5-130 场景效果

08 使用"文本工具"在场景中输入如图5-133所示的文本，在"图层2"上单击鼠标右键，在弹出的菜单中选择遮罩层命令，"时间轴"面板如图5-134所示。

09 返回"场景1"编辑状态。将"素材\第4章\59101.jpg"导入场景中，效果如图5-135所示。新建"图层2"，将"遮罩文字"元件从"库"面板中拖入场景中，效果如图5-136所示。

图5-131 "创建新元件"对话框

图5-132 "字符"面板

图5-133 输入文本

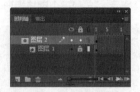

图5-134 "时间轴"面板

10 完成闪烁文字动画制作，保存动画，按快捷键【Ctrl+Enter】测试动画，效果如图5-137所示。

图5-135 导入图像

图5-136 拖入元件

图5-137 测试动画效果

Q 遮罩层和被遮罩层有什么区别？

A 遮罩动画由两部分组成，分别是遮罩层和被遮罩层。遮罩层在动画中保留其层上形状，被遮罩层则是保留其动画原貌，只是动画范围被限定在遮罩层内。

Q 制作遮罩动画时可以使用哪种动画方式？

A 在制作遮罩动画时，可以使用图形，也可以使用元件。而且使用"影片剪辑"作为遮罩会使动画效果更加丰富。无论是补间形状还是补间动画，都可以作为补间动画的组成部分。一个好的遮罩动画，其创意重于制作。

实例 092 "文本工具"和遮罩层——放大镜文字效果

● **源文件** | 源文件\第5章\实例92.fla

● **视频** | 视频\第5章\实例92.swf

● **知识点** | "文本工具"和遮罩层

● **学习时间** | 10分钟

┤操作步骤├

01 导入背景素材图像，并新建相关的元件，制作出相应的图形元件效果，如图5-138所示。

02 在主场景中制作文字依次入场的动画效果，如图5-139所示。

03 在主场景中制作出放大镜动画的效果，如图5-140所示。

04 完成动画效果的制作，测试动画效果，如图5-141所示。

图5-138 导入素材并制作相应效果

图5-139 制作文字动画

图5-140 制作放大镜动画

图5-141 测试效果

实例总结

本实例主要使用脚本语言制作分散文字动画效果。通过本实例的学习，读者要掌握利用脚本语言控制文字动画效果的方法。

实例 093 文本遮罩——波浪式文字动画

在Flash中文字的应用很广泛，无论使用什么工具都可以制作出不同的文字动画效果。本实例使用了"传统补间"与遮罩层，制作出了波浪式文字动画效果。下面将详细讲解该动画的制作方法与步骤。

- **源 文 件** 源文件\第5章\实例93.fla
- **视 频** 视频\第5章\实例93.swf
- **知 识 点** "矩形工具"和"变形面板"
- **学习时间** 5分钟

实例分析

本实例主要通过"传统补间"制作出波浪式文字动画效果。通过本实例的学习，读者可以了解如何应用"传统补间"制作文本动画。制作完成最终效果如图5-142所示。

图5-142 最终效果

知识点链接

如何让字段自动扩展和换行？

在创建静态文本时，可以将文本放在单独的一行中，该行会随着读者的键入而扩展；也可以将文本放在定宽字段或定高字段中，这些字段会自动扩展和换行。

操作步骤

01 执行"文件>新建"命令，新建一个大小为570像素×570像素，"帧频"为24fps，"背景颜色"为白色的Flash文档。

02 新建名称为"图形组"的"图形"元件，面板如图5-143所示。使用"矩形工具"，在场景中绘制"宽度"值为5像素，"高度"值为240像素的矩形，效果如图5-144所示。执行"窗口>变形"命令，在"变形"面板中设置"旋转"值为45°，面板设置如图5-145所示。完成后的图形效果如图5-146所示。

图5-143 "创建新元件"对话框　　　图5-144 绘制矩形

03 使用"选择工具"，按住快捷键【Shift+Alt】，将旋转后的矩形向右复制，效果如图5-147所示。使用相同的方法，将图形进行移动复制，完成后的场景效果如图5-148所示。

图5-145 "变形"面板　　图5-146 旋转效果　　图5-147 复制线条　　　图5-148 图形效果

04 新建名称为"遮罩动画"的"影片剪辑"元件，将"图形组"元件从"库"面板拖入到场景中，设置"Alpha"值为10%，效果如图5-149所示。在第200帧位置单击，按【F6】键插入关键帧，将元件水平向右移动310像素，效果如图5-150所示。然后再设置第1帧上的"补间"类型为传统补间。

图5-149 调整"Alpha"值　　　　　　　　　图5-150 调整位置

05 新建"图层2"，使用"文本工具"，在"属性"面板上设置各项参数，如图5-151所示。在场景中输入文本，效果如图5-152所示。

06 执行两次"修改>分离"命令，将文本分离成图形，然后将"图层2"中的所有图形选中，执行"编辑>复制"命令，新建"图层3"，执行"编辑>粘贴到当前位置"命令，将复制的图形粘贴到当前位置，效果如图5-153所示。使用"任意变形工具"将"动"字图形选中，按【Shift】键将图形等比例缩小，缩小后效果如图5-154所示。

图5-151 "字符"面板　　　图5-152 输入文本

07 使用相同的方法，将其他文字图形等比例缩小，完成后的场景效果如图5-155所示。设置"图层2"为遮罩层，完成后的场景效果如图5-156所示。

图5-153 粘贴图像　　　　　　图5-154 缩小图像　　　　　　图5-155 图形效果

08 返回到"场景1"的编辑状态，将图像"素材\第5章\59301.png"导入到场景，效果如图5-157所示。新建"图层2"，将"遮罩动画"元件从"库"面板拖入到场景中，效果如图5-158所示。

09 完成波浪式文字动画制作，保存动画，按快捷键【Ctrl+Enter】测试动画，效果如图5-159所示。

图5-156 遮盖效果

图5-157 导入图像　　　图5-158 拖入元件　　　　　　图5-159 测试动画

Q 使用什么工具可以使图形或元件旋转?

A 调整图形或元件的旋转时,不仅可以在"变形"面板中进行旋转的设置,还可以使用"任意变形工具"进行旋转。

Q 如何选择某一图层中的所有内容并对其等比例缩放?

A 将不需要选中的图层锁定,使用"任意变形工具"选择需要变形的内容,便可选中某一层的内容,按快捷键
【Shift+Alt】进行等比例放大或缩小。

实例 094 "文本工具"——镜面文字效果

- **源 文 件** | 源文件\第5章\实例94.fla
- **视　　频** | 视频\第5章\实例94.swf
- **知 识 点** | "变形"面板
- **学习时间** | 10分钟

操作步骤

01 导入背景素材图像,并将其转换为图形元件,素材如图5-160所示。

02 输入相应的文字,并制作出文字的动画效果,如图5-161所示。

03 返回主场景中,将元件拖入到主场景中,制作主场景动画,效果如图5-162
所示。

04 完成动画的制作,测试动画,效果如图5-163所示。

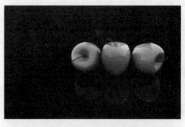

图5-160 导入素材

图5-161 输入文字并制作动画

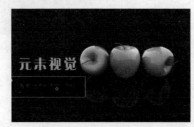

图5-162 主场景动画

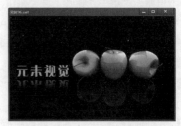

图5-163 测试动画效果

实例总结

在本实例的制作中,读者通过使用补间动画制作文本的上下移动动画效果,再使用相同的方法制作倒影动画。通
过使用一个渐变图层,实现了渐隐的动画效果。

实例 095 "传统补间动画"——迷雾式文字动画效果

在Flash动画中,"传统补间动画"是使用动画的起始帧和结束帧建立补间的,虽然"传统补间动画"的制作过程比较复杂,但是"传统补间动画"具有的某些动画控制功能是补间动画所不具备的。下面的案例将告诉读者如何巧妙地使用"传统补间动画"。

- 源 文 件 | 源文件\第5章\实例95.fla
- 视　　频 | 视频\第5章\实例95.swf
- 知 识 点 | "传统补间动画"
- 学习时间 | 5分钟

实例分析

本实例使用"椭圆工具"绘制径向渐变椭圆,再通过补间动画与遮罩动画的结合应用,制作出迷雾式动画效果。制作完成后最终效果如图5-164所示。

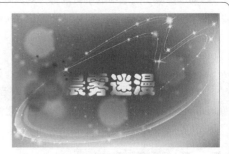

图5-164　最终效果

知识点链接

创建传统补间

传统补间的创建过程是先创建起始帧和结束帧的位置,然后进行动画制作。Flash将自动完成起始帧和结束帧之间过渡帧的制作。

操作步骤

01 执行"文件>新建"命令,新建一个大小为452像素×284像素,"帧频"为36fps,"背景颜色"为#9999FF的Flash文档。

02 新建名称为"椭圆"的"图形"元件,面板设置如图5-165所示。单击"椭圆工具"按钮,执行"窗口>颜色"命令,打开"颜色"面板,设置从"Alpha"值为100%的#FFFFFF到"Alpha"值为0%的#FFFFFF的径向渐变,"颜色"面板如图5-166所示。

图5-165　"创建新元件"对话框

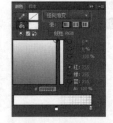

图5-166　"颜色"面板

03 使用"椭圆工具"在场景中绘制一个椭圆,效果如图5-167所示。新建一个名称为"椭圆组"的"图形"元件,面板设置如图5-168所示。

04 将"椭圆"元件从"库"面板中拖入场景中,选中场景中的"文字动画"元件,执行"窗口>变形"命令,打开"变形"面板,设置"宽"为50%,"高"为50%,面板设置如图5-169所示。设置完成后场景效果如图5-170所示。

图5-167　绘制椭圆

图5-168　"创新建元件"对话框

图5-169　"变形"面板

图5-170　场景效果

05 多次将"椭圆"元件从"库"面板中拖入场景中,并适当调整元件的大小,调整后效果如图5-171所示。新建一个名称为"遮罩动画"的"影片剪辑"元件,面板设置如图5-172所示。

06 将"椭圆组"元件从"库"面板中拖入场景中,效果如图5-173所示。在第200帧位置单击,按【F6】键插入关键帧,选中该帧上的元件,将该元件移至如图5-174所示的位置。在第1帧位置添加"传统补间动画",在第210帧位置插入帧,此时的"时间轴"面板如图5-175所示。

图5-171 拖入元件

图5-172 "创建新元件"对话框

图5-173 拖入元件

图5-174 移动元件位置

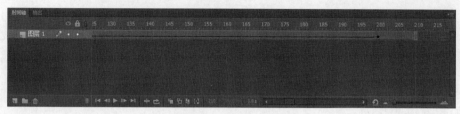

图5-175 "时间轴"面板

提示

按快捷键【Alt+Shift+F9】也可以直接打开颜色面板。

07 新建"图层2",单击"文本工具"按钮,在"属性"面板上设置各项参数,面板设置如图5-176所示。在场景中输入文本,效果如图5-177所示。

08 在"图层2"上单击鼠标右键,在弹出的菜单中选择"遮罩层"命令,此时的"时间轴"面板如图5-178所示。设置完成后效果如图5-179所示。

图5-176 "字符"面板

图5-177 输入文本

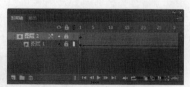

图5-178 "时间轴"面板

图5-179 场景效果

09 返回"场景1"编辑状态,将"素材\第5章\59501.jpg"导入场景中,效果如图5-180所示。新建"图层2",将"遮罩动画"元件从"库"面板中拖入场景中,效果如图5-181所示。

图5-180 导入图像

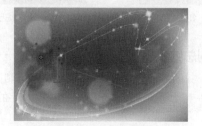

图5-181 拖入元件

10 完成迷雾式文字动画制作,保存动画,按快捷键【Ctrl+Enter】测试动画,效果如图5-182所示。

图5-182　测试动画效果

Q "库"面板的用途是什么?

A "库"面板用于存放存在于动画中的所有元素。利用"库"面板,可以对库中的资源进行有效的管理。在"库"面板中可以轻松地对资源进行编组、项目排序、重命名和更新等管理。

实例 096	"文本工具"——聚光灯文字

- **源 文 件**┃源文件\第5章\实例96.fla
- **视　　频**┃视频\第5章\实例96.swf
- **知 识 点**┃遮罩层
- **学习时间**┃10分钟

┃操作步骤┃

01 导入背景素材图像,并将其转换为图形元件,效果如图5-183所示。

02 新建图层和元件,绘制一个填充色为从白色到白色透明的径向渐变圆形,效果如图5-184所示。

03 返回主场景中,制作文字的遮罩动画效果,如图5-185所示。

04 完成聚光灯文字效果的制作,测试动画,效果如图5-186所示。

图5-183　导入素材

图5-184　输入文字

图5-185　制作动画

图5-186　测试效果

┃实例总结┃

　　本实例首先制作一个发光的图形元件,并制作了一个元件从左到右移动的动画效果,然后创建文字图层,并将该文字图层应用为动画图层的遮罩层,来实现文字的聚光灯动画效果。

实例 097	文字遮罩——滚动字幕动画效果

　　在Flash动画中,传统补间动画是通过为不同帧中的对象属性指定不同的值而创建的动画。可补间的对象类型包括

影片剪辑、图形和按钮元件以及文本字段。下面的案例将讲解如何使用传统补间制作滚动字幕动画。

- **源 文 件** | 源文件\第5章\实例97.fla
- **视　　频** | 视频\第5章\实例97.swf
- **知 识 点** | 传统补间
- **学习时间** | 5分钟

实例分析

　　本实例使用"矩形工具"绘制矩形，并且为矩形添加补间形状，使用文本作为遮罩层，补间形状动画作为被遮罩层，完成滚动字幕动画。制作完成后最终效果如图5-187所示。

图5-187　最终效果

知识点链接

什么是遮罩层？什么样的元件能用于遮罩层？

遮罩层可以将与遮罩层相链接的图形中的图像遮盖起来。

遮罩层中的内容可以使填充的形状、文字对象、图形元件的实例、影片剪辑或按钮，笔触不可用于遮罩层。

操作步骤

01 执行"文件>新建"命令，新建一个大小为550像素×400像素，"帧频"为24fps，"背景颜色"为白色的Flash文档。

02 单击"文本工具"按钮，在"属性"面板上设置各项参数，如图5-188所示。在舞台中输入文本，使用选择工具选中文本，效果如图5-189所示。

03 将输入的文本转换为元件，"属性"面板如图5-190所示。执行"窗口>对齐"命令，在"对齐"面板中设置文字底部对齐，面板设置如图5-191所示。

图5-188　"属性"面板

图5-189　输入文字

图5-190　"转换为元件"对话框　　　图5-191　"对齐"面板

04 在第50帧位置单击，按【F5】键插入帧，"时间轴"面板如图5-192所示。在"图层1"处复制图层，此时"时间轴"面板如图5-193所示。

图5-192　"时间轴"面板

图5-193　"时间轴"面板

05 新建"图层2"，设置"笔触颜色"为无，"填充颜色"为#FFFF00，"属性"面板如图5-194所示。使用"矩形工具"在舞台绘制矩形，效果如图5-195所示。在"图层1"复制图层处单击鼠标右键选择遮罩层选项，此时的"时间轴"面板如图5-196所示。

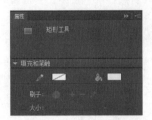

图5-194 "属性"面板

图5-195 绘制矩形

> **提示**
>
> 复制图层不仅仅是将图层中的图形复制，而是对该图层的所有内容一帧一帧进行完整复制。

06 在"图层2"第50帧位置单击，按【F6】键插入关键帧，在第1帧位置创建补间形状，此时的"时间轴"面板如图5-197所示。

图5-196 "时间轴"面板

图5-197 "时间轴"面板

07 使用"任意变形工具"调整"图层2"上第1帧上的图形宽度，调整后效果如图5-198所示。

08 新建"图层3"，在"时间轴"面板中拖动调整"图层3"到所有图层最底层，"时间轴"面板如图5-199所示。将"素材\第5章\59701.jpg"导入场景中，效果如图5-200所示。

图5-198 调整宽度

图5-199 "时间轴"面板

09 完成滚动字幕文字动画制作，保存动画，按快捷键【Ctrl+Enter】测试动画，效果如图5-201所示。

图5-200 调整宽度

图5-201 测试动画效果

实例 098 "文本工具"——分散文本动画

- **源 文 件** | 源文件\第5章\实例98.fla
- **视 频** | 视频\第5章\实例98.swf
- **知 识 点** | "文本遮罩"
- **学习时间** | 10分钟

操作步骤

01 导入背景素材，并将其转换为图形元件，素材效果如图5-202所示。

02 新建元件，输入相应的文字并制作文字分离动画，效果如图5-203所示。

图5-202 素材效果

图5-203 输入文字

03 返回主场景中，将制作好的元件拖入主场景中，制作主场景动画，效果如图5-204所示。

04 完成动画的制作，测试动画效果，如图5-205所示。

图5-204 主场景动画效果

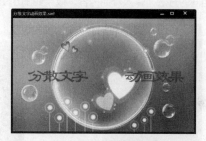

图5-205 测试动画

实例总结

本实例通过为"影片剪辑"元件设置"实例名称"，再通过分离文本，从而制作出分散文字动画效果。

实例 099 为文本添加超链接

在Flash动画中，还可以为文本创建超链接。如果要为文本段中的文字添加超链接，可使用"文本工具"选择文本；如果要为整个文本字段添加超链接，可使用"选择工具"选择文本字段。在"属性"面板中输入要连接到的URL，完成链接动画。

- **源 文 件** | 源文件\第5章\实例99.fla
- **视 频** | 视频\第5章\实例99.swf
- **知 识 点** | "文本工具"和添加超链接
- **学习时间** | 5分钟

实例分析

　　本实例主要向读者讲解，利用"文本工具"为文本添加超链接。通过本实例的学习，读者可以了解与掌握文本动画的简单制作方法与技巧，并对文本动画有更深层的了解。制作完成后效果如图5-206所示。

图5-206　最终效果

知识点链接

是不是每一种文本类型都具有"实例名称"项？

　　"静态文本"类型没有"实例名称"选项。传统文本中的"动态文本"类型和"输入文本"类型的文本具有"实例名称"选项。

操作步骤

01 执行"文件>打开"命令，打开Flash文件"素材\第5章\59901.fla"。

02 单击"文本工具"按钮，设置"属性"面板上的参数，设置如图5-207所示。

03 在舞台中相应位置输入文字，效果如图5-208所示。

04 使用相同的方法，输入其他内容，效果如图5-209所示。

图5-207　"属性"面板

图5-208　输入文字

图5-209　输入文字

05 选择第二个文本，在"属性"面板中的选项进行相应的设置，如图5-210所示。

06 添加链接后的文本下方将出现链接的下划线，效果如图5-211所示。使用相同的方法，为第三个文本添加超链接，效果如图5-212所示。

图5-210　"属性"面板

图5-211　添加链接

图5-212　效果图

07 完成为文本添加超链接的制作，保存动画，按快捷键【Ctrl+Enter】测试动画，效果如图5-213所示。

图5-213 测试动画效果

Q 如何设置文本引擎？

A 选择工具箱中的"文本工具"，在"属性"面板中单击"选项"按钮，在弹出的下拉列表菜单中可以看到多种文本引擎。通过文本属性的相关选项可以对文本进行相应设置，以满足读者要求。

Q 为什么在测试影片中可以完成文本链接，在打开保存好的Flash动画中不能完成文本链接？

A 在打开保存好的Flash动画制作文本链接的文本后会出现浏览器标志，单击就会进入。在打开保存好的Flash动画中没有浏览器标志不能完成文本链接时，我们要把动画发布设置中"本地播放安全性"中的"只访问本地文件"更改为"只访问网络"，这样就会完成文本链接动画。

实例 100 "文本工具"——输入文本域动画

- ● **源 文 件** | 源文件\第5章\实例100.fla
- ● **视 频** | 视频\第5章\实例100.swf
- ● **知 识 点** | "输入文本"
- ● **学习时间** | 10分钟

▐ 操作步骤 ▐

01 打开Flash文件"素材\第5章\510001.fla"，如图5-214所示。

02 单击"文本工具"按钮，设置"属性"面板上的参数，如图5-215所示。

03 在"用户名"和"密码"后添加文本框，选中密码输入文本框在"属性"面板的"段落"选项中设置"行为"为密码，设置如图5-216所示。

04 完成动画的制作，测试动画效果，如图5-217所示。

图5-214 打开素材   图5-215 "属性"面板   图5-216 "段落"面板   图5-217 测试效果

▐ 实例总结 ▐

如果要用Flash开发涉及在线提交表单这样的应用时，则需要一些能够让用户输入某种数据的文本域，即需要使用"输入文本"。

第

06 章

动画中元件的应用

元件也是构成动画的基本元素，使用元件可以提高动画制作的效率、减小文件大小，Flash 中的元件类型有图形元件、按钮元件和影片剪辑元件3种类型。元件类型不同，它所能接受的动画元素也会有所不同。

实例 101 "图形"元件——寻觅的小兔子

"图形"元件可用于静态图像，它是一种不能包含时间轴动画的元件。假如在图形元件中创建了一个逐帧动画或补间动画，再把它应用在主场景中，则在测试影片时即可发现它并没有生成一个动画，而是一幅静态的图像。

- ● **源 文 件** │ 源文件\第6章\实例101.fla
- ● **视　　频** │ 视频\第6章\实例101.swf
- ● **知 识 点** │ 设置图形元件、单帧、传统补间
- ● **学习时间** │ 10分钟

实例分析

本实例通过导入序列图像制作"图形"元件，再通过指定元件"单帧"属性的"第几帧"位置创建传统补间，制作出小兔子的一系列连串动画。制作完成最终效果如图6-1所示。

图6-1　最终效果

知识点链接

"单帧"的概念

"单帧"是指要显示的动画序列中的一帧，Flash中允许将多个图形放在同一个元件的不同帧中，但是使用时需设置相应的帧号。

操作步骤

01 执行"文件>新建"命令，新建一个大小为250像素×300像素，"帧频"为12fps，"背景颜色"为白色的Flash文档。

02 执行"插入>新建元件"命令，新建名称为"兔子"的"图形"元件，创建对话框如图6-2所示。再执行"文件>导入>导入到舞台"命令，将图像"素材\第6章\610101.png"导入舞台，在弹出的对话框中单击"是"按钮，导入序列图像，效果如图6-3所示。

03 导入完成后，"时间轴"面板如图6-4所示。新建名称为"兔子动画"的"影片剪辑"元件，设置如图6-5所示。

图6-2　"创建新元件"对话框

图6-3　导入图像

图6-4　"时间轴"面板

图6-5　"创建新元件"对话框

04 将"兔子"元件从"库"面板拖入场景中，选中元件，打开"属性"面板，设置"循环"选项为单帧，"第1帧"为1，各参数设置如图6-6所示。在第5帧位置插入关键帧，设置"循环"选项为单帧，"第1帧"为2，设置如图6-7所示。

05 在第1帧位置创建"传统补间动画","时间轴"面板如图6-8所示。用相同的方法依次在第10帧、第15帧和第20帧的位置插入关键帧,依次设置单帧的"第1帧"为3、4和5,并分别创建"传统补间动画",此时"时间轴"面板如图6-9所示。

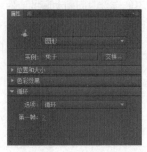

图6-6　"属性"面板1　　　　　图6-7　"属性"面板2　　　　　图6-8　"时间轴"面板1

06 选中第1帧到第20帧,单击鼠标右键,选择"复制帧"命令,右键单击第21帧的位置,选择"粘贴帧"命令,单击右键,选择"翻转帧"命令,此时"时间轴"面板如图6-10所示。

图6-9　"时间轴"面板2　　　　　　　　　　图6-10　"时间轴"面板3

> **提示**
>
> 此处将所有帧复制翻转,是为了动画循环播放时自然过渡,不出现跳转画面的情况。

07 返回"场景1"进行编辑,将图像"素材\第6章\610106.jpg"导入场景中,如图6-11所示。在第30帧的位置插入帧,新建"图层2",将"兔子动画"从"库"面板拖入到场景中,效果如图6-12所示。

08 完成小兔子动画的制作,保存动画后按快捷键【Ctrl+Enter】测试动画,测试效果如图6-13所示。

图6-11　导入图像　　　图6-12、图像效果

图6-13　测试动画效果

Q 图形元件如何创建动画?

A 图形元件也可以用来创建动画序列,为图形元件实例设置循环选项下的"循环""播放一次"和"单帧"来播放实例内的动画序列。

Q 使用"单帧"的好处有哪些?

A 使用"图形元件"的"单帧"属性允许将多个图形放在同一个元件的不同帧中。可以使用同一个元件的不同帧制作动画,既方便动画的制作又减小了动画的大小。

实例 102 设置"单帧"——文字转换动画

- **源 文 件** | 源文件\第6章\实例102.fla
- **视　　频** | 视频\第6章\实例102.swf
- **知 识 点** | 使用"单帧""传统补间"
- **学习时间** | 10分钟

操作步骤

01 新建图形元件,导入序列素材,效果如图6-14所示。

02 新建"影片剪辑"元件,完成补间动画制作,"时间轴"面板如图6-15所示。

图6-14　导入素材

图6-15　"时间轴"面板

03 返回场景编辑状态,导入素材再新建图层并拖入动画,效果如图6-16所示。

04 完成动画的制作,测试动画效果,如图6-17所示。

图6-16　导入素材并拖入动画

图6-17　测试动画效果

实例总结

本实例通过设置"单帧"和"传统补间"制作出文字转换效果。通过本例需要学习理解单帧的作用,并能将其应用到动画制作中。

实例 103 "播放一次"——书本打开动画

在动画制作中,有些动画元素只需要播放一次就要消失,例如礼花、涟漪等。这些效果就可以使用图形元件来完成制作。通过设置"图形"元件"属性"面板上的"播放一次",可以制作一些只需要播放一次的动画效果。

- **源 文 件** | 源文件\第6章\实例103.fla
- **视　　频** | 视频\第6章\实例103.swf
- **知 识 点** | "图形"元件、"播放一次"
- **学习时间** | 10分钟

实例分析

　　本实例将完成一个书本打开动画的制作，首先将序列图像导入到新建的"图形"元件中，再调整帧中元件的位置和大小，制作动画效果，最后设置"播放一次"选项，完成动画效果。制作完成最终效果如图6-18所示。

图6-18　最终效果

知识点链接

"播放一次"的概念

　　"播放一次"是指如果在"图形"元件中制作动画效果，设置该元件"属性"面板上的"循环"选项为"播放一次"，则该元件在播放一次后停止。

操作步骤

01 执行"文件>新建"命令，新建一个大小为550像素×400像素，"帧频"为10fps，"背景颜色"为白色的Flash文档。

02 执行"文件>导入>导入到舞台"命令，将图像"素材\第6章\610301.png"导入到场景中，设置如图6-19所示。在第40帧位置插入帧，新建名称为"书"的"图形"元件，效果如图6-20所示。

03 将图像"素材\第6章\610302.png"导入到舞台，在弹出的对话框中单击"是"按钮，导入序列图像，效果如图6-21所示。"时间轴"面板如图6-22所示。

04 选中第2帧，按住鼠标左键不放，拖曳帧至第5帧的位置，在第3帧和第7帧的位置插入关键帧，"时间轴"面板如图6-23所示。

图6-19　导入图像

图6-20　"创建新元件"对话框

图6-21　导入图像

图6-22　"时间轴"面板1

图6-23　"时间轴"面板2

05 分别调整帧上元件的大小和位置，调整后场景效果如图6-24所示。

第1帧

第3帧

第5帧

第7帧

图6-24　场景效果

06 返回"场景1",新建"图层",将"书"元件从"库"面板拖入场景中,放至图6-25所示的位置。打开"属性"面板,设置"循环"选项为"播放一次","第1帧"为1,设置如图6-26所示。

图6-25 元件位置

图6-26 "属性"面板

提示

设置"属性"面板中的各项时选中所设置的元件,才会显示该元件的属性,即选中后才能进行设置。

07 完成打开书动画的制作,保存动画,按快捷键【Ctrl+Enter】测试动画,效果如图6-27所示。

图6-27 测试动画效果

Q 如何设置"播放一次"?

A 在舞台上选择图形实例,然后选择"窗口>属性"命令,打开"属性"面板中的"循环"选项,从"选项"下拉菜单中选择"播放一次",面板如图6-28所示。

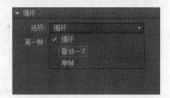

Q "图形"元件设置循环后为什么不能播放?

A "图形"元件帧的动画播放要依靠主时间轴中帧的长度,也就是说如果图形元件动画为50帧,则主时间轴中图形元件存在的时间至少要50帧,否则将不能播放动画或者完全播放动画。

图6-28 "循环"面板

实例 104 **"播放一次"——变色娃娃**

● **源 文 件** | 源文件\第6章\实例104.fla
● **视　　频** | 视频\第6章\实例104.swf
● **知 识 点** | 导入序列图像、"播放一次"
● **学习时间** | 10分钟

▌操作步骤▐

01 打开"颜色"面板,绘制椭圆,设置和效果如图6-29所示。

02 新建"图形"元件,导入两张图片素材,如图6-30所示。

03 调整帧位置并制作动画,再返回场景,拖入动画,设置"播放一次","时间轴"面板和"属性"设置如图6-31所示。

04 完成变色娃娃动画的制作,并测试效果如图6-32所示。

图6-29 设置颜色并绘制椭圆

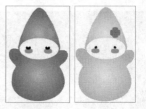

图6-30 导入素材

图6-31 "时间轴"和"属性"面板

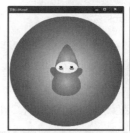 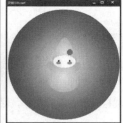

图6-32 测试动画效果

实例总结

本实例使用图形元件循环设置中的"播放一次"制作变色娃娃动画。通过对本例的学习，读者可以掌握"播放一次"的用途，并将其运用到合适的动画中。

实 例 105 "循环"——闪光灯动画

为图形元件设置"循环"可以制作一些不断循环播放的动画效果，如闪光灯效果、车灯闪烁效果等。

- 源 文 件┃源文件\第6章\实例105.fla
- 视   频┃视频\第6章\实例105.swf
- 知 识 点┃逐帧动画、设置"循环"
- 学习时间┃10分钟

实例分析

本实例通过设置图形元件的"循环"选项，制作出一个不断闪烁的动画效果。制作完成最终效果如图6-33所示。

图6-33 最终效果

知识点链接

图形循环的概念

循环是指按照实例在时间轴内占有的帧数来循环播放该实例内的所有动画序列。"图形"元件的循环播放长度与主时间轴的长短有直接关系。

操作步骤

01 执行"文件＞新建"命令，新建一个大小为310像素×190像素，"帧频"为5fps，"背景颜色"为白色的Flash文档。

02 执行"文件＞导入＞导入到舞台"命令，将图像"素材\第6章\610501.png"导入到场景中，效果如图6-34所示。在第40帧位置插入帧，执行"插入＞新建元件"命令，新建一个名称为"灯"的"图形"元件，设置如图6-35所示。

03 将图像"素材\第6章\610502.png"导入到场景中，在弹出的对话框中单击"是"按钮，效果如图6-36所示。"时间轴"面板如图6-37所示。

图6-34 导入图像

图6-35 "创建新元件"对话框

图6-36 导入序列图像

04 返回"场景1"编辑，新建"图层2"，将"灯"元件从"库"面板拖入至场景中，调整位置，效果如图6-38所示。打开"属性"面板，设置"循环"选项为循环，"第1帧"为1，"属性"面板如图6-39所示。

图6-37 "时间轴"面板

图6-38 拖入元件

图6-39 "属性"面板

05 新建"图层3"，将图像"素材\第6章\610505.png"导入到场景中，效果如图6-40所示。完成闪光灯动画的制作后，执行"文件＞保存"命令，保存动画，按快捷键【Ctrl+Enter】测试动画，效果如图6-41所示。

图6-40 导入素材

图6-41 测试动画效果

Q 第一帧的作用是什么?

A 第一帧是指定循环时首先显示的图形元件的帧，需要在"第一帧"文本框中输入帧编号。"单帧"选项也可以使用此处指定的帧编号。

Q 动画图形元件的特点是什么?

A 动画图形元件是与放置该元件文档的时间轴联系在一起的。使用与主文档相同的时间轴，能在文档编辑模式下显示动画。

实例 106 设置"循环"——电风扇动画

- **源 文 件** | 源文件\第6章\实例106.fla
- **视 频** | 视频\第6章\实例106.swf
- **知 识 点** | 逐帧动画、设置"循环"
- **学习时间** | 10分钟

操作步骤

01 新建Flash文档，导入素材图像并调整图像大小和位置，效果如图6-42所示。

02 新建"图形"元件，导入序列图像，完成逐帧动画的制作，如图6-43所示。

图6-42 导入背景素材

图6-43 导入序列图像

03 返回场景，导入相关素材，拖入扇叶并调整图像的顺序，调整完成效果如图6-44所示。

04 完成动画的制作，测试动画效果，如图6-45所示。

图6-44 导入素材

图6-45 测试动画效果

实例总结

本实例使用"图形"元件循环设置中的"循环"功能制作风扇动画。通过制作本实例，读者可以学会使用"循环"制作不断播放的动画效果。

实例 107 "按钮"元件——指针经过动画

"按钮"元件创建用于响应鼠标事件（例如单击、滑过或其他动作）的交互图像，它在Flash中起着举足轻重的作用，要想实现读者和动画之间的交互功能，一般都要通过"按钮"元件进行传递。

- **源 文 件** | 源文件\第6章\实例107.fla
- **视 频** | 视频\第6章\实例107.swf
- **知 识 点** | "按钮"元件、"指针经过"
- **学习时间** | 10分钟

实例分析

本实例通过设置鼠标的"指针经过"状态，制作了一个漂亮的"按钮"元件。制作完成最终效果如图6-46所示。

图6-46 最终效果

知识点链接

"按钮"元件的状态有哪些？

每个"按钮"元件都有"弹起""指针经过""按下"和"点击"4种状态。"弹起"是设置鼠标未经过按钮时的状态；"指针经过"是设置鼠标经过按钮时的状态；"按下"是设置鼠标单击按钮时的状态；"点击"是用于控制响应鼠标动作范围的反应区，只有鼠标进入反应区内，才会激活按钮相应的动画和交换效果。

操作步骤

01 执行"文件>新建"命令，新建一个大小为400像素×300像素，"帧频"为24fps，"背景颜色"为白色的Flash文档。

02 单击"矩形工具"按钮，打开"颜色"面板，参数设置如图6-47所示。绘制和舞台同样大小的矩形，使用"渐变变形工具"调整渐变角度，得到如图6-48所示的矩形。

03 执行"插入>新建元件"命令，新建一个名称为"字1"的"图形"元件，设置如图6-49所示。将图像"素材\第6章\610701.png"导入到场景中，效果如图6-50所示。

图6-47 "颜色"面板

图6-48 绘制矩形

图6-49 "创建新元件"对话框

图6-50 导入素材

04 分别新建名称为"大象"和"字"的"图形"元件，将图像"素材\第6章\610702.png"和"素材\第6章\610703.png"导入到相应的场景中，效果如图6-51所示。

05 新建名称为"按钮"的"按钮"元件，将"大象"元件从"库"面板拖入场景中，放至"弹起"状态下，在"指针经过"帧位置插入关键帧，并调整"大象"元件的大小。

06 新建"图层2"，将"字1"元件从"库"面板拖入场景中，放至"弹起"状态下，效果如图6-52所示。在"指针经过"位置插入空白关键帧，将"字"元件从"库"面板拖入场景中，效果如图6-53所示。

07 返回"场景1"编辑，新建图层，将"按钮"元件从"库"面板拖入场景中，此时效果如图6-54所示。完成"指针经过"按钮动画的制作，保存动画后按快捷键【Ctrl+Enter】测试动画，效果如图6-55所示。

图6-51 导入素材

图6-52　拖入字1

图6-53　拖入字2

图6-54　场景效果

图6-55　测试动画效果

提示

执行"控制 > 启动简单按钮"命令，可以在场景中直接测试动画的按钮效果。

Q "按钮"元件的时间轴包含哪些内容？

A "按钮"元件的时间轴包含四个帧的时间轴。前三帧显示按钮的三种状态："弹起""指针经过"和"按下"；第四帧定义按钮的活动区域。"按钮"元件时间轴实际播放时不像普通时间轴那样以线性方式播放，它通过跳至相应的帧来响应指针的移动和动作。

Q 制作交互式按钮的方法是什么？

A 要制作一个交互式按钮，需要先将该"按钮"元件的一个实例放置在舞台上，然后为该实例分配动作。

实例 108 "指针经过"——按钮动画

● **源 文 件** | 源文件\第5章\实例108.fla

● **视　　频** | 视频\第6章\实例108.swf

● **知 识 点** | "按钮"元件、"指针经过"

● **学习时间** | 10分钟

操作步骤

01 分别新建"图形"元件，将素材导入到场景中，效果如图6-56所示。

02 新建"按钮"元件，制作"指针经过"动画效果，"时间轴"面板如图6-57所示。

03 返回场景编辑状态，拖入按钮元件，场景效果如图6-58所示。

04 完成动画的制作，并测试动画效果，如图6-59所示。

图6-56　导入素材

图6-57　"时间轴"面板

图6-58　场景效果

图6-59　测试动画效果

实例总结

本实例可以配合"图形"元件和"影片剪辑"元件制作"按钮"元件，这样既方便制作，又可以完成效果丰富的按钮效果。

实例 109 "按钮"元件——按下动画

使用鼠标单击进入动画场景是常见的一种动画效果，其通过为"按钮"元件添加脚本语言实现。巧妙地使用按钮的不同状态可以使这种动画效果更加丰富。

- **源文件**｜源文件\第6章\实例109.fla
- **视 频**｜视频\第6章\实例109.swf
- **知识点**｜"按钮"元件、"指针经过""按下"
- **学习时间**｜10分钟

▌实例分析▐

　　本实例制作了当鼠标经过和单击时出现不同画面的按钮动画效果，在"按钮"元件中制作"弹起""指针经过"和"按下"帧的场景画面。制作完成后最终效果如图6-60所示。

图6-60 最终效果

▌知识点链接▐

"库"面板的作用

　　"库"面板用于存放在动画中的所有元素，例如元件、插图、视频和声音等。利用"库"面板，可以对库中的资源进行编组、项目排序、重命名和更新等管理。

▌操作步骤▐

01 新建一个大小为720像素×576像素，"帧频"为12fps，"背景颜色"为#FFFFFF的Flash文档。

02 将图像"素材\第6章\610901.png"导入到场景中，效果如图6-61所示。新建"图层2"，在第2帧位置插入关键帧，将"素材\第6章\610902.png"导入场景中，效果如图6-62所示。

03 选中图像，将其转换成一个名称为"背景动画"的"图形"元件，面板设置如图6-63所示。在第15帧位置插入关键帧，然后在第2帧位置添加"传统补间动画"，设置"属性"面板中补间"旋转"为"顺时针"旋转3次，"属性"面板如图6-64所示。

图6-61 导入图像

图6-62 导入素材

图6-63 "转换为元件"对话框

图6-64 "属性"面板

04 新建"图层3"，在第2帧位置插入关键帧，将"素材\第6章\610903.png"导入场景中，效果如图6-65所示。新建"图层4"，在第2帧位置插入关键帧，将"素材\第6章\610904.png"导入场景中，效果如图6-66所示。

05 选中图像，按【F8】键，将图像转换成"名称"为"卡通"的"图形"元件，面板设置如图6-67所示。按住【Shift】键使用"任意变形工具"将元件等比例扩大，并设置其"Alpha"值为10%，场景效果如图6-68所示。

图6-65 导入图像

图6-66 导入图像

图6-67 "转换为元件"对话框

06 在第10帧位置插入关键帧，按住【Shift】键同时使用"任意变形工具"将元件等比例缩小，效果如图6-69所示。再在第2帧位置设置"传统补间动画"。然后新建"图层5"，在第2帧位置插入关键帧，将"卡通"元件从"库"面板中拖入场景中，按住【Shift】键同时使用"任意变形工具"将元件等比例扩大，并设置其"属性"面板中的"色彩效果"区域内"样式"为亮度，"亮度值"为100%，设置完成效果如图6-70所示。

图6-68 场景效果

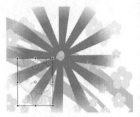
图6-69 缩小元件

07 在第10帧位置插入关键帧，按住【Shift】键同时使用"任意变形工具"将元件等比例缩小，并设置"色彩效果"区域内"样式"为无，场景效果如图6-71所示。在第2帧位置设置"传统补间动画"，"时间轴"面板如图6-72所示。

图6-70 调整元件

图6-71 场景效果

图6-72 "时间轴"面板

08 新建一个名称为"播放按钮"的"按钮"元件，将"素材\第6章\610905.png"导入场景中，效果如图6-73所示。在"指针经过"位置插入空白关键帧，将"素材\第6章\610906.png"导入场景中，效果如图6-74所示。

09 在"按下"位置插入关键帧，使用"任意变形工具"将图像等比例缩小，效果如图6-75所示。在"点击"位置插入空白关键帧，使用"矩形工具"在场景中绘制一个矩形，创建完成后效果如图6-76所示。

图6-73 导入图像1

图6-74 导入图像2

图6-75 调整图像

图6-76 绘制矩形

10 返回"场景1"编辑状态，新建"图层6"，将"播放按钮"元件从"库"面板中拖入场景中，效果如图6-77所示。在"动作"面板中输入如图6-78所示的脚本代码，并在第2帧位置插入空白关键帧。

图6-77 拖入元件

图6-78 "动作"面板

11 新建"图层7"，打开"动作"面板，输入"stop();"的脚本代码，如图6-79所示，输入完成后"时间轴"面板如图6-80所示。

图6-79　"动作"面板

图6-80　"时间轴"面板

12 执行"文件>保存"命令，保存动画。按快捷键【Ctrl+Enter】测试影片，动画效果如图6-81所示。

图6-81　最终效果

Q 在"点击"状态上设置图形的颜色有效果吗？

A "点击"状态只用于定义按钮的反应区，无论是单色、渐变色，还是透明色，都不会产生任何的影响。所以在"点击"状态上设置颜色是没有效果的。

Q 按钮的作用有哪些？

A 按钮通常用于控制动画的播放。按钮的效果可以千变万化，是许多动画制作中必不可少的元素。在交互动画制作中，"按钮"元件也有很大的作用。

实例 110 **"按钮"元件——按钮动画**

● **源 文 件** | 源文件\第6章\实例110.fla

● **视　　频** | 视频\第6章\实例110.swf

● **知 识 点** | "按钮"元件、"指针经过""按下"

● **学习时间** | 10分钟

┃ 操作步骤 ┃

01 将背景图像导入到场景中，新建图形元件，导入素材图，如图6-82所示。

图6-82　导入素材

02 新建"按钮"元件，制作按钮，"按钮"效果及"时间轴"面板如图6-83所示。

03 返回场景，新建图层，拖入按钮，场景效果如图6-84所示。

04 完成动画的制作，测试动画效果，如图6-85所示。

图6-83 "按钮"效果和"时间轴"面板　　　　　图6-84 场景效果　　　　　图6-85 测试动画效果

实例总结

本实例制作当鼠标"按下"时按钮的变化动画效果。通过对本实例的学习，读者需要掌握"按下"按钮动画效果的制作方法和技巧。

实 例 111　"反应区"——鼠标点击动画

在动画制作中，使用按钮较多的情况是只有"点击"状态的空按钮，此类按钮的主要作用就是为图片或者元件添加"代码片断"，其在动画播放中为透明状态，不会影响到动画的播放效果。

● **源 文 件** | 源文件\第6章\实例111.fla
● **视　　频** | 视频\第6章\实例111.swf
● **知 识 点** | "按钮"元件、设置点击
● **学习时间** | 15分钟

实例分析

本实例制作了一个只有"按下"状态的"按钮"元件，然后添加"代码片断"。当鼠标点击时会出现星星和旋转效果。制作完成最终效果如图6-86所示。

图6-86 最终效果

知识点链接

"反应区"的制作要点有哪些？

"反应区"的制作比较简单，只需要创建一个"按钮"元件，然后在"点击"状态按下【F7】键插入空白关键帧，然后绘制想要的反应区形状即可。此处需要注意制作完成后观察其他状态上是否为空，如果状态为空，则元件为不透明。

操作步骤

01 执行"文件>新建"命令，新建一个大小为384像素×300像素，"帧频"为24fps，"背景颜色"为白色的Flash文档。

02 将"素材\第6章\611101.jpg"导入到场景中，效果如图6-87所示。新建"图层2"，将"素材\第6章\611102.jpg"导入到场景中，效果如图6-88所示。

03 新建名称为"星"的"图形"元件，将"素材\第6章\611103.jpg"导入到场景中，效果如图6-89所示。新建名称为"闪烁星1"的"影片剪辑"元件，将"星"元件从"库"面板拖入场景中，执行"窗口>动画预设"命令，在"动画

预设"面板的"默认预设"文件夹中选择"2D放大"命令，相关设置如图6-90所示。

图6-87　导入图像　　　　图6-88　导入素材1　　　　图6-89　导入素材2　　图6-90　"动画预设"面板

提示

对于没有绘制"反应区"的按钮，反应区默认是"按钮"元件"按下"状态时图形所占的区域。

04 将第1帧和第24帧中的元件缩小，此时的"时间轴"面板如图6-91所示。新建名称为"闪烁星2"的"影片剪辑"元件，在第40帧位置插入关键帧，使用相同的方法制作动画效果，"时间轴"面板如图6-92所示。

图6-91　"时间轴"面板1　　　　　　　　　　图6-92　"时间轴"面板2

05 制作完成后，"库"面板如图6-93所示。新建名称为"按钮"的"按钮"元件，在"指针经过"位置插入关键帧，将"闪烁星1"和"闪烁星2"元件从"库"面板拖入场景中，效果如图6-94所示。

提示

在ActionScript 3.0中添加"代码片断"时必须选中相应的对象,添加完"代码片断"后,Flash会自动把动作添加到时间轴中。
在ActionScript 2.0中则需加入脚本语言。

06 在"按下"位置插入空白关键帧，在"点击"位置插入关键帧，选择"矩形工具"，绘制矩形，绘制完成，效果如图6-95所示。返回"场景1"，新建"图层3"，将"按钮"元件从"库"面板拖入场景中，效果如图6-96所示。

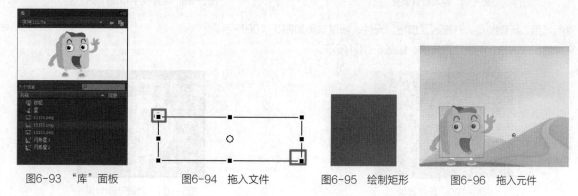

图6-93　"库"面板　　　　图6-94　拖入文件　　　　图6-95　绘制矩形　　　图6-96　拖入元件

07 完成按钮动画制作，保存动画，再按快捷键【Ctrl+Enter】测试动画，效果如图6-97所示。

图6-97　测试动画效果

Q 元件中心点的作用是什么？

A 在变形元件时，所选元件的中心会出现一个变形点，就是该元件的中心点。在旋转图形或元件时，旋转的角度按中心点旋转。如果将元件等比例扩大或缩小，调整时则按中心点向外或向内缩小。

Q 按钮元件只在"点击"状态上时会如何？

A 按钮元件如果只在"点击"状态上绘制图形，也就是在"反应区"内，则按钮在制作时显示为淡蓝色的透明元件，真正播放时不会显示出来。

实例 112 "反应区"——反应区按钮动画

- **源文件** | 源文件\第6章\实例112.fla
- **视　频** | 视频\第6章\实例112.swf
- **知识点** | "反应区""按下"
- **学习时间** | 10分钟

操作步骤

01 将背景图像素材导入到场景，新建元件并导入素材，如图6-98所示。

02 为元件添加相应的文字，新建"按钮"元件，并制作按钮和反应区，效果如图6-99所示。

图6-98　导入背景素材

图6-99　添加文字和制作反应区

03 返回场景，新建图层，并拖入"按钮"元件，场景效果如图6-100所示。

04 完成动画的制作，测试动画效果，如图6-101所示。

图6-100　场景效果

图6-101　测试动画效果

实例总结

本实例制作在鼠标点击时才会出现的按钮动画。通过对本实例的学习，希望读者能够掌握"反应区"制作的要领，学会添加"代码片断"。

实例 113 "按钮"动画——文本变色

按钮元件用于响应鼠标事件，也可以使用"影片剪辑"来制作一些动态按钮，丰富按钮动画的类型。

- **源 文 件** | 源文件\第6章\实例113.fla
- **视   频** | 视频\第6章\实例113.swf
- **知 识 点** | 遮罩动画、"传统补间动画""按钮"动画
- **学习时间** | 10分钟

▍实例分析▍

本实例制作当鼠标经过时文字呈现变色的动画。通过创建"传统补间动画"、遮罩层和按钮等完成动画制作。制作完成后最终效果如图6-102所示。

图6-102 最终效果

▍知识点链接▍

如何对齐对象？

可以通过选择"修改>对齐"子菜单的子命令进行调整，也可以通过设置"对齐"面板中的相应参数进行调整。使用"对齐"面板可以沿选定对象的右边缘、中心或左边缘垂直对齐对象，还可以沿选定对象的上边缘、中心或下边缘水平对齐对象。

▍操作步骤▍

01 执行"文件>新建"命令，新建一个大小为400像素×300像素，"帧频"为12fps，"背景颜色"为白色的Flash文档。

02 执行"文件>导入>导入到舞台"命令，将图像"素材\第6章\611301.jpg"导入到场景中，效果如图6-103所示。新建"图层2"，将"素材\第6章\611302.png"导入到场景中，调整大小和位置，效果如图6-104所示。

图6-103 导入图像1

图6-104 导入图像2

图6-105 "属性"面板

03 新建名称为"文字"的"图形"元件，选择"文本工具"，参数设置如图6-105所示。在场景中输入文字，效果如图6-106所示。

04 新建名称为"矩形"的"图形"元件，设置"笔触"为无，绘制矩形，绘制完成如图6-107所示。新建名称为"文字动画"的"影片剪辑"元件，将"矩形"元件从"库"面板拖入场景中，新建"图层2"，拖入"文字"元件，在第40帧位置插入帧，场景效果如图6-108所示。

图6-106 输入文本　　　　　　　　　　　　　图6-107 绘制矩形

05 选择"图层1",在第20帧位置插入关键帧,移动元件位置,场景效果如图6-109所示。在第40帧位置插入关键帧,移动元件位置,在第1帧和第20帧位置创建"传统补间动画",创建完成,效果如图6-110所示。

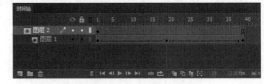

图6-108 场景效果1 　　　　　图6-109 场景效果2　　　　　图6-110 场景效果3

> **提示**
>
> 在制作文字和文字动画时要注意对齐中心点,这样在制作按钮时就会方便很多。如果没有对齐中心点会给制作带来很多不便。

06 在"图层2"图层名处单击鼠标右键,在弹出的菜单中选择"遮罩层"命令,此时"时间轴"面板如图6-111所示。

07 新建名称为"按钮"的"按钮"元件,将"文字"元件从"库"面板拖入场景中,按【F5】键,在"按下"帧位置插入帧,新建"图层2",在"指针经过"位置插入关键帧,将"文字动画"元件从"库"面板拖入场景中,效果如图6-112所示。此时"时间轴"面板如图6-113所示。

图6-111 "时间轴"面板

图6-112 场景效果

图6-113 "时间轴"面板

08 返回"场景1",新建"图层3",将"按钮"拖入场景并调整大小,效果如图6-114所示。完成动画制作,保存动画,按快捷键【Ctrl+Enter】测试动画,最终效果如图6-115所示。

图6-114 场景效果　　　　　　　　　图6-115 测试动画效果

Q 如何在不同的Flash文档间复制资源?

A 要在文档间复制库资源,先要打开要复制文档的资源库,选中该资源,然后选择"编辑>复制"命令,再打开要粘贴的资源库,执行"编辑>粘贴"命令即可。

实例
114 **"按下"——抖动文字动画**

● **源 文 件** | 源文件\第6章\实例114.fla

● **视　　频** | 视频\第6章\实例114.swf

● 知 识 点 ┃ "按钮"动画、逐帧动画
● 学习时间 ┃ 10分钟

┃ **操作步骤** ┃

01 将背景图像素材导入到场景，调整素材的大小和位置并对齐场景，效果如图6-116所示。

02 分别新建"图形"元件，导入素材，如图6-117所示。

图6-116　导入背景图像素材

图6-117　导入素材并制作动画

03 新建"影片剪辑"元件，制作动画。再新建"按钮"元件，制作动画，"时间轴"面板如图6-118所示。

图6-118　"时间轴"面板

04 返回"场景"，新建图层，再拖出动画，完成制作，测试动画效果，如图6-119所示。

图6-119　测试动画效果

┃ **实例总结** ┃

　　本实例通过给按钮添加动画，使按钮变得更加活泼生动。通过本实例的制作，读者要学习结合不同的动画类型制作出不同风格的"按钮"动画。

实 例 115　"按钮"动画——彩球

　　"按钮"元件结合不同的动画类型可以制作出各式各样的按钮动画效果，下面继续介绍使用按钮制作的动画效果。

● 源 文 件 ┃ 源文件\第6章\实例115.fla

● 视　　频 ┃ 视频\第6章\实例115.swf

● 知 识 点 ┃ "指针经过"和逐帧动画

● 学习时间 ┃ 10分钟

实例分析

　　本实例使用逐帧动画和按钮动画的"指针经过"按钮，制作出彩球飞舞的效果。制作完成后最终效果如图6-120所示。

图6-120　最终效果

知识点链接

使用"代码片断"的优点有哪些？

　　使用"代码片断"可以使非编程人员能轻松快速地开始使用简单的ActionScript 3.0。借助该面板，可以将ActionScript 3.0代码添加到FLA文件，以启用常用功能。使用"代码片断"面板不需要ActionScript 3.0的知识。

操作步骤

01 执行"文件>新建"命令，新建一个大小为400像素×300像素，"帧频"为40fps，"背景颜色"为白色的Flash文档。

02 将图像"素材\第6章\611501.jpg"导入到场景中，效果如图6-121所示。新建"名称"为"元件1"的"图形"元件，将图像"素材\第6章\611502.jpg"导入到场景中，效果如图6-122所示。

03 使用相同的方法导入"素材\第6章\611503.jpg"，效果如图6-123所示，新建名称为"红球"的"图形"元件。打开"颜色"面板，设置其参数，面板设置如图6-124所示。

图6-121　导入素材1　　　　图6-122　导入素材2　　　　图6-123　导入素材3

04 使用"椭圆工具"绘制图6-125所示的图形。使用相同的方法绘制"绿球"和"黄球"，如图6-126所示。

图6-124　"颜色"面板　　　　图6-125　绘制图形1　　　　图6-126　绘制图形2

05 新建名称为"彩球动画"的"影片剪辑"元件。分别将"红球""黄球"和"绿球"从"库"面板拖入场景中，调整大小并设置不同的"不透明度"，效果如图6-127所示。在第2帧位置插入关键帧，向上移动彩球的位置，如图6-128所示。

06 使用相同的方法完成其他帧的彩球移动动画，"时间轴"面板如图6-129所示。新建名称为"按钮"的"按钮"元件，将"元件1"从"库"面板拖入场景中，在"指针经过"位置按【F7】键插入空白关键帧，在"指针经过"位置插入帧，此时的"时间轴"面板如图6-130所示。

图6-127 拖入彩球 　　　　图6-128 向上移动彩球 　　　　图6-129 "时间轴"面板1

07 新建"图层2",在"指针经过"位置插入关键帧,将"元件"从"库"面板中拖入场景中。新建"图层3",在"指针经过"位置插入关键帧,将"彩球动画"从"库"面板拖入场景中,场景效果如图6-131所示。此时的"时间轴"面板如图6-132所示。

图6-130 "时间轴"面板2 　　　　图6-131 场景效果 　　　　图6-132 "时间轴"面板

> **提示**
>
> 拖出元件时一定要注意对齐元件,并把元件放在合适的位置,可以通过"对齐"面板来执行操作,也可以通过对齐中心点来完成操作。

08 返回"场景1",新建"图层2",将"按钮"元件从"库"面板拖入场景中,效果如图6-133所示。完成彩球动画的制作,保存动画,按快捷键【Ctrl+Enter】测试动画,效果如图6-134所示。

图6-133 场景效果 　　　　　　图6-134 测试动画效果

Q 按钮动画可以分为几部分?

A 按钮动画可以分为两部分,第一部分是滑过或单击按钮时按钮自身如何响应,第二部分是单击按钮时Flash文件中会出现什么情况。

Q "动作"面板的作用是什么?

A 使用"动作"面板可以创建和编辑对象或帧的ActionScript代码。选择帧、按钮或影片剪辑实例,可以激活"动作"面板。根据选择的内容,"动作"面板标题也会变为"按钮动作""影片剪辑动作"或"帧动作"。

实例 116 **"代码片断"——反应区的超链接动画**

● 源 文 件 | 源文件\第6章\实例116.fla

● 视 　频 | 视频\第6章\实例116.swf

● 知 识 点 | "代码片断"、按钮动画的反应区

● 学习时间 | 10分钟

操作步骤

01 将背景图像导入到场景中。新建"图形"元件，使用圆角矩形绘制"按钮"元件，效果如图6-135所示。

图6-135　导入素材和制作按钮元件

02 新建"按钮"元件，制作反应区的按钮状态。再返回场景，拖出按钮，"时间轴"面板和场景效果如图6-136所示。

图6-136　"时间轴"面板和场景效果

03 按【F9】键为其添加"代码片断"，如图6-137所示。

图6-137　添加"代码片断"

04 完成动画的制作，测试动画效果，"时间轴"面板及最终动画效果如图6-138所示。

图6-138　"时间轴"面板及最终动画效果

实例总结

本实例使用"代码片断"制作连接到网页的动画效果，通过本实例的学习，用户要了解更多关于按钮制作的动画效果。

实 例 117 **"影片剪辑"元件——小鸟动画**

"影片剪辑"元件是动画片断，拥有独立于主时间轴的多帧时间轴。"影片剪辑"在主时间轴中只占用一帧，可以在主场景中重复使用。

● 源 文 件 ┃ 源文件\第6章\实例117.fla
● 视　　频 ┃ 视频\第6章\实例117.swf
● 知 识 点 ┃ "图形"元件、"影片剪辑"元件、"逐帧动画"
● 学习时间 ┃ 10分钟

实例分析

　　本实例通过创建"影片剪辑"元件，使用"逐帧动画"制作出小鸟眨眼、蹦跳的动画效果。制作完成后最终效果如图6-139所示。

图6-139　最终效果

知识点链接

在"影片剪辑"元件中可以制作哪些动画？

　　在"影片编辑"元件中可以制作"逐帧动画""传统补间""补间动画""补间形状"等动画片断。

操作步骤

01 执行"文件>新建"命令，新建一个大小为342像素×300像素，"帧频"为24fps，"背景颜色"为白色的Flash文档。

02 将"素材\第6章\611701.png"导入到场景中，效果如图6-140所示，新建名称为"身体"的"图形"元件，选择"椭圆工具"，设置"填充颜色"为# FB350F，"笔触高度"为5，"笔触颜色"为黑色，面板设置如图6-141所示。

03 绘制形状，使用"选择工具"调整形状，调整后效果如图6-142所示。选择"基本矩形工具"，在"属性"面板中设置"填充颜色"为# FFFF00，面板设置如图6-143所示。

图6-140　导入素材　　　　图6-141　"属性"面板　　　　图6-142　绘制形状　　　　图6-143　"属性"面板

04 绘制矩形并配合"选择工具"微调，效果如图6-144所示。选择"线条工具"，使用相同方法绘制其他图形，得到如图6-145所示的图形。然后在第100帧位置插入关键帧。

05 使用相同的方法新建元件，分别绘制"眼睛""胳膊"和"闭眼"图形，绘制完成效果如图6-146所示。新建"名称"为"整体动画"的"影片剪辑"元件，面板设置如图6-147所示。

06 将"身体"元件从"库"面板拖入场景中，在第5帧位置插入关键帧，上移元件位置，新建"图层2"，将"闭眼"元件从"库"面板拖入场景中，效果如图6-148所示。

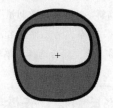

图6-144　绘制图形1　　　图6-145　绘制图形2

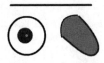

图6-146 绘制图形

图6-147 "创建新元件"对话框

图6-148 拖入闭眼元件

07 在第5帧位置插入空白关键帧，将"眼睛"元件从"库"面板拖入场景，效果如图6-149所示。

08 新建"图层3"，将"胳膊"元件从"库"面板拖入场景中，调整图层至"图层1"的下方，再复制元件，执行"修改>变形>水平翻转"命令，并移动位置。在第5帧位置插入关键帧，调整元件位置，调整后效果如图6-150所示。此时的"时间轴"面板如图6-151所示。

图6-149 拖入眼睛

图6-150 移动胳膊

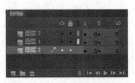

图6-151 "时间轴"面板

提示

在第5帧位置插入关键帧是为了减小动作的频率，这种效果也可以通过设置帧频来达到。

09 返回"场景1"，新建图层，将"整体动画"从"库"面板拖入场景中并调整大小，放至如图6-152所示位置。完成小鸟动画的制作，保存动画，按快捷键【Ctrl+Enter】测试动画，效果如图6-153所示。

图6-152 场景效果

图6-153 测试动画效果

Q "影片剪辑"元件有何特点？

A "影片剪辑"拥有各自独立于主时间轴的多帧时间轴。可以将多帧时间轴看作是嵌套在主时间轴内，包含交互式控件、声音、其他"影片剪辑"实例。也可以将"影片剪辑"实例放在"按钮"元件的时间轴内，以创建动画按钮。

Q 如何将舞台上的动画转换为"影片剪辑"元件？

A 首先在主时间轴上，选择要使用的动画每一层中的每一帧，其次用鼠标右键单击选定帧，从弹出的菜单中选择"复制帧"或执行"编辑>时间轴>复制帧"命令，之后取消选择所选内容并确保没有选中舞台上的任何内容，再选择"插入>新建元件"命令，为元件命名，并在"类型"中选择"影片剪辑"，单击"确定"按钮，最后在时间轴上，单击第1层上的第1帧，然后选择"编辑>时间轴>粘贴帧"命令，完成"影片剪辑"的转换。

实例
118 "影片剪辑"元件——画面切换动画

● **源文件** | 源文件\第6章\实例118.fla

● **视　频** | 视频\第6章\实例118.swf

● 知 识 点 | "传统补间动画"、设置"不透明度""影片剪辑"元件

● 学习时间 | 10分钟

操作步骤

01 导入背景图像素材。新建元件并导入素材图像，效果如图6-154所示。

02 分别新建元件，导入素材，如图6-155所示。

图6-154 导入素材

图6-155 新建元件导入素材

03 新建"影片剪辑"元件，设置"不透明度"和创建"传统补间动画"，制作动画，完成后"时间轴"面板如图6-156所示。

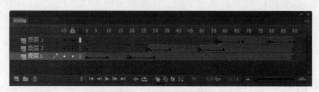

图6-156 "时间轴"面板

04 返回"场景"，并拖出动画，完成制作，测试动画效果，如图6-157所示。

图6-157 测试动画效果

实例总结

有了"影片剪辑"的参与，Flash动画变得更加丰富多彩，同时使Flash的交互性也具有了更多的可变性。在Action Script 3.0中，"影片剪辑"已经作为最基本的动画组成部分参与到了动画控制中。

实例 119 综合实例——波纹动画

"影片剪辑"元件是用来创建动态效果的，在复杂的大型Flash动画中会有很多"影片剪辑"元件，它在动画中的应用非常广泛。

● 源 文 件 | 源文件\第6章\实例119.fla

● 视　　频 | 视频\第6章\实例119.swf

● 知 识 点 | "影片剪辑"元件、"按钮"元件、补间动画

● 学习时间 | 10分钟

实例分析

　　本实例主要应用"按钮"元件制作动画，实例中利用了"按钮"元件的"点击"状态下图形在动画播放时不显示的特点，制作出特殊的动画效果。制作完成最终效果如图6-158所示。

图6-158　最终效果

知识点链接

元件注册点的作用是什么？

　　一个元件共有9个常用点，读者可以任意设置注册点。注册点有两个作用：一是以注册点为坐标原点；二是此元件实例在舞台的位置坐标是以注册点离舞台左上角的距离计算的。

操作步骤

01 新建一个尺寸为550像素×400像素，"帧频"为12，"背景颜色"为#FFFFFF的Flash文档。

02 新建一个名称为"反应区"的"按钮"元件，面板设置如图6-159所示。在"点击"位置插入关键帧，单击"矩形工具"按钮，在场景中绘制一个大小约为9.4像素×9.4像素的矩形，绘制完成效果如图6-160所示。

> **提示**
>
> 按钮的"点击"状态控制的是按钮的反应区范围，可以放置元件，也可以为空。如果制作时没有对点击状态进行设置，则默认认为前3个状态的范围。

03 新建一个名称为"波纹"的"影片剪辑"元件，在第2帧位置插入关键帧，面板设置如图6-161所示。单击"椭圆工具"按钮，设置"笔触颜色"为#E8FBFF，"笔触"为1像素，"填充颜色"为无，在场景中绘制一个大小约为6像素×2像素的椭圆形路径，绘制完成效果如图6-162所示。

图6-159　"创建新元件"对话框

图6-160　绘制矩形

图6-161　"创建新元件"对话框

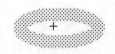
图6-162　绘制椭圆路径

04 在第10帧位置插入关键帧，按住【Shift】键使用"任意变形工具"将元件等比例扩大，效果如图6-163所示。在第15帧位置插入关键帧，按住【Shift】键使用"任意变形工具"将元件等比例扩大，效果如图6-164所示。设置其"Alpha"值为0%，面板如图6-165所示。

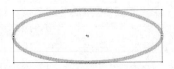
图6-163　调整椭圆路径

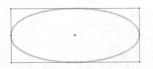
图6-164　调整椭圆路径

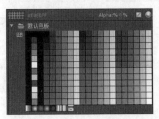
图6-165　设置"Alpha"值

05 在第30帧位置插入帧，在第2帧和第10帧位置创建"补间形状"动画，"时间轴"面板如图6-166所示。采用"图层1"的制作方法，制作出"图层2""图层3"和"图层4"，完成后的"时间轴"面板如图6-167所示。

图6-166　绘制图形

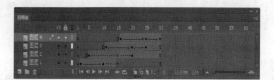
图6-167　绘制形状

06 新建"图层5"，将"反应区"元件从"库"面板中拖入场景中，打开"动作"面板，输入如图6-168所示的脚本语言。新建"图层6"，单击第1帧位置，在"动作"面板中输入"stop();"脚本代码，"时间轴"面板如图6-169所示。

图6-168　"动作"面板

图6-169　"时间轴"面板

07 返回"场景1"编辑状态，将"素材\第6章\611901.jpg"导入场景中，效果如图6-170所示。新建"图层2"，将"波纹"元件多次拖入场景中，并进行排列，场景效果如图6-171所示。

图6-170　导入图像

图6-171　场景效果

08 执行"文件>保存"命令，将动画保存，按快捷键【Ctrl+Enter】测试动画，效果如图6-172所示。

图6-172　测试动画效果

> **提示**
>
> 创建"传统补间动画"和调整元件位置时一定要注意"图层1"和"图层2"的变形路径相对应的，应尽量避免在播放时出现偏差，影响动画播放效果。

Q "图形"元件与"影片剪辑"元件有何不同？

A "图形"元件是与放置该元件的文档的时间轴联系在一起的，而"影片剪辑"元件拥有自己独立的时间轴。因为动画图形元件使用与主文档相同的时间轴，所以在文档编辑模式下显示"图形"元件的动画。"影片剪辑"元件在舞台上显示为一个静态对象，并且在Flash编辑环境中不会显示为动画。

Q 如何编辑元件？

A Flash中提供了"在当前位置编辑""在新窗口中编辑"和"在元件编辑模式下编辑"3种方式编辑元件，读者可以根据习惯和需要选择其中一种方式编辑元件。

实例 120 "影片剪辑"元件——人物说话动画

- **源 文 件** | 源文件\第6章\实例120.fla
- **视 频** | 视频\第6章\实例120.swf
- **知 识 点** | "逐帧动画""影片剪辑"元件
- **学习时间** | 10分钟

操作步骤

01 新建Flash文档，将图像素材导入到场景中，效果如图6-173所示。

图6-173　导入素材

02 新建"影片剪辑"元件，使用"线条工具"和"椭圆工具"绘制图形，效果如图6-174所示。

03 将图形放在不同的帧上，"时间轴"面板如图6-175所示。

图6-174　绘制图

图6-175　"时间轴"面板

04 返回场景，新建图层，并拖出动画，完成制作，测试动画效果，如图6-176所示。

图6-176　测试动画效果

实例总结

本实例使用了"逐帧动画"在"影片剪辑"元件中制作出人物说话的动作效果。通过以上内容的学习，读者要熟练使用"影片剪辑"元件制作出精彩动画效果。

第 **07** 章

声音和视频

在Flash动画中运用声音元素可以使Flash动画本身的
效果更加丰富，对Flash本身也可以起到很大的烘托作用。
除了声音以外，视频也越来越多地应用到了Flash动画中，
用于制作更加炫目的动画效果。

"Sound类"——声音的导入动画

"声音"元件使用起来非常方便，虽然可以直接应用在时间轴上，但是对于较大的动画来说就比较麻烦，而且如果要实现对声音音量等属性的控制就更加不方便。所以一般情况下只是将声音元件放置在"库"面板中，通过调用来使用。

- **源 文 件** | 源文件\第7章\实例121.fla
- **视   频** | 视频\第7章\实例121.swf
- **知 识 点** | 传统补间、声音的导入
- **学习时间** | 8分钟

实例分析

本案例首先制作场景动画效果，然后导入声音文件到"库"面板中，再通过添加脚本将声音调入到动画中使用。制作完成最终效果如图7-1所示。

图7-1　最终效果

知识点链接

什么是"Sound类"，使用时要注意什么？

"Sound类"可以控制影片中的声音。可以在影片正在播放时从库中向该"影片剪辑"添加声音，并控制这些声音。在调用"Sound类"的方法前，必须使用构造函数new Sound创建Sound对象。

操作步骤

01 执行"文件>打开"命令，打开"素材\第7章\712101.fla"，效果如图7-2所示。执行"文件>导入>导入到舞台"命令，将"素材\第7章\712102.png"导入场景中，效果如图7-3所示。

02 将导入的图像，按【F8】键转换成名称为"动画"，类型为"图形"的元件，面板设置如图7-4所示。

图7-2　导入素材

图7-3　导入素材

图7-4　"转换为元件"对话框

03 在第10帧位置单击，按【F6】键插入关键帧，使用"选择工具"将元件水平向右移动，效果如图7-5所示。在第15帧位置单击，按【F6】键插入关键帧，设置元件"属性"面板中"Alpha"值为0%，分别在第1帧和第10帧创建"传统补间动画"，在第40帧位置插入帧，"时间轴"面板如图7-6所示。

图7-5　转换元件

图7-6　"时间轴"面板

04 新建"图层2",在第20帧位置单击,按【F6】键插入关键帧,将"火焰动画"元件从"库"面板中拖入场景中,效果如图7-7所示。在第30帧位置单击,按【F6】键插入关键帧,选中第20帧场景中的元件,设置其"Alpha"值为0%,在第25帧位置单击,按【F6】键插入关键帧,按住【Shift】键使用"任意变形工具"将元件等比例放大,并设置其"属性"面板的"色彩效果"区域"样式"为无,场景效果如图7-8所示。然后分别在第20帧和第25帧位置创建"传统补间动画"。

图7-7 拖入元件

图7-8 调整元件

05 新建"图层3",将"素材\第7章\512103.png"导入场景中,效果如图7-9所示。按【F8】键,将图像转换成名称为"人物",类型为"图形"的元件,面板设置如图7-10所示。

图7-9 导入图像

图7-10 "转换为元件"对话框

06 在第15帧位置单击,按【F6】键插入关键帧,选中第10帧上的元件,设置其"Alpha"值为0%,并在第10帧位置创建"传统补间动画",此时的"时间轴"面板如图7-11所示。新建"图层4",在第20帧位置单击,按【F6】键插入关键帧,将"火焰动画"元件从"库"面板中拖入场景中,设置其"属性"面板的"显示"区域中"混合"模式为叠加,"色彩效果"面板如图7-12所示。

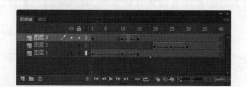

图7-11 "时间轴"面板

图7-12 "色彩效果"面板

07 在第25帧位置单击,按【F6】键插入关键帧,选中第20帧上的元件,设置其"属性"面板中"Alpha"值为0%,在第30帧位置单击,按【F6】键插入关键帧,将元件等比例放大,扩大后效果如图7-13所示。分别在第20帧和第25帧位置设置"传统补间动画",新建"图层5",在第30帧位置单击,按【F6】键插入关键帧,将"火光动画"元件从"库"面板中拖入场景中,效果如图7-14所示。在第35帧位置单击,按【F6】键插入关键帧,设置第30帧上的元件"Alpha"值为0%,并在第30帧位置创建"传统补间动画"。

图7-13 调整元件

图7-14 拖入元件

08 新建"图层6",在第40帧位置单击,按【F6】键插入关键帧,将"闪光动画"元件从"库"面板中拖入场景中,效果如图7-15所示。新建"图层7",在第20帧位置单击,按【F6】键插入关键帧,将"素材\第7章\ sound1.mp3"声音素材导入到库,设置"属性"面板的"声音"选项区域中名称为"sound1.mp3","同步"声音的"事件"为循环,"声音"面板如图7-16所示。

图7-15　拖入元件

图7-16　"声音"面板

09 在第40帧位置单击，按【F6】插入关键帧，在"动作"面板中输入"stop();"脚本，"时间轴"面板如图9-17所示。

10 用相同的方法在"图层8"中添加声音，完成声音的导入动画制作，将动画保存。按快捷键【Ctrl+Enter】测试动画，效果如图9-18所示。

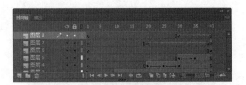

图7-17　"时间轴"面板

图7-18　测试动画效果

Q Flash支持导入的声音格式有哪些？

A Flash支持导入的声音格式分别有WAV、AIFF、MP3等。如果系统安装了Quick Time4（或更高版本），则还可以导入Sound Designer II、QuickTime影片、Sun AU、System7声音等。

Q "Sound类"的作用是什么？

A "Sound"类的作用是为指定的"影片剪辑"创建新的Sound对象。如果没有指定目标实例，则Sound对象控制影片中的所有声音。

实例 122　声音导入——添加开场音乐

- **源 文 件** | 源文件\第7章\实例122.fla
- **视　　频** | 视频\第7章\实例122.swf
- **知 识 点** | "椭圆工具"
- **学习时间** | 5分钟

┃操作步骤┃

01 将背景图像导入场景中，如图7-19所示。

02 使用"椭圆工具"绘制正圆，并制作遮罩动画，制作完成效果如图7-20所示。

图7-19　导入背景图像

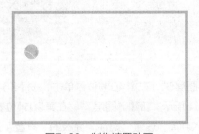

图7-20　制作遮罩动画

03 导入声音文件，在"属性"面板中的"声音"选项区域进行相关设置，具体设置如图7-21所示。

04 完成动画的制作，测试动画效果，如图7-22所示。

图7-21 "声音"面板　　　　　　　　　　　图7-22 测试动画效果

实例总结

　　本实例通过定义"Sound类"构造函数，将声音元件直接应用于动画。通过本例的学习，读者需要掌握定义"Sound"类的构造函数的方法，并要掌握在Flash中导入声音格式类型和使用声音的方法。

实例 123 脚本语言——为游戏菜单添加音效

　　Flash动画最大的优点就是能与读者实现交互，对于声音来讲也不例外。通过使用脚本语言可以对动画中的音频进行属性控制和操作控制，来实现更多的动画效果，如可以使用Flash制作音乐播放器。

● 源 文 件｜源文件\第7章\实例123.fla
● 视　　频｜视频\第7章\实例123.swf
● 知 识 点｜文字工具、脚本语言
● 学习时间｜20分钟

实例分析

　　本案例通过制作"按钮"元件，在"按钮"元件中导入声音文件，并在Flash中对声音文件进行编辑，再采用相同的方法制作制作其他多个"按钮"元件，为游戏菜单添加音效。制作完成最终效果如图7-23所示。

图7-23 最终效果

知识点链接

如何实现对音频和动画的控制？

　　在动画中控制动画的基本方法很简单，只需要为元件命名一个实例名称，然后通过脚本定义其播放即可。本例中用脚本控制主场景中（_root）的某个元件的播放或停止。

操作步骤

01 执行"文件>新建"命令，新建一个大小为300像素×190像素，"帧频"为12fps，"背景颜色"为白色的Flash文档。

02 将"素材\第7章\712301.png"导入场景中，效果如图7-24所示。将声音文件"素材\第7章\sound2.mp3"导入库中，执行"插入>新建元件"命令，新建一个名称为"按钮1"的"按钮"元件，面板设置如图7-25所示。

03 在"指针经过"位置单击，按【F6】插入关键帧，设置"属性"面板中的"声音"的名称为"sound2.mp3"，单击"编辑声音封套"按钮，打开"编辑封套"对话框，将对话框中间的滑块调整到如图7-26所示位置，从而调整声音的长短。将"素材\第7章\712302.png"导入场景中,效果如图7-27所示,在"按下"位置单击,按【F6】插入关键帧。

图7-24 导入图像

图7-25 "创建新元件"对话框

图7-26 "编辑封套"对话框

04 新建"图层2",单击"文本工具"按钮,设置"字符"属性,面板如图7-28所示。在场景中输入"终极对决"文字,效果如图7-29所示。

图7-27 导入图像

图7-28 设置"字符"属性

图7-29 输入文本

05 在"指针经过"位置单击,按【F6】插入关键帧,将文本的"填充颜色"改为#FFFFFF,场景效果如图7-30所示。在"点击"位置单击,按【F6】插入关键帧,使用"矩形工具"在场景中绘制一个矩形,效果如图7-31所示,此时的"时间轴"面板如图7-32所示。

图7-30 场景效果

图7-31 制作矩形

图7-32 "时间轴"面板

06 采用"按钮1"元件的制作方法,分别制作其他5个按钮元件,"库"面板如图7-33所示。新建图层,依次将元件从"库"面板中拖入不同的图层中,完成后的场景效果如图7-34所示。

07 完成为游戏菜单添加声音动画制作,将动画保存,按快捷键【Ctrl+Enter】测试影片,效果如图7-35所示。

图7-33 "库"面板

图7-34 场景效果

图7-35 测试动画效果

Q "影片剪辑"元件命名实例名称的主要目的是什么？

A 为"影片剪辑"元件命名实例名称主要为了方便使用 ActionScript 对其进行调用，通过 ActionScript 脚本可以更好地控制 Flash 动画的播放，实现良好的人机交互。

实例 124 "按钮"元件——为导航动画添加音效

- **源 文 件** | 源文件\第7章\实例124.fla
- **视 频** | 视频\第7章\实例124.swf
- **知 识 点** | "按钮"元件
- **学习时间** | 10分钟

操作步骤

01 新建按钮元件，打开外部库，单击"弹起"帧，将相应的元件从外部库拖入到场景中，并输入相应的文字，效果如图7-36所示。

02 单击"指针经过"帧，将相应的素材拖入到场景，输入文字并设置其声音，效果如图7-37所示。

03 用相同方法完成其他按钮的制作，返回场景，将背景素材图像和相应的元件拖入到场景中，场景效果如图7-38所示。

04 完成动画的制作，测试动画效果，如图7-39所示。

图7-36 图像效果 图7-37 文字效果

图7-38 拖入元件

图7-39 测试效果

实例总结

本实例通过导入外部音频，然后通过脚本控制声音和动画的播放和停止。通过本实例的学习，读者需要掌握导入音频的方法以及直接导入音频到时间轴的方法，并要理解控制动画和音频播放、停止的脚本含义。

实例 125 使用"选择工具"——添加背景音乐

在 ActionScript 发布设置设定为 ActionScript 2.0 的 FLA 文件中，可以使用行为来控制文档中的影片剪辑和图形实例，无须编写 ActionScript。行为是预先编写的 ActionScript 脚本，允许读者向文档添加 ActionScript 代码，无须自己创建代码。

- **源 文 件** | 源文件\第7章\实例125.fla
- **视 频** | 视频\第7章\实例125.swf
- **知 识 点** | 添加行为、加载声音、输入标识符
- **学习时间** | 10分钟

▌实例分析▐

　　本实例通过设置元件的高级选项，制作元件的色调过渡动画，再为动画添加背景音乐，使动画更具有古典韵味。制作完成最终效果如图7-40所示。

图7-40　最终效果

▌知识点链接▐

为声音添加行为的作用有哪些？

　　通过使用声音行为，可以将声音添加至文档并控制声音的播放，使用这些行为添加声音将会创建声音的实例，然后使用该实例控制声音。

▌操作步骤▐

01 执行"文件>新建"命令，新建一个大小为456像素×456像素，"帧频"为20fps，"背景颜色"为#FFFFCE的Flash文档。

02 执行"插入>新建元件"命令，新建一个名称为"图像1"的"图片"元件，效果如图7-41所示。将"素材\第7章\ 712501.png"导入到场景中，效果如图7-42所示。

03 使用相同方法将其他图形转换为元件，如图7-43所示。新建名称为"图像动画"的"影片剪辑"元件，将"图像1"元件拖入场景中，在第15帧位置单击，按【F6】插入关键帧，单击第1帧将元件选中后，在"属性"面板上设置色彩效果，如图7-44所示。在第1帧位置创建传统补间。在第125帧位置单击，按【F5】插入帧。

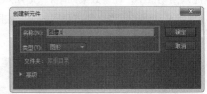

图7-41　"创建新元件"对话框

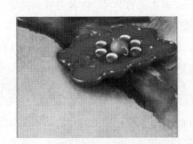

图7-42　导入素材

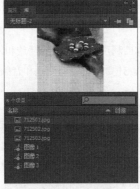

图7-43　"库"面板

图7-44　"属性"面板

04 根据前面的制作方法，完成"图层2"和"图层3"中的动画效果，"时间轴"如图7-45所示。

图7-45　"时间轴"面板

05 返回到"场景1"的编辑状态,将"图像动画"元件从"库"面板中拖入场景中,效果如图7-46所示。新建"图层2",执行"文件>导入>打开外部库"命令,将"素材\第7章\712504.fla",将名称为"云烟动画"的元件,从"外部库"面板中拖入到舞台,效果如图7-47所示。

06 新建"图层3",将"不规则遮罩"从"库>712504.fla面板中拖到场景中,效果如图7-48所示。设置"图层3"为遮罩层,并设置"图层1"为被遮罩层,"时间轴"面板如图7-49所示。

图7-46 "属性"面板

图7-47 "时间轴"面板

图7-48 "属性"面板

07 执行"文件>导入>导入到库"命令,将"素材\第7章\ sy71251.mp3"声音素材导入到库,设置"属性"面板的"声音"选项区域中名称为"sy71251.mp3","同步"声音的"事件"为循环,面板设置如图7-50所示。设置完成后"时间轴"面板,如图7-51所示。

图7-49 "时间轴"面板

图7-50 "属性"面板

图7-51 "时间轴"面板

08 完成添加背景音乐动画制作,将动画保存,按快捷键【Ctrl+Enter】测试动画,效果如图7-52所示。

Q 为什么有的时候不能使用行为控制视频播放?

A 因为有时读者在创建文档时,选择的是ActionScript 3.0的Flash文档,只需将文档的类型改为ActionScript 3.0即可。

Q 使用行为控制声音有哪些优点?

A 通过使用声音行为可以将声音添加到文档并控制声音的播放,使用这些行为添加声音将会创建声音的实例,然后可以使用实例控制声音。

图7-52 测试动画效果

实例126 "按钮"元件——添加时钟声音

● **源 文 件**|源文件\第7章\实例126.fla
● **视 频**|视频\第7章\实例126.swf
● **知 识 点**|"按钮"元件
● **学习时间**|10分钟

┃ 操作步骤 ┃

01 首先将"表盘"素材图像导入场景中,如图7-53所示。

02 新建图层，依次将指针图像素材导入场景中，进行相应的设置，设置完成效果如图7-54所示。

03 新建图层，将声音素材导入场景中，并在"属性"面板中进行相应的设置，如图7-55所示。

04 完成动画的制作，测试动画效果，如图7-56所示。

图7-53　图像效果

图7-54　文字效果

图7-55　"属性"面板

图7-56　测试效果

实例总结

本实例通过使用"选择工具"调整动画中各关键帧上的元件位置，再使用"补间动画"来实现动画效果。

实例 127　使用"行为"按钮——添加音效控制声音

动画中常有一种形式就是当鼠标经过元件时，动画开始播放，而当动画离开元件是动画停止播放。这种动画类型是使用脚本控制元件的典型，而且在动画的播放过程中还可以同时控制多影片剪辑的播放。

● **源 文 件** 源文件\第7章\实例127.fla
● **视　　频** 视频\第7章\实例127.swf
● **知 识 点** 添加行为、加载声音、输入标识符
● **学习时间** 10分钟

实例分析

本实例主要将声音素材导入"库"面板中，单击"指针经过"帧，在"属性"面板上设置声音选项，最终制作出按钮添加音效的效果。制作完成后最终效果如图7-57所示。

图7-57　最终效果

知识点链接

声音在"库"面板中如何设置声音的"标识符"？

要在动作中使用声音，必须在"声音属性"对话框中为声音分配一个标识符。在需要设置声音文件上单击鼠标右键，在弹出的菜单中选择"属性"选项，在弹出的"声音属性"对话框中"链接"选项区中选中"为ActionScript导出"复选框，即可在"标识符"文本框中为声音文件输入一串标识符。

操作步骤

01 执行"文件>新建"命令，新建一个大小为350像素×450像素，"帧频"为15fps，"背景颜色"为白色的Flash文档。

02 执行"插入>新建元件"命令,新建一个名称为"按钮动画"的"按钮"元件,面板设置如图7-58所示。执行"文件>导入>打开外部库"命令,将"素材\第7章\712701.fla",将名称为"弹起动画"的元件,从"外部库"面板中拖入到舞台,效果如图7-59所示。

03 将"素材\第7章\sy71271.mp3",导入到"库"面板中,单击"弹起帧"在"属性"面板上进行如图7-60所示的设置。在"指针经过"帧插入关键帧,在属性面板上进行如图7-61所示的设置。

图7-58 "创建新元件"对话框

图7-59 拖入元件组

图7-60 "属性"面板1

> **提示**
>
> 因为声音是和符号一起保存的,所以它们会对符号的所有替身起作用。

04 将"指针经过"动画元件从"外部库"面板中拖入到舞台,效果如图7-62所示。在"点击"帧位置插入帧,"时间轴"面板如图7-63所示。

图7-61 "属性"面板2

图7-62 场景效果

图7-63 "时间轴"面板

05 返回到"场景1"的编辑状态,将"素材\第7章\712702.jpg"导入到场景中,效果如图7-64所示。

06 新建"图层2",将"按钮动画"元件从"库"面板中拖入到场景中,并调整元件大小,效果如图7-65所示。

07 完成按钮,添加音效控制声音动画的制作,保存动画,按快捷键【Ctrl+Enter】测试动画,效果如图7-66所示。

图7-64 导入素材

图7-65 场景效果

图7-66 测试动画效果

Q 在"库"面板中附加的声音如何使用?

A 对于Flash中的声音元素,可以使用内置的Sound类控制SEF文件中的声音。如果要使用Sound类的方法必须先创建一个Sound对象,人后使用attachSound()方法在SWF文件运行时,将"库"中的声音插入该SWF文件。

实例
128

添加音效——为直升机添加声音

● 源 文 件 | 源文件\第7章\实例128.fla

● 视 频 | 视频\第7章\实例128.swf

● 知 识 点 | "影片剪辑"、声音

● 学习时间 | 18分钟

操作步骤

01 新建文档，将背景图像素材导入到场景中，效果如图7-67所示。

02 打开外部库，从外部库中将相应的元件拖入到场景中，如图7-68所示。

图7-67 导入素材

图7-68 图像效果

03 用相同的方法，完成其他图层的制作，并在相应的位置添加声音，"属性"面板设置如图7-69所示。

04 完成动画的制作，测试动画效果，如图6-70所示。

图7-69 "属性"面板

图7-70 测试效果

实例总结

本实例在按钮"指针经过"帧添加声音，设置鼠标经过时播放声音。

实例
129

使用"行为"按钮——控制声音的停止和播放

什么是行为？行为就是预先编写的动作脚本。他可以将动作脚本编码的强大功能、控制能力和灵活性添加到文档中，而不必自己创建ActionScript代码。

● 源 文 件 | 源文件\第7章\实例129.fla

● 视 频 | 视频\第7章\实例129.swf

● 知 识 点 | 添加行为、加载声音、输入标识符

● 学习时间 | 10分钟

实例分析

本实例通过为实例添加"行为"，输入标识符和名称来控制声音的播放和停止。制作完成最终效果如图7-71所示。

图7-71 最终效果

知识点链接

如何隐藏动画中的鼠标图标？

在ActionScript中使用简单的Mouse.hide();函数就可以将Flash动画中的鼠标光标隐藏掉，需要注意首字母大写。

操作步骤

01 打开"素材\第7章\712901.fla"文件，效果如图7-72所示。

02 执行"文件>导入>导入到库"命令，导入"素材\第7章\背景音乐.mp3"文件，"库"面板如图7-73所示。

03 选中场景中的"播放音乐"按钮，执行"窗口>代码片断"，选择"ActionScript"文件，继续选择"音频和视频"，如图7-74所示。继续选择"单击以播放/停止所有声音"选项，弹出提示对话框，单击"确定"按钮，如图7-75所示。

04 在弹出的"动作"面板中会出现"sound"的"代码片断"，如图7-76所示。

图7-72 打开文档

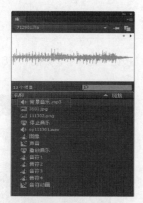

图7-73 "库"面板

图7-74 "代码片断"对话框

图7-75 提示对话框

图7-76 "动作"面板

207

提示

声音文件同样可以通过设置实例名称实现被脚本调用的效果。

05 完成控制声音的制作，保存动画，按快捷键【Ctrl+Enter】测试动画，单击"播放音乐"按钮，音乐开始，再次单击音乐停止。测试动画效果如图7-77所示。

图7-77　测试动画效果

Q 声音的"同步"属性有哪些设置?

A 事件：随特定事件播放发生，一般要使用ActionScript命令来控制；开始：随着关键帧开始时播放；停止：停止播放；数据流：随着关键帧的开始而播放，随着关键帧的结束而终止。

实例 130

脚本语言——指针经过添加音效

● **源 文 件** | 源文件\第7章\实例130.fla

● **视　　频** | 视频\第7章\实例130.swf

● **知 识 点** | 脚本语言

● **学习时间** | 15分钟

┤ 操作步骤 ├

01 新建"影片剪辑"元件，再建"按钮"元件，将"影片剪辑"元件拖入到"按钮"元件中，如图7-78所示。

02 相同方法制作其他"按钮"元件，"库"面板如图7-79所示。

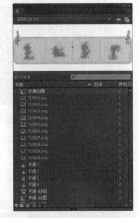

图7-78　拖入元件　　　　　　　　　　　　　　　　图7-79　"库"面板

03 导入背景素材，再将按钮元件拖入场景，场景效果如图7-80所示。

04 完成动画的制作，测试动画效果，如图7-81所示。

图7-80 场景效果

图7-81 测试动画效果

实例总结

本实例将制作带有声音音效的"影片剪辑"元件，放置按钮的"指针经过"帧，当测试动画时，鼠标经过添加声音的按钮元件时，就会触发声音。

实例 131　导入视频——在Flash中插入视频

在Flash CC中，有时在动画中需要导入视频，导入视频的主要目的是增加页面的视觉效果，Flash中导入的视频格式也是有要求的，如可以导入QuickTime和Windows播放器支持的标准媒体文件。

● **源 文 件** | 源文件\第7章\实例131.fla
● **视　　频** | 视频\第7章\实例131.swf
● **知 识 点** | 文字工具、脚本语言
● **学习时间** | 50分钟

实例分析

本实例通过外部素材制作出场景，再将视频导入到Flash文件中，最后对导入的视频制作遮罩层，完成动画的制作。最终效果如图7-82所示。

图7-82 最终效果

知识点链接

在导入视频时，只能在"外观"下拉列表框中选择预设的视频外观吗？

导入视频时，除了在"外观"下拉列表框中选择预设的视频外观之外，也可以在"外观"下拉列表框中选择"自定义外观URL"选项，然后在URL文本框中输入Web服务器上的外观地址。

操作步骤

01 执行"文件>新建"命令，新建一个大小为550像素×345像素，"帧频"为12fps，"背景颜色"为白色的Flash文档，新建完成效果如图7-83所示。将图像"素材\第7章\713101.jpg"导入到舞台，效果如图7-84所示。

02 新建"图层2"，使用相同方法，将图像"素材\第7章\713102.png"导入场景中，效果如图7-85所示，并调整素材图像到合适的位置。

图7-83　空白文档

图7-84　导入素材1

03 新建"图层3"，选择"文件>导入>导入视频"命令，弹出"导入视频"对话框，单击"浏览"按钮，选择需要导入的视频文件"素材\第7章\713103.flv"，单击"下一步"按钮，如图7-86所示。

图7-85　导入素材2

图7-86　"导入视频"对话框

04 单击"下一步"按钮，切换到"外观"界面，在"外观"下拉列表框中选择一种视频播放外观，如图7-87所示。单击"下一步"按钮，切换到"完成视频导入"界面，显示所导入视频的相关内容，如图7-88所示。

图7-87　选择外观

图7-88　完成视频导入

05 单击"完成"按钮，完成对话框的设置，将视频导入到场景中，使用"任意变形工具"调整视频的大小并移动到相应位置，如图7-89所示。将"图层3"隐藏，新建"图层4"，使用"矩形工具"在舞台中绘制图7-90所示的矩形。

图7-89　导入视频

图7-90　绘制矩形

06 将"图层4"设置为遮罩层，显示"图层3"，效果如图7-91所示。完成制作并将其保存，按快捷键【Ctrl+Enter】进行测试，效果如图7-92所示。

图7-91 制作遮罩层

图7-92 测试效果

Q 导入视频的格式要求有哪些?

A 如果将视频导入到Flash中,视频格式必须是FLV或F4V。如果视频格式不是FLV或F4V,那么可以使用Adobe Flash Video Encoder将其转换为需要的格式。

Q Adobe Flash Video Encoder的作用是什么?

A Adobe Flash Video Encoder是独立的编码应用程序,可以支持几乎所有常见的格式,这样就使Flash对视频文件的引用变得更加方便快捷。

实例 132 导入视频——使用播放组件加载外部视频

- **源 文 件** | 源文件\第7章\实例132.fla
- **视 频** | 视频\第7章\实例132.swf
- **知 识 点** | 播放组件
- **学习时间** | 3分钟

┃ 操作步骤 ┃

01 新建一个Flash空白文档,如图7-93所示。

02 执行"文件>导入>导入视频"命令,添加需要导入的视频,在导入对话框中选中"使用播放组件加载外部视频"选项,"导入视频"对话框如图7-94所示。

图7-93 空白文档

图7-94 "导入视频"对话框

03 单击"下一步"按钮,弹出设定外观界面,在外观下拉列表中选择合适的外观,如图7-95所示。

04 单击"下一步"按钮,再单击"完成"按钮,即可看到添加了组件的视频,导入后效果如图7-96所示。

图7-95 选择外观

图7-96 导入效果

实例总结

本实例主要讲解了Flash中导入视频的方法，通过控制导入的视频可以更好地实现视频动画的播放。通过本例的学习，读者可以熟练掌握导入视频的方法，以及处理视频的基本方法和技巧。

实例 133 嵌入视频——在Flash中嵌入视频

Flash允许将视频文件嵌入到SWF文件中播放，使用这种方法导入视频时，该视频将被直接放置在时间轴上。与导入的其他文件一样，嵌入的视频成为了Flash文档的一部分，也便于读者更好地控制和播放视频。

● 源 文 件 | 源文件\第7章\实例133.fla
● 视　　频 | 视频\第7章\实例133.swf
● 知 识 点 | 文字工具、脚本语言
● 学习时间 | 10分钟

实例分析

本实例首先将视频导入到动画中，并配合遮罩动画综合使用视频与图形元件，再通过设置的声音属性，控制声音与视频的同步。制作完成后最终效果如图7-97所示。

图7-97　最终效果

知识点链接

Flash支持哪些视频格式的导入？

如果系统中安装了用于Quick Time或者Windows的DirectX，则可以导入多种视频格式，如MOV、AVI和MPG/MPEG等格式。但是无论是什么格式，导入Flash CC中都会被转换成为FLV格式的视频。

操作步骤

01 执行"文件>新建"命令，新建一个大小为390像素×475像素，"帧频"为20fps，"背景颜色"为白色的Flash文档，新建完成后效果如图7-98所示。将图像"素材\第7章\713301.png"导入到舞台中，效果如图7-99所示。
02 新建一个名称为"电视"的"图形"元件，面板设置如图7-100所示。将图像"素材\第7章\ 713302.png"导入到舞台，效果如图7-101所示。

图7-98　新建文档

图7-99　导入素材

图7-100　"创建新元件"对话框

03 返回"场景1"编辑状态,新建"图层2",将"电视"元件从"库"面板拖入到场景中,效果如图7-102所示。在第30帧位置单击,按【F6】键插入关键帧,并将元件水平向右移动,移动后效果如图7-103所示。

图7-101 导入图像

图7-102 拖入元件

图7-103 移动元件

04 在第1帧的位置创建传统补间,再新建"图层3",在第30帧位置单击,按【F6】键插入关键帧,执行"文件>导入>导入视频"命令,在弹出的"导入视频"对话框中选择"素材\第7章\713303.flv",导入素材图像。

05 在"导入视频"对话框中选择"在SWF中嵌入FLV并在时间轴面板中播放"选项,对话框显示如图7-104所示。单击"下一步"按钮,面板如图7-105所示。

06 单击"下一步"按钮,可以看到导入视频的信息,如图7-106所示。单击"完成"按钮,在场景中插入视频,按住【Shift】键,使用"任意变形工具"调整视频大小,调整后效果如图7-107所示。

图7-104 "导入视频"对话框1

图7-105 "导入视频"对话框2

图7-106 "导入视频"对话框3

07 将"图层3"隐藏,再新建"图层4",在第30帧位置插入关键帧,设置"笔触颜色"为无,使用"矩形工具",在场景中绘制一个矩形,并使用"部分选择工具"调整矩形形状,调整后效果如图7-108所示。设置"图层4"为遮罩层,完成后效果如图7-109所示。

图7-107 导入效果

图7-108 绘制矩形

图7-109 设置遮罩层

08 在"图层1"和"图层2"的第5452帧位置插入帧,"时间轴"面板如图7-110所示。完成制作并将其保存,按快捷键【Ctrl+Enter】进行测试,效果如图7-111所示。

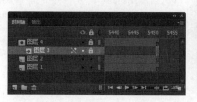

图7-110 "时间轴"面板

图7-111 测试动画效果

A 用嵌入视频的方法导入的视频将成为动画的一部分,就像导入位图一样,最后发布Flash动画;而以链接方式导入的视频文件则不能成为Flash的一部分,而是保存在一个指向的视频链接中。

Q 链接视频对文件有什么要求吗?

A 以链接方式导入到文档中的视频,其文件扩展名必须是FLV,在使用Flash视频教程流服务时,扩展名必须是XML。

Q 渐进式下载的优势是什么?

A 渐进式下载方式允许读者使用脚本将外部的FLV格式文件加载到SWF文件中,并且可以在播放时控制给定文件的播放或回放。

实例 134 导入视频——制作逐帧动画效果

● **源 文 件** | 源文件\第7章\实例134.fla

● **视 频** | 视频\第7章\实例134.swf

● **知 识 点** | 遮罩与导入视频与隐藏

● **学习时间** | 12分钟

操作步骤

01 新建一个空白的Flash文档,将视频导入到舞台,并调整到合适位置与大小,调整后效果如图7-112所示。

02 新建"图层2",使用"矩形工具"绘制矩形,设置该图层为遮罩层,"时间轴"面板如图7-113所示。

03 新建"图层3",将图像导入到舞台,调整该图像的"不透明度",并为其创建传统补间,场景效果如图7-114所示。

04 完成制作后将其保存,并进行测试,测试效果如图7-115所示。

图7-112 导入视频　　图7-113 "时间轴"面板　　图7-114 场景效果　　图7-115 测试效果

实例总结

　　本实例主要完成将外部的视频文件导入并播放的效果。通过本例的学习,读者可以掌握Flash动画中FLV格式的生成过程,能熟练将视频应用于动画中,并与其他动画类型综合使用。

实例 135 使用"代码片断"——制作视频播放器

　　使用ActionScript可连接、播放或控制FLV文件。如果要播放外部FLV或F4V文件,需要在Flash文档中添加FLVPlayback组件或ActionScript代码。

● **源 文 件** | 源文件\第7章\实例135.fla

● **视 频** | 视频\第7章\实例135.swf

● **知 识 点** | 文字工具、脚本语言

● **学习时间** | 50分钟

实例分析

　　本案例首先制作控制视频的"按钮"元件，然后将视频导入到场景中，再使用脚本语言对视频进行控制。制作完成后最终效果如图7-116所示。

图7-116　最终效果

知识点链接

视频的帧频一般是多少？

　　生活中常见的视频文件帧频一般是24帧/秒或25帧/秒，互联网中的视频的帧频更多样性。为了保证Flash动画播放的准确性，最好将帧频设置为24帧/秒。

操作步骤

01 执行"文件>新建"命令，新建一个大小为310像素×186像素，"帧频"为12fps，"背景颜色"为白色的Flash文档，新建完成后如图7-117所示。新建一个名称为"播放按钮"的"按钮"元件，面板设置如图7-118所示。

图7-117　"新建文档"对话框

图7-118　"创建新元件"对话框

02 将图像"素材\第7章\713501.png"导入到舞台，效果如图7-119所示。将图像转换成名称为"播放"的"图形"元件，分别在"指针经过""按下"和"点击"帧插入关键帧，选择"指针经过"帧上的元件，设置"属性"面板上的"亮度"为20%，效果如图7-120所示。

03 选择"按下"帧上的元件，使用"任意变形工具"调整元件的图像，调整后效果如图7-121所示。根据"播放"按钮的制作方法，制作出"暂停按钮"元件，效果如图7-122所示。

图7-119　导入素材　　　　图7-120　调整亮度　　　　图7-121　调整大小　　　　图7-122　元件效果

04 返回"场景1"的编辑状态，将图像"素材\第7章\713503.png"导入到舞台中，效果如图7-123所示。新建"图层2"，将视频"素材\第7章\713505.flv"导入到舞台中，效果如图7-124所示。

> **提示**
>
> 在"导入视频"对话框中选择嵌入的方式将会增加SWF文件的大小。

图7-123　导入图像

图7-124　导入视频

05 将导入的视频设置实例名称为"ass"，面板如图7-125所示。使用"任意变形工具"调整视频的大小，并移动到相应的位置，选择"图层1"，在第737帧插入帧。再新建"图层3"，使用"矩形工具"在场景中绘制矩形，并使用"任意变形工具"对图形进行调整，矩形效果如图7-126所示。

06 设置"图层3"为遮罩层。新建"图层4"，将"播放"元件从"库"面板拖入到场景中，效果如图7-127所示。在"代码片断"找到"单击以播放视频"，将视频名称改为"ass"，代码片断如图7-128所示。

图7-125　设置名称

图7-126　绘制矩形

图7-127　拖入按钮

图7-128　代码片断

07 新建"图层5"，将"暂停"元件从"库"面板拖入到场景中，效果如图7-129所示。在"代码片断"中找到"单击以暂停视频"，更改视频名称，代码片断如图7-130所示。

图7-129　场景效果

图7-130　代码片断

08 新建"图层6"，将图像"素材\第7章\713504.jpg"导入到舞台中，并将其移动到最底层，效果如图7-131所示。

09 新建"图层7"，在"帧-动作"面板中输入"stop();"脚本，代码如图7-132所示。

10 完成视频播放器的制作，将其保存后，按快捷键【Ctrl+Enter】测试动画，效果如图7-133所示。

图7-131　导入图像

图7-132　脚本代码

图7-133　测试效果

Q 嵌入视频时有哪些要求?

A 嵌入的视频文件不宜太大,否则在下载播放过程中会占用过多系统资源。较长的视频文件通常会在视频和音频之间存在同步问题,不能达到良好的效果,而且嵌入的视频不宜太大,否则等待的时间太长。

Q 为什么有时无法导入视频与音频?

A 如果Flash不支持导入的视频或音频文件,则会弹出一条警告信息,提示无法完成文件导入。有一种情况是可以导入视频,但无法导入音频,解决办法是通过其他软件对视频或音频进行格式转换。

Q 嵌入视频的优势是什么?

A 嵌入的视频允许将视频文件嵌入到SWF文件中,使用这种方法导入视频时,该视频将被直接放置在时间轴上,与导入的其他文件一样,嵌入的视频成了Flash文档的一部分。

实例 136　转换视频格式——将MOV格式转换为AVI格式

- **源　文　件**｜源文件\第7章\实例136.fla
- **视　　　频**｜视频\第7章\实例136.swf
- **知　识　点**｜Adobe Media Encoder
- **学习时间**｜3分钟

操作步骤

01 新建默认的空白文档,执行"导入视频"命令,如图7-134所示。

02 在"导入视频"对话框中单击"启动 Adobe Media Encoder"按钮,将该软件启动,如图7-135所示。

图7-134　导入视频

图7-135　启动软件

03 在该界面中执行"文件>添加源"命令，在弹出的"打开"对话框中，选择要打开的MOV格式的文件，单击"打开"按钮，即可添加到列表中，列表面板如图7-136所示。

04 在列表中单击启动队列按钮，即可转换为AVI格式的文件，转换完成后效果如图7-137所示。

图7-136　列表面板

图7-137　转换后的效果

┃ 实例总结 ┃

通过本实例的学习，读者需要掌握在场景中转换视频格式的方法。

<table>
<tr><td>实 例
137</td><td>**导入动画——制作广告宣传动画**</td></tr>
</table>

视频的用途有很多种，有时视频会被放在广告中作为宣传动画，来增加广告的美感。很多广告中都有视频，用来吸引顾客的眼球。

● **源 文 件** ┃ 源文件\第7章\实例137.fla

● **视　　频** ┃ 视频\第7章\实例137.swf

● **知 识 点** ┃ 文字工具、脚本语言

● **学习时间** ┃ 50分钟

┃ 实例分析 ┃

本案例首先将素材图像导入到舞台并为其添加补间动画，制作渐入效果，再将视频作为宣传动画导入到舞台，并设置遮罩层。制作完成后最终效果如图7-138所示。

图7-138　最终效果

┃ 知识点链接 ┃

控制视频播放的方式

"行为"面板中提供了多种方式控制视频的播放，如播放、停止、暂停、后退、快进、显示及隐藏视频剪辑等。

┃ 操作步骤 ┃

01 执行"文件>新建"命令，新建一个大小为900像素×700像素，"帧频"为36fps，"背景颜色"为#999999的Flash文档，新建完成后效果如图7-139所示。将图像"素材\第7章\713701.jpg"导入到舞台，效果如图7-140所示。

02 选中导入的图像，按【F8】键，将图像转换成名称为"背景"的"图形"元件，面板设置如图7-141所示。

图7-139 新建空白文档

图7-140 导入素材

图7-141 "转换为元件"对话框

03 新建"图层2"，使用"矩形工具"，在舞台中绘制一个"背景颜色"为#2E7210，"笔触颜色"为无的矩形，并将其转换成名称为"背景遮罩图层"的"图形"元件，矩形效果如图7-142所示。

04 设置"图层2"为遮罩层，使用相同方法，将图像素材"713703.png""713704.png""713705.png"导入到舞台并调整到合适位置，调整后效果如图7-143所示。添加关键帧并创建补间动画，此时的"时间轴"面板如图7-144所示。

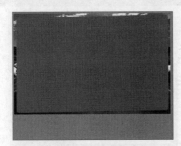

图7-142 绘制矩形

图7-143 导入图像

05 新建一个名称为"标题"的"影片剪辑"元件，选择"文本工具"，在"属性"面板中设置各项参数，在舞台中输入如图7-145所示的文本。

06 使用"选择工具"选中输入的文本，将其转换成名称为"标题1"的"图形"元件，效果如图7-146所示。使用相同方法完成其他文本的制作，文本效果如图7-147所示。

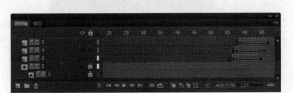

图7-144 "时间轴"面板

图7-145 输入文本

图7-146 文本效果1

图7-147 文本效果2

07 新建一个名称为"广告背景动画"的"影片剪辑"元件，将图像"素材\第7章\713702.jpg"导入到舞台，效果如图7-148所示。

08 新建"图层2"，使用"矩形工具"在舞台中绘制一个"填充颜色"为#FFCC00，"笔触颜色"为无的矩形，并使用"任意变形工具"对其进行调整，效果如图7-149所示。然后将"图层2"设置为遮罩层。

09 打开"库"面板，将"标题"元件从"库"面板拖入到场景中，图形效果如图7-150所示。返

图7-148 导入素材

回"场景1"，使用相同方法将其他图像导入库并拖入到舞台，导入完成后效果如图7-151所示。插入关键帧创建补间动画，"时间轴"面板如图7-152所示。

图7-149 调整矩形

图7-150 图像效果

图7-151 效果图

10 执行"文件>导入>导入视频"命令，弹出"导入视频"对话框，各项设置如图7-153所示。单击"下一步"按钮，设置该视频的外观，如图7-154所示。

11 单击"下一步"按钮，进入完成视频导入界面，如图7-155所示。再单击"完成"按钮，将导入的视频调整到合适位置，场景效果如图7-156所示。

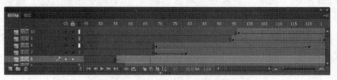

图7-152 "时间轴"面板

图7-153 "导入视频"对话框1

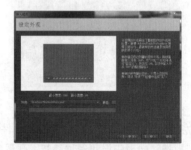

图7-154 "导入视频"对话框2

图7-155 "导入视频"对话框3

图7-156 场景效果

12 新建"图层13"，在第200帧的位置插入关键帧，在"动作"面板中添加"Stop();"脚本语言，制作完成。将动画保存，按快捷键【Ctrl+Enter】进行测试，效果如图7-157所示。

Q 如何暂停在主时间轴上播放的视频？

A 通过控制视频的时间轴，可以控制嵌入视频文件的播放。如果要暂停在主时间轴上播放视频，可以将该时间轴作为目标"stop();"动作。

图7-157 最终效果

Q 如何使用行为控制视频？

A 若要使用行为控制视频剪辑，则需要使用"行为"面板将行为应用于触发对象。指定触发行为的事件，选择目标对象，并在必要时选择行为的设置。

导入动画——制作网站视频

- 源 文 件 | 源文件\第7章\实例138.fla
- 视 频 | 视频\第7章\实例138.swf
- 知 识 点 | 导入视频
- 学习时间 | 10分钟

操作步骤

01 导入相应的素材图像并分别转换为图形元件，素材效果如图7-158所示。

02 返回主场景，制作主场景动画效果，将其他元件入场的动画效果，效果如图7-159所示。

03 导入外部的视频文件，导入后效果如图7-160所示。

04 完成网站视频动画效果的制作，测试动画效果，如图7-161所示。

图7-158 导入素材 　　　　 图7-159 场景效果 　　　　 图7-160 导入视频 　　　　 图7-161 测试效果

实例总结

本案例主要讲解了如何将视频导入到舞台，制作网站视频的动画效果。通过本实例的学习，读者要掌握利用"行为"面板控制视频的显示与隐藏。

嵌入视频——动画中视频的应用

嵌入的视频成为Flash的一部分，会根据文件播放时间的长短，自动延长帧。

- 源 文 件 | 源文件\第7章\实例139.fla
- 视 频 | 视频\第7章\实例139.swf
- 知 识 点 | 嵌入视频
- 学习时间 | 25分钟

实例分析

本实例首先将视频导入到文档中，通过导入外部素材制作出场景动画，实现动画中视频的应用。制作完成的最终效果如图7-162所示。

图7-162 最终效果

知识点链接

Flash中视频有哪几种传送方式?

Flash中的视频根据文件的大小和网络条件,可以采用3种方式进行视频传送,分别是渐进下载、嵌入视频和链接视频。

操作步骤

01 执行"文件>新建"命令,新建一个大小为689像素×601像素,"帧频"为50fps,"背景颜色"为白色的Flash文档,新建完成后效果如图7-163所示。将图像"素材\第7章\713901.jpg"导入到舞台,并移动到合适的位置,效果如图7-164所示。

02 新建名称"视频动画"的"影片剪辑"的元件,面板设置如图7-165所示。将"素材\第7章\713902.fla"导入到场景中,"导入视频"对话框,如图7-166所示。设置实例名称为"video","属性"面板如图7-167所示。

图7-163　新建文档

图7-164　导入素材

图7-165　"创建新元件"对话框

03 在180帧插入空白关键帧,在第245帧插入帧,新建"图层2"打开外部素材库中的"素材\第7章\713903.fla","库"面板如图7-168所示。将"光球动画"元件拖入场景中,如图7-169所示。

图7-166　"导入视频"对话框

图7-167　"属性"面板

图7-168　"库"面板

04 返回"场景1"编辑状态,新建"图层2",将"视频动画"元件从"库"面板拖入到场景中,场景效果如图7-170所示,拖入完成后场景效果如图7-171所示。

图7-169　导入场景

图7-170　"库"面板

图7-171　拖入场景

05 完成视频播放的制作,将其保存,按快捷键【Ctrl+Enter】进行测试,效果如图7-172所示。

图7-172 最终效果

Q 渐进式下载的优势是什么？

A 渐进式下载方式允许读者使用脚本将外部的FLV格式文件加载到SWF文件中，并且可以在播放时控制给定文件的播放或回放。

Q 嵌入视频的优势是什么？

A 嵌入的视频允许将视频文件嵌入SWF文件，使用这种方法导入视频时，该视频将被直接放置在时间轴上，与导入的其他文件一样，嵌入的视频成了Flash文档的一部分。

实例 140 嵌入视频——网站宣传动画

● **源 文 件** | 源文件\第7章\实例140.fla
● **视 频** | 视频\第7章\实例140.swf
● **知 识 点** | 嵌入视频
● **学习时间** | 5分钟

▌操作步骤 ▌

01 导入相应的素材图像和视频文件，将相应的图像转换为元件，"库"面板如图7-173所示。

02 返回主场景，将背景元件和导入的视频拖到场景中，制作场景效果，如图7-174所示。

03 接着制作主场景中大楼出现的动画效果，如图7-175所示。

04 完成制作后，将制作好的动画保存并进行测试，如图7-176所示。

图7-173 "库"面板   图7-174 场景效果

图7-175 主场景效果   图7-176 测试效果

▌实例总结 ▌

本实例通过将视频导入到动画中，实现动画中视频的应用。通过本例的学习，读者要掌握在场景中导入视频的方法。

ActionScript的应用

　　使用ActionScript可以实现对动画播放的各种控制。通过为影片中的元件添加脚本，可以实现更多丰富多彩的动画效果。本章将围绕ActionScript语言进行实例制作，并介绍使用"动作"面板创建脚本的方法，以及使用"代码片断"为Flash动画添加交互控制的方法。

实 例 141 使用"动作"面板——为动画添加"停止"脚本

ActionScript是Adobe Flash Player和Adobe ARI运行时环境的编程语言，它在Flash、Flex、ARI内容和应用程序中实现交互性、数据处理，以及其他许多功能。

● **源 文 件**｜源文件\第8章\实例141.fla
● **视　　频**｜视频\第8章\实例141.swf
● **知 识 点**｜"动作"面板、传统补间
● **学习时间**｜10分钟

实例分析

本实例通过在"动作"面板中添加脚本来控制动画播放。通过本例的制作，读者要知道如何给动画添加脚本。制作完成后最终效果如图8-1所示。

图8-1 最终效果

知识点链接

"动作"面板的作用是什么？

使用"动作"面板在创作环境内添加ActionScript脚本语言，达到对应用程序添加复杂的交互性、播放控制和数据显示控制的效果。

操作步骤

01 执行"文件>新建"命令，新建一个类型为ActionScript 3.0，大小为200像素×200像素，"帧频"为24fps，"背景颜色"为#0033CC的Flash文档。

02 执行"插入>新建元件"命令，新建名称为"房子"的"图形"元件，执行"文件>导入>导入到舞台"命令，将图像"素材\第8章\814101.png"导入舞台，效果如图8-2所示。

03 新建名称为"动画"的"影片剪辑"元件，将"房子"元件从"库"面板拖入场景中，在第3帧位置插入关键帧，单击"任意变形工具"按钮，调整中心点至元件下方并调整元件大小，调整后效果如图8-3所示。

04 在第1帧位置创建"传统补间动画"，使用相同的方法制作其他帧的内容，"时间轴"面板如图8-4所示。新建"图层2"，在最后一帧插入关键帧，按【F9】键打开"动作"面板，输入"停止"脚本，如图8-5所示。

图8-2 导入素材

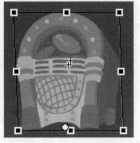

图8-3 场景效果

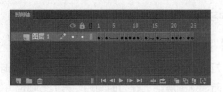

图8-4 "时间轴"面板

提示

输入脚本代码时，可以直接选择"代码片断"，选择需要的脚本双击即可直接插入到动作面板中。

05 输入完成后，"时间轴"面板如图8-6所示。返回"场景1"，将"动画"元件从"库"面板拖入场景中，然后调整到图8-7所示的位置。

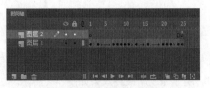

图8-5　输入脚本　　　　　　　　　图8-6　"时间轴"面板　　　　　　　　图8-7　场景效果

06 完成房子动画的制作，保存动画，按快捷键【Ctrl+Enter】测试动画，效果如图8-8所示。

图8-8　测试动画效果

Q 编写脚本时需注意什么？

A 读者编写脚本时，Flash可以检测正在输入的动作，并显示一个代码提示。在代码提示中包含该动作的完整语句或一个下拉菜单，显示可能的属性或方法名称列表，有些代码提示允许读者从出现的列表中选择元素，有些代码则提示出当前输入的代码的正确语法。

Q ActionScript 3.0与面向对象有何关联？

A ActionScript 3.0是一种面向对象的编程语言，也是一种把面向对象的思想应用于软件开发过程，并指导开发活动的系统方法。

实例 142　使用gotoAndStop()——制作跳转动画效果

● **源 文 件**｜源文件\第8章\实例142.fla

● **视　　频**｜视频\第8章\实例142.swf

● **知 识 点**｜"动作"面板、添加脚本

● **学习时间**｜10分钟

操作步骤

01 打开Flash文档，在"库"面板中双击"气球动画"元件，进入场景编辑，文档和"库"面板如图8-9所示。

02 新建"图层4"，在"时间轴"第125帧位置插入空白关键帧，"时间轴"面板如图8-10所示。

03 打开"动作"面板，输入如图8-11所示的跳转脚本，实现动画循环播放的效果。

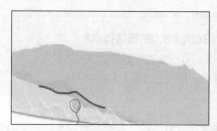

图8-9 打开文档和"库"面板

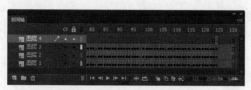

图8-10 "时间轴"面板

图8-11 输入脚本

04 完成动画的制作,测试动画效果,如图8-12所示。

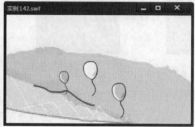

图8-12 测试动画效果

实例总结

使用ActionScript脚本可以轻松实现对动画播放的控制。除了可以控制动画的播放外,还可以实现对动画跳转的控制,大大减少了动画制作的复杂度,提高了工作效率。

实例 143 使用"动作"面板——创建元件超链接

使用"代码片断"面板,可以在不需要掌握ActionScript代码的情况下,将ActionScript编码的强大功能、控制能力,以及灵活性添加到文档中。

- **源 文 件** | 源文件\第8章\实例143.fla
- **视 频** | 视频\第8章\实例143.swf
- **知 识 点** | 转到URL、超链接
- **学习时间** | 10分钟

实例分析

本实例首先制作了一个"按钮"元件,然后转换为"影片剪辑"元件,在"动作"面板中实现超链接功能。制作完成最终效果如图8-13所示。

图8-13 最终效果

知识点链接

ActionScript 3.0的语法构成？

ActionScript 3.0语法按逻辑被分为不同的类别，每一个类别都涉及不同的功能领域。典型的功能领域包括处理变量和变量的运算、改变对象的属性和调用对象的方法、异常处理及流程控制等。

操作步骤

01 新建一个类型为ActionScript 3.0，大小为300像素×200像素，"帧频"为24fps，"背景颜色"为白色的Flash文档。

02 新建名称为"按钮"的"影片剪辑"元件，选择"矩形工具"，打开"颜色"面板，参数设置如图8-14所示。打开"属性"面板，参数设置如图8-15所示。

03 绘制矩形，使用"渐变变形工具"调整渐变角度，调整后效果如图8-16所示。新建图层，选择"文本工具"，设置"属性"面板，参数设置如图8-17所示。

图8-14 "颜色"面板　　图8-15 "属性"面板　　图8-16 绘制矩形　　图8-17 "属性"面板

04 输入文字，调整至图8-18所示的位置。使用相同的方法制作出图8-19所示的图形效果。

05 返回"场景1"，将"按钮"元件从"库"面板拖入场景中，在"属性"面板中设置"实例名称"为"btn"，面板设置如图8-20所示。选中元件，打开"代码片断"面板，选择"单击以转到Web页"脚本，面板如图8-21所示。

图8-18 输入文本　　图8-19 图形效果　　图8-20 "属性"面板　　图8-21 "代码片断"面板

06 用所需的URL地址替换脚本中的地址，"动作"面板如图8-22所示。

07 完成链接动画的制作，保存动画，按快捷键【Ctrl+Enter】测试动画，效果如图8-23所示。

图8-22 "动作"面板　　　　图8-23 测试动画效果

Q 使用"代码片断"面板有什么好处？

A 很多Flash动画制作人员对于脚本的使用规则并不是很熟悉。有了"代码片断"面板的帮助，就可以轻松地完成想要的脚本操作。虽然不能完成复杂的动画效果，但是对于基本的动画控制已经足够了。

Q ActionScript 3.0添加超链接需要注意什么?

A 在ActionScript 3.0中为元件添加超链接的方法与ActionScript 2.0差别很大,需要分别指定鼠标事件和方法。

实例 144 使用"动作"面板——加载外部的影片剪辑

- **源 文 件** | 源文件\第8章\实例144.fla
- **视　　频** | 视频\第8章\实例144.swf
- **知 识 点** | 加载外部影片剪辑
- **学习时间** | 10分钟

操作步骤

01 打开Flash文档,将元件拖入到场景中,效果如图8-24所示。

02 调整元件位置,创建补间动画,"时间轴"面板如图8-25所示。

图8-24　拖入元件

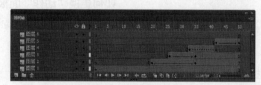

图8-25　"时间轴"面板

03 新建"图层",打开"动作"面板输入脚本语言,如图8-26所示。

04 完成制作,测试动画效果,如图8-27所示。

图8-26　脚本语言

图8-27　测试动画效果

实例总结

本实例使用"动作"面板中的URL网址设置超链接动画并为实例加载外部视频。读者要学会使用"动作"面板来控制实例操作,完成动画制作。

实例 145 使用"动作"面板——控制声音播放

在ActionScript 3.0的FLA文件中,读者可以使用"代码片断"来控制文档中的影片剪辑和图形实例,而不需要编写ActionScript。"代码片断"是预先编写的ActionScript脚本,允许读者向文档添加ActionScript代码,不需要自己创建代码。

● 源 文 件 | 源文件\第8章\实例145.fla

● 视 频 | 视频\第8章\实例145.swf

● 知 识 点 | "代码片断"、控制声音播放

● 学习时间 | 10分钟

实例分析

　　本实例通过为动画添加"代码片断"面板中的"单击以播放/停止声音"脚本，实现单击"按钮"元件播放声音的效果。制作完成后最终效果如图8-28所示。

图8-28　最终效果

知识点链接

如何更换"动作"面板中的声音链接？

　　根据"动作"面板中的注释提示，进行修改替换。需要注意的是，链接的声音文件需与源文件保存在一个文件夹中。

操作步骤

01 新建一个大小为500像素×275像素，其他为默认设置的Flash文档。

02 新建一个名称为"播放按钮"的"按钮"元件，面板设置如图8-29所示，执行"文件>导入>导入到舞台"命令，将"素材\第10章\814501.png"导入场景中，效果如图8-30所示。

03 选中图像，将图像转换成名称为"播放"的"图形"元件，面板设置如图8-31所示。分别在"指针经过"和"按下"位置插入关键帧，"时间轴"面板如图8-32所示。

图8-29　"创建新元件"对话框

图8-30　导入素材2

图8-31　"转换为元件"对话框

04 选中"指针经过"状态下的元件，设置其"属性"面板上的"亮度"值为-20%，"属性"面板如图8-33所示，完成后的元件效果如图8-34所示。

图8-32　"时间轴"面板

图8-33　"属性"面板

图8-34　元件效果

05 按住【Shift】键使用"任意变形工具"将元件等比例缩小，元件效果如图8-35所示。在"点击"位置插入空白关键帧，使用"矩形工具"在场景中绘制一个大小为33像素×33像素的矩形，绘制完成如图8-36所示。采用"播放按钮"元件的制作方法，制作出"停止按钮"元件，完成后的元件效果如图8-37所示。

图8-35 缩小元件

图8-36 绘制矩形

图8-37 停止按钮

06 将"素材\第8章\814503.jpg"导入场景中,效果如图8-38所示。

07 将"源文件\第8章\shengyin01.mp3"导入到库中,在"库"面板中,右键单击"shengyin01.mp3",在弹出的菜单中选择"属性"命令,选择"ActionScript"选项,设置ActionScript链接,如图8-39所示。

08 新建"图层2",将"播放按钮"元件从"库"面板中拖入场景中,效果如图8-40所示。选中元件,打开"属性"面板,设置"实例名称"为"btn1",面板设置如图8-41所示。

图8-38 导入素材

图8-39 设置ActionScript链接

图8-40 场景效果

09 打开"代码片断"面板,选择"音频和视频>单击以播放/停止声音"选项,面板如图8-42所示。替换相应代码,"动作"面板如图8-43所示。

图8-41 "属性"面板

图8-42 "代码片断"面板

图8-43 "动作"面板

10 用相同方法完成停止按钮的制作,"动作"面板如图8-44所示。执行执行"文件>保存"命令,将动画保存,按快捷键【Ctrl+Enter】测试动画,效果如图8-45所示。

图8-44 "动作"面板

图8-45 测试动画效果

Q 向FLA中添加ActionScript时需要注意什么?

A ActionScript 3.0代码是直接写在时间轴上的。参与动画制作的每一个对象都应该是有"实例名称"的"影片剪辑"元件。

Q "代码片断"的用处是什么?

A 使用"代码片断"面板可以非常方便地控制脚本。为了方便读者使用,在添加脚本的同时会为每一条代码提供详细的注释。读者可以根据注释修改代码内容,实现更多更丰富的动画效果。

实例 146 使用"动作"面板——卸载影片剪辑

- **源 文 件** | 源文件\第8章\实例146.fla
- **视 频** | 视频\第8章\实例146.swf
- **知 识 点** | "动作"面板、影片剪辑
- **学习时间** | 10分钟

┃ 操作步骤 ┃

01 新建Flash文档,导入素材图像,制作"影片剪辑"元件,效果如图8-46所示。

图8-46 导入素材并制作元件

02 选择元件,打开"属性"面板,设置"实例名称","属性"面板如图8-47所示。

03 打开"动作"面板,输入脚本语言,"动作"面板如图8-48所示。

图8-47 "属性"面板   图8-48 "动作"面板

04 完成动画的制作,测试动画效果如图8-49所示。

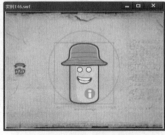
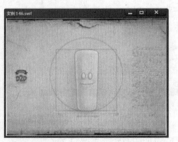

图8-49 测试动画效果

┃ 实例总结 ┃

本实例使用"动作"面板,直接卸载影片剪辑动画。通过本例的学习,读者要掌握在动画中如何使用"动作"面

板加载和卸载影片剪辑。

实例 147 使用"动作"面板——转到某帧停止播放

使用 ActionScript 可以在运行时控制声音和视频播放，关于声音和视频的介绍可以参阅本书第7章的内容。

- **源 文 件** | 源文件\第8章\实例147.fla
- **视　　频** | 视频\第8章\实例147.swf
- **知 识 点** | "动作"面板
- **学习时间** | 10分钟

实例分析

本实例为动画添加"单击以转到帧并停止"动作，这样播放动画时单击对象会停止在所设置的帧。制作完成后最终效果如图8-50所示。

图8-50　最终效果

知识点链接

"单击以转到帧并停止"的作用是什么？

添加"单击以转到帧并停止"动作，可以控制影片剪辑的播放，并根据需要将播放头移到某个特定帧。

操作步骤

01 执行"文件>新建"命令，新建一个类型为ActionScript 3.0，大小为550像素×360像素，"帧频"为12fps，"背景颜色"为白色的Flash文档。

02 单击"矩形工具"按钮，打开"颜色"面板，设置"填充颜色"从＃0066FF到＃6699FF的线性渐变，"颜色"面板如图8-51所示。绘制矩形，使用"渐变变形工具"调整渐变角度，效果如图8-52所示。

03 新建"图层2"，将图像"素材\第8章\814701.png"导入舞台，效果如图8-53所示。新建名称为"人物"的"影片剪辑"元件，将图像"素材\第8章\814702.png"导入舞台，效果如图8-54所示。

图8-51　"颜色"面板

图8-52　绘制矩形

图8-53　导入素材1

图8-54　导入素材2

04 新建名称为"人物动画"的"影片剪辑"元件，将"人物"从"库"面板拖入场景中，在第10帧位置插入关键帧并调整位置，在第1帧创建"传统补间动画"，使用相同的方法完成其他帧动画的制作，"时间轴"面板如图8-55所示。

05 返回"场景1"，新建"图层3"，将"人物动画"从"库"面板拖入场景中，调整"图层3"至"图层2"下方，面板如图8-56所示。选中"影片剪辑"元件，如图8-57所示。

图8-55 "时间轴"面板

图8-56 调整图层

06 打开"属性"面板，设置"实例名称"为"mc"，面板设置如图8-58所示。打开"代码片断"面板，选择"时间轴导航>单击已转到帧并停止"命令，如图8-59所示。

图8-57 选中元件

图8-58 设置实例名称

图8-59 "代码片断"面板

07 此时的"动作"面板如图8-60所示，完成动画制作，执行"文件>保存"命令，保存动画，按快捷键【Ctrl+Enter】测试动画，效果如图8-61所示。

Q ActionScript脚本语言的作用有哪些？

A ActionScript脚本语言允许读者向应用程序添加复杂的交互性、播放控制和数据显示控制。可以使用"动作"面板在创作环境内添加ActionScript。

Q "代码片断"中有几种控制命令？

A "代码片断"面板中嵌入了很多常用的控制命令，如图8-62所示。读者还可以在"代码片断"中自定义代码，方便制作动画使用。

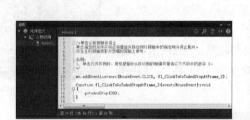

图8-60 "动作"面板

图8-61 测试动画效果

图8-62 "代码片断"面板

实 例 148	使用"动作"面板——制作放大镜动画效果

● **源 文 件** | 源文件\第8章\实例148.fla

● **视 频** | 视频\第8章\实例148.swf

● **知 识 点** | "动作"面板、影片剪辑

● **学习时间** | 10分钟

操作步骤

01 新建Flash文档，制作"背景"元件，效果如图8-63所示。

02 导入素材，制作"放大镜"元件，如图8-64所示。

03 打开"动作"面板，输入如图8-65所示的脚本。

04 完成动画的制作，测试动画效果，如图8-66所示。

图8-63　创建背景

图8-64　放大镜元件

图8-65　"动作"面板

图8-66　最终效果

实例总结

本实例使用"动作"面板，实现放大图像的效果。通过本例的学习，读者要掌握在动画中使用"动作"面板制作精美的动画效果。

实例 149 ## 使用ActionScript 3.0——替换鼠标光标

对于初学者来说，使用ActionScript 3.0进行动画制作是非常困难的，因而Flash提供了一种非常方便的工具来帮助读者在不熟悉编程的前提下使用ActionScript制作动画。

● **源　文　件** ┃ 源文件\第8章\实例149.fla

● **视　　　频** ┃ 视频\第8章\实例149.swf

● **知　识　点** ┃ "代码片断"、自定义鼠标光标

● **学习时间** ┃ 10分钟

实例分析

在本实例使用"代码片断"将鼠标光标定义成钥匙。制作完成后的最终效果如图8-67所示。

图8-67　最终效果

知识点链接

"代码片断"面板的作用是什么?

"代码片断"面板能使非编程人员轻松应用简单的 ActionScript 3.0。借助该面板,读者可以将 ActionScript 3.0代码添加到 FLA 文件,以实现常用功能。

操作步骤

01 执行"文件＞新建"命令,新建一个大小为442像素×326像素,"帧频"为24fps,"背景颜色"为白色的Flash文档。

02 将图像"素材\第8章\814901.png"导入到场景中,效果如图8-68所示。新建名称为"光标"的"影片剪辑"元件,将图像"素材\第8章\814902.png"导入到场景中,效果如图8-69所示。

03 返回"场景1",新建"图层2",将"光标"元件从"库"面板拖入场景中,并调整大小,调整后效果如图8-70所示。选中"光标"元件,打开"属性"面板,为元件指定"实例名称",面板设置如图8-71所示。

图8-68　导入素材1

04 执行"窗口＞代码片断"命令,打开"代码片断"面板,选择"动作＞自定义鼠标光标"选项,如图8-72所示。

图8-69　导入素材2

图8-70　调整后效果

图8-71　"属性"面板

05 此时的"动作"面板如图8-73所示,"时间轴"面板如图8-74所示。

图8-72　"代码片断"对话框

图8-73　"动作"面板

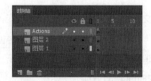

图8-74　"时间轴"面板

提示

"代码片断"面板只在新建了 ActionScript 3.0 文件的前提下才能使用。如果新建的是 ActionScript 2.0,将不能使用"代码片断"。

06 完成替换鼠标光标动画的制作,保存动画,按快捷键【Ctrl+Enter】测试动画,效果如图8-75所示。

Q 输入脚本的方法有哪些?

A 输入脚本的方法有两种:一种是在时间轴的关键帧中写入代码;另一种是在外面写成单独的 ActionScript 3.0 类文件,再与 Flash 库元件进行绑定,或者直接与 FLA 文件绑定。

Q 使用ActionScript 3.0的小技巧有哪些?

A 使用 ActionScript 3.0 可以将一个普通的影片剪辑转换为"按钮"元件,具有鼠标反应,这样可以减少元件的数量,使动画的制作更方便。

图8-75　测试动画效果

实 例 150	"代码片断"——隐藏对象

- **源 文 件**｜源文件\第8章\实例150.fla
- **视　　频**｜视频\第8章\实例150.swf
- **知 识 点**｜"代码片断"、单击以隐藏对象
- **学 习 时 间**｜10分钟

▌操作步骤▐

01 将背景图像导入到场景中，新建"影片剪辑"元件，导入素材图，制作动画，效果如图8-76所示。

图8-76　导入素材

02 新建图层，拖入元件，调整位置，场景效果和"代码片断"面板如图8-77所示。

图8-77　场景效果和"代码片断"面板

03 双击"单击以隐藏对象"，添加动作代码，"动作"面板和"时间轴"面板如图8-78所示。

图8-78　"动作"面板和"时间轴"面板

04 完成动画的制作，测试动画效果，如图8-79所示。

图8-79　测试动画效果

▌实例总结 ▌

　　本实例使用"代码片断"制作了点击隐藏对象的效果。通过本实例的学习，读者要知道如何使用"代码片断"为对象添加动作。

实例	
151	**"代码片断"——键盘控制动画**

　　在ActionScript 3.0的"动画"文件夹中可以使用方向键控制元件水平移动、垂直移动和不断旋转等。

● **源 文 件**｜源文件\第8章\实例151.fla
● **视　　频**｜视频\第8章\实例151.swf
● **知 识 点**｜"代码片断"、键盘箭头控制
● **学习时间**｜15分钟

▌实例分析 ▌

　　本实例为动画添加"用键盘箭头移动"的代码片断，来用键盘控制动画的路径。制作完成最终效果如图8-80所示。

图8-80　最终效果

▌知识点链接 ▌

点语法的作用是什么？

　　在ActionScript中，点（ . ）被用来表明与某个对象的属性和方法相关联，也用于标识变量的目标路径。点语法表达式由对象名开始，接着是一个点，紧跟的是要指定的属性、方法或者变量。

▌操作步骤 ▌

01 执行"文件＞新建"命令，新建一个大小为640像素×480像素，"帧频"为24fps，"背景颜色"为白色的Flash文档。
02 将"素材\第8章\815101.jpg"导入到场景中，效果如图8-81所示。新建名称为"身体"的"图形"元件，选择"线条工具"，在"属性"面板中设置"笔触"颜色为#666666，面板设置如图8-82所示。

03 绘制图形，使用"选择工具"调整图形并使用"颜料桶工具"填充"颜色"为#F9F979，填充完成效果如图8-83所示。用相同的方法绘制图8-84所示的图形。

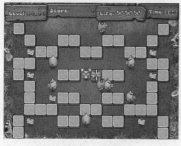
图8-81 导入图像

图8-82 "属性"面板

图8-83 绘制图形并填充颜色

图8-84 绘制图形1

04 分别新建元件，绘制图8-85所示的图形。

图8-85 绘制图形2

05 新建名称为"动画"的"影片剪辑"元件，分别拖入元件，组合图形，组合后效果如图8-86所示。在第3帧位置插入关键帧，调整脚的角度，调整后效果如图8-87所示。

> **提示**
>
> 在绘制多个元件时要注意元件的中心点的位置需要一致，才能保证动画的一致性。

06 在第5帧位置插入关键帧，调整元件角度，调整后如图8-88所示。分别在第7帧和第10帧位置插入关键帧，调整元件角度，此时的"时间轴"面板如图8-89所示。

图8-86 组合图形

图8-87 调整元件角度

图8-88 调整元件角度

07 返回"场景1"，新建"图层2"，拖出"动画"元件，场景效果如图8-90所示。选中元件，打开"属性"面板，为元件指定"实例名称"，面板设置如图8-91所示。

图8-89 "时间轴"面板

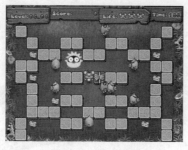
图8-90 场景效果

图8-91 "属性"面板

图8-92 "代码片断"面板

08 执行"窗口>代码片断"命令，打开"代码片断"面板，选择"动画>用键盘箭头移动"选项，如图8-92所示。此时的"动作"面板如图8-93所示。

图8-93 "动作"面板

09 完成键盘控制动画制作，保存动画，按快捷键【Ctrl+Enter】测试动画，效果如图8-94所示。

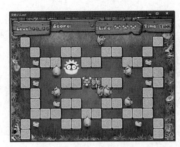 

图8-94 测试动画效果

Q 在"代码片断"面板中，"动画"文件夹下包含了哪几个"代码片断"？

A "动画"文件夹下共包含了9个"代码片断"，分别是用"键盘箭头移动""水平移动""垂直移动""旋转一次""不断旋转""水平动画移动""垂直动画移动""淡入影片剪辑"和"淡出影片剪辑"。

Q ActionScript 3.0流程控制语句的作用是什么？

A ActionScript的流程控制语句非常重要，也非常强大。它是一种结构化的程序语言，提供了3种控制流程来控制程序，分别是顺序、条件分支和循环语句。ActionScript 程序遵循"顺序流程，运行环境"执行程序语句，从第一行开始，然后按顺序执行，直至到达最后一行语句，或者根据指令跳转到其他地方，继续执行命令。

实例 152 "代码片断"——单击以定位对象

● 源 文 件 | 源文件\第8章\实例152.fla
● 视 频 | 视频\第8章\实例152.swf
● 知 识 点 | "代码片断"、单击以定位对象
● 学习时间 | 10分钟

操作步骤

01 将背景图像素材导入到场景，新建元件并导入素材，效果如图8-95所示。

图8-95 导入素材

02 新建"影片剪辑"元件，制作动画，动画元件和"时间轴"面板如图8-96所示。

03 返回场景，新建图层，拖入动画，为元件添加"代码片断"，如图8-97所示。

图8-96　元件效果和"时间轴"面板　　　　　　　　　　　图8-97　添加代码

04 完成动画的制作，测试动画效果，如图8-98所示。

图8-98　测试动画效果

实例总结

　　本实例使用"代码片断"来实现单击以定位对象的功能效果。通过本例的学习，读者可以了解更多"代码片断"的用途。

实例
153 水平动画移动——足球动画

　　Flash动画通常是依靠时间轴制作。在"代码片断"面板中包含了时间轴导航代码，使用这些代码，可以轻松实现时间轴导航动画。

- **源 文 件** | 源文件\第8章\实例153.fla
- **视　　频** | 视频\第8章\实例153.swf
- **知 识 点** | 水平动画移动、逐帧动画
- **学习时间** | 10分钟

实例分析

　　本实例使用"代码片断"为元件添加"水平移动"功能，制作足球动画效果。制作完成后最终效果如图8-99所示。

图8-99　最终效果

┨ 知识点链接 ┠

什么是核心语言功能?

核心语言是定义编程语言的基本构造块,如语句、表达式、条件、循环和类型等。ActionScript 3.0包含许多加快开发过程的功能。

┨ 操作步骤 ┠

01 执行"文件>新建"命令,新建一个大小为550像素×400像素,"帧频"为8fps,"背景颜色"为白色的Flash文档。

02 执行"文件>导入>导入到舞台"命令,将图像"素材\第8章\815301.jpg"导入到场景中,效果如图8-100所示。新建名称为"球"的"图形"元件,将"素材\第8章\815302.png"导入到场景中,效果如图8-101所示。

03 新建名称为"球动画"的"影片剪辑"元件,将"球"元件从"库"面板拖入场景中,在第2帧和3帧位置分别插入关键帧,上移第2帧元件的位置,制作动画效果。此时"时间轴"面板如图8-102所示。

04 此时返回"场景1",新建"图层2",将"球动画"元件从"库"面板拖入场景中,效果如图8-103所示。

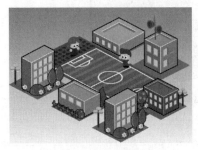

图8-100　导入图像1

图8-101　导入图像2

图8-102　"时间轴"面板

05 选中"图层2"上的元件,打开"属性"面板,为元件设置"实例名称",如图8-104所示。执行"窗口>代码片断"命令,弹出"代码片断"面板,如图8-105所示。

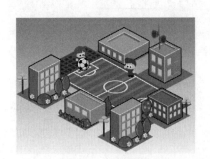

图8-103　场景效果

图8-104　设置实例名称

图8-105　"代码片断"面板

06 在"动画"文件夹中双击"水平动画移动",其脚本语言将自动添加至"动作"面板中,如图8-106所示。

提示

ActionScript 3.0 脚本代码是一种面向对象的编程语言,使用 ActionScript 3.0 可以创建丰富交互效果。它由核心语言和 Flash Player API 两部分组成,其中核心语言是定义编程语言的基本构建块。

图8-106　输入脚本

07 完成足球动画制作,保存动画,按快捷键【Ctrl+Enter】测试动画,效果如图8-107所示。

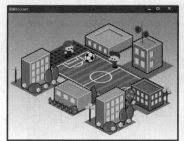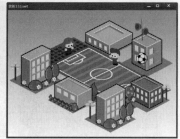

图8-107 测试动画效果

Q 代码提示的作用是什么？

A 当读者在ActionScript编辑区域输入一个关键字，程序编辑器会自动识别关键字及上下文环境，并自动弹出适用的属性和方法，甚至可以是属性和方法的参数列表，以供选择。此功能是针对"动作"面板标准模式而言的，对于脚本助手模式无效。

实例 154 "淡出影片剪辑"——影片淡出效果

● **源文件** | 源文件\第8章\实例154.fla

● **视 频** | 视频\第8章\实例154.swf

● **知识点** | 按钮动画、逐帧动画

● **学习时间** | 10分钟

操作步骤

01 打开素材FLA文档，素材和"时间轴"面板如图8-108所示。

02 选中"图层2"中的"影片剪辑"元件，设置实例名称，如图8-109所示。

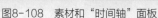

图8-108 素材和"时间轴"面板　　　　　　　　图8-109 选择元件和"属性"面板

03 打开"代码片断"面板，双击"淡出影片剪辑"，添加脚本语言，"代码片断"和"动作"面板如图8-110所示。

图8-110 "代码片断"和"动作"面板

04 完成制作，测试动画效果，如图8-111所示。

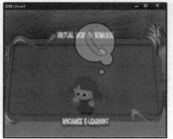

图8-111　测试动画效果

实例总结

本实例通过添加"代码片断"实现动画淡出的效果。通过本例的学习，读者可熟练掌握更多"代码片断"的作用。

实例 155　"加载和卸载"对象——加载库中图片

通过使用"加载和卸载"对象功能，可以轻松将外部图像、实例、SWF文件或文本内容加载到正在播放的Flash动画中，还可以使用"卸载"命令将其卸载。

- **源 文 件** | 源文件\第8章\实例155.fla
- **视　　频** | 视频\第8章\实例155.swf
- **知 识 点** | "代码片断"、逐帧动画
- **学习时间** | 10分钟

实例分析

本实例使用"代码片断"面板中"加载和卸载"对象文件夹下的"单击以加载库中的图像"选项，制作实例效果。制作完成最终效果如图8-112所示。

图8-112　最终效果

知识点链接

为脚本中的变量命名时要注意什么？

命名规则不仅仅是为了让编写的代码符合语法，更重要的是增强自己代码的可读性。规范命名关系着整体的工作交流和效率。首先要使用英文单词命名变量，其次变量名越短越好，另外还要尽量避免变量名中出现数字编号。

操作步骤

01 执行"文件＞新建"命令，新建一个大小为550像素×400像素，"帧频"为24fps，"背景颜色"为白色的Flash文档。

02 将图像"素材\第8章\815501.jpg"导入到场景中，效果如图8-113所示。新建名称为"人物"的"图形"元件，选择"线条工具"，绘制图形，配合"选择工具"进行调整，调整后效果如图8-114所示。

03 选择"椭圆工具"，设置"笔触"为无，"填充颜色"为#F4D4C9，绘制圆形，效果如图8-115所示。新建图层，用相同的方法绘制其他图形，效果如图8-116所示。

图8-113 导入素材

图8-114 绘制并调整图形

图8-115 绘制图形1

图8-116 绘制图形2

04 新建名称为"想像1"的"图形"元件,将"人物"元件从"库"面板拖入场景中,新建"图层2",选择"线条工具",使用以上相同的方法绘制图形,绘制完成效果如图8-117所示。新建"图层3",用相同的方法绘制图形,效果如图8-118所示。

05 新建名称为"想像2"的"图形"元件,用相同的方法制作图形,效果如图8-119所示。再新建名称为"动画"的"影片剪辑"元件,将"人物"从"库"面板拖入场景中,然后在第10帧位置插入帧。

图8-117 绘制图形3

图8-118 绘制图形4

图8-119 绘制图形5

06 新建"图层2",在第10帧位置插入关键帧,将"想像1"元件从"库"面板拖入场景中,再在第20帧位置插入帧。新建"图层3",在第20帧位置插入关键帧,将"想像2"元件从"库"面板拖入场景中,在第30帧位置插入帧,"时间轴"面板如图8-120所示。

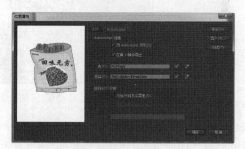
图8-120 "时间轴"面板

07 返回"场景1",新建"图层2",将"动画"元件从"库"面板拖入场景中,如图8-121所示。执行"文件>导入>导入到库"命令,将图像"素材\第8章\815502.jpg"导入到"库"中,双击图像,弹出"位图属性"对话框,参数设置如图8-122所示。

图8-121 拖入元件

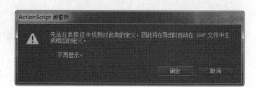
图8-122 "位图属性"对话框

> **提示**
>
> 在"位图属性"对话框中要勾选"为ActionScript导出"以后才能设置类名称,输入的类名称为"MyImage",使图像与后面的脚本链接。

08 设置完成后单击"确定"按钮,弹出提示对话框,如图8-123所示。再次单击"确定"按钮,"库"面板如图8-124所示。

09 选择"图层2"上的元件,打开"属性"面板,设置"实例名称"为"加载",面板设置如图8-125所示。执行"窗口>代码片断"命令,打开"代码片断"面板,在"加载和卸载"对象文件夹中选择"单击以加

图8-123 "ActionScript类警告"对话框

载库中图像"选项,"代码片断"如图8-126所示。

图8-124 "库"面板

图8-125 "属性"面板

10 将脚本语言添加至"动作"面板,如图8-127所示。

图8-126 "代码片断"面板

图8-127 "动作"面板

11 完成加载动画的制作,保存动画,按快捷键【Ctrl+Enter】测试动画,效果如图8-128所示。

图8-128 测试动画效果

Q 核心类和函数有什么作用?

A ActionScript 3.0的顶级包所存放的类和函数是日常编程的基础,都是读者日常编程中经常要打交道的。顶级包中不仅包含了异常的共同父类Error,还包括了常见的10种异常子类。

Q 如何使用类文件?

A 在ActionScript 3.0中,想要使用任何一个类文件,必须先导入这个类文件所在的包。导入包是为了让编译器通过import语句准确指到读者要的类,而不需要使用完整路径,直接使用类名即可。

实例 156 **使用"Key Pressed事件"——制作课件**

● 源 文 件 | 源文件\第8章\实例156.fla

● 视　　频 | 视频\第8章\实例156.swf

● **知 识 点** 在此帧处停止、Key Pressed事件

● **学习时间** 10分钟

操作步骤

01 打开一个FLA文件文档，文档和"时间轴"面板如图8-129所示。

02 打开"代码片断"，在"时间轴导航"文件夹中双击"在此帧处停止"，"代码片断"和"动作"面板如图8-130所示。

图8-129 文档和"时间轴"面板

图8-130 "代码片断"面板和"动作"面板1

03 在"事件处理函数"文件夹中双击"Key Pressed事件"，选中"输出代码"并删除，输入自定义代码，如图8-131所示。

图8-131 "代码片断"面板和"动作"面板2

04 完成动画的制作，测试动画效果，如图8-132所示。

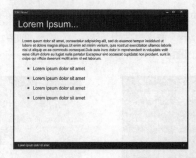

图8-132 测试动画效果

实例总结

本实例通过添加"代码片断"制作课件的效果。通过本例的学习，读者要掌握更多添加"代码片断"的用途。

**实例
157** 使用ActionScript 3.0——控制元件坐标

通过设置元件"实例名称"和新建ActionScript文件实现脚本的调用，完成动画效果的制作。

- **源 文 件** | 源文件\第8章\实例157.fla
- **视　　频** | 视频\第8章\实例157.swf
- **知 识 点** | "传统补间动画"、添加运动引导层、脚本链接
- **学习时间** | 10分钟

实例分析

　　本实例首先设置元件"实例名称"，然后再通过新建ActionScript文件脚本调用函数，最后实现动画效果。制作完成后最终效果如图8-133所示。

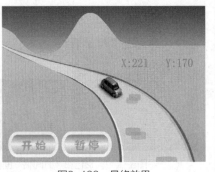

图8-133　最终效果

知识点链接

什么是构造函数?

　　读者在使用一个对象前，往往需要初始化这个新生的对象状态。一个类中只要含有构造函数，那么编译器就会负责这个对象，再调用这个函数，完成读者指定的初始化动作。

操作步骤

01 执行"文件>新建"命令，新建一个大小为550像素×400像素，"帧频"为12fps，"背景颜色"为白色的Flash文档。

02 将"素材\第8章\815701.png"导入到场景中，在第80帧位置插入帧，效果如图8-134所示，新建"图层2"，将"素材\第8章\815702.png"导入到场景中，按【F8】键，将其转换为名称为"汽车"的"影片剪辑"元件，效果如图8-135所示。

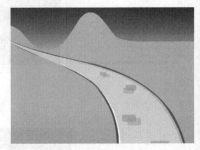

图8-134　导入素材

03 在"属性"面板中设置实例名称为"mc"，如图8-136所示。在"图层2"上单击鼠标右键，在弹出的快捷菜单中选择"添加传统运动引导层"命令，使用"线条工具"绘制线条，配合"选择工具"进行调整，调整后效果如图8-137所示。

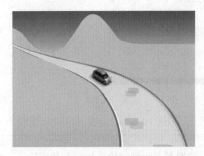

图8-135　场景效果

图8-136　"属性"面板

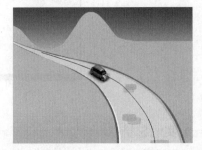

图8-137　添加引导线

04 选择"图层2"上的第1帧元件，将元件的中心点与线条对齐，效果如图8-138所示。在第40帧位置插入关键帧，移动元件至图8-139所示位置并对齐中心点。

05 在第80帧位置插入关键帧，移动元件并对齐中心点，在第1帧和第40帧位置创建"传统补间动画"，此时的"时间轴"面板如图8-140所示。

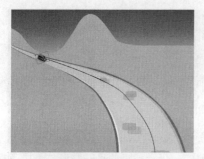

图8-138 对齐中心点

图8-139 移动元件并对齐中心点

图8-140 "时间轴"面板

06 新建名称为"开始"的"按钮"元件，使用"文本工具"和"矩形工具"制作出"开始"元件，效果如图8-141所示。使用相同的方法制作出"暂停"元件，效果如图8-142所示。

图8-141 "开始"元件

图8-142 "暂停"元件

> **提示**
>
> 制作"按钮"元件时，首先使用"矩形工具"，在"属性"面板中设置各项参数，然后绘制矩形，再新建图层，使用"文本工具"输入文字，插入关键帧，制作按钮。

07 返回"场景1"，新建"图层4"，将"开始"元件从"库"面板拖入场景中，场景效果如图8-143所示。在"属性"面板中输入实例名称为"btn1"，面板设置如图8-144所示。

08 新建"图层5"，将"暂停"元件从"库"面板拖入场景中，场景效果如图8-145所示。设置实例名称为"btn2"，面板设置如图8-146所示。

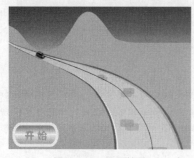

图8-143 场景效果

图8-144 "属性"面板

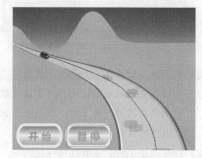

图8-145 场景效果

09 新建"图层6"，选择"文本工具"，在"属性"面板上设置文本属性，在场景中单击鼠标，拖曳出文本框，如图8-147所示，并设置文本框实例名称为"t_txt"，如图8-148所示。

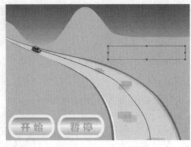

图8-146 "属性"面板　　　　图8-147 绘制文本框　　　　图8-148 "属性"面板

10 在"属性"面板的"类"文本框中输入"MainTimeLine",如图8-149所示。执行"文件>新建"命令,弹出"新建文档"对话框,选择"ActionScript文件",如图8-150所示。

11 在场景中输入图8-151所示的脚本语言,将其保存为"MainTimeLine.as",位置与"实例157.fla"目录相同,如图8-152所示。

图8-149 "属性"面板　　　　图8-150 "新建文档"对话框　　　　图8-151 脚本语言

> **提示**
>
> 由于"MainTimeLine.as"文件脚本过长,在插图中没有完整显示出来,有关该文件的详细脚本可以参看相应的源文件。

12 完成控制元件坐标动画的制作,保存动画,按快捷键【Ctrl+Enter】测试动画,效果如图8-153所示。

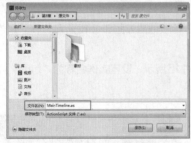
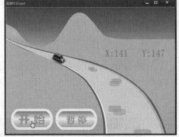
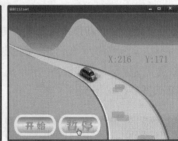

图8-152 保存位置　　　　　　　　图8-153 测试动画效果

Q 如何声明编译器构造函数在哪里?

A 编译器必须明确知道哪一个方法是构造方法,而且构造方法的名字不应与其他类成员的名字重复,所以将构造函数的名字命名为与类名称一致是一个很好的方法。构造函数要以大写字母开头,而类成员都不会以大写字母开头,所以就没有了重名的冲突。

Q 使用构造函数时需要注意什么?

A 如果一个类没有默认构造函数(指的是该类提供了构造函数,但没有提供自己的默认构造函数),则在编译器需要隐式使用默认构造函数的环境中,该类就不能使用。所以,如果一个类定义了其他构造函数,则通常也应该提供一个默认构造函数。

实例 158 使用ActionScript 3.0——实现鼠标跟随

- **源 文 件** 源文件\第8章\实例158.fla
- **视　　频** 视频\第8章\实例158.swf
- **知 识 点** 输入脚本、设置链接
- **学习时间** 10分钟

操作步骤

01 新建文件，导入图像素材。新建一个"影片剪辑"元件，制作不同颜色的星星效果，效果如图8-154所示。

02 在"影片剪辑"元件的"元件属性"面板中设置链接，设置和效果如图8-155所示。

图8-154　导入素材并制作星星　　　　　　　图8-155　设置链接和效果

03 在场景中新建图层，输入如图8-156所示的脚本，实现元件复制效果和"影片剪辑"跟随鼠标移动的效果。

图8-156　输入脚本

04 完成动画制作，测试动画效果，如图8-157所示。

图8-157　测试动画效果

实例总结

本实例主要使用ActionScript 3.0中常用的脚本参数来实现鼠标跟随动画效果。通过本例的学习，读者要掌握这些常用的表现方法，并能够充分地理解与运用。

实例 159 使用ActionScript 3.0——飘雪动画

使用脚本创建动画固然很好，但是在以特效为主的Flash动画中，脚本与动画的配合才是更重要的。通过为元件命名"类"和在"动作"面板中输入脚本，可以控制需要实现的动画效果。

- ● **源 文 件** | 源文件\第8章\实例159.fla
- ● **视   频** | 视频\第8章\实例159.swf
- ● **知 识 点** | 传统补间、添加传统运动引导层、设置链接、输入脚本
- ● **学习时间** | 10分钟

▌ 实例分析 ▐

本实例通过外部元素将元件拖入到"库"面板中，然后为"库"面板中的元件命名"类"，再创建脚本调用类元件，实现雪花飞舞的效果。制作完成后最终效果如图8-158所示。

图8-158　最终效果

▌ 知识点链接 ▐

面向过程与面向对象编程有何不同？

面向过程编辑方法是将程序看成一个个步骤，而面向对象编程方法是将程序看成一个个具有不同功能的部件在协同工作，类就是描述这些部件的数据结构和行为方式，而对象就是这些具体的部件。

▌ 操作步骤 ▐

01 新建一个大小为550像素×400像素，"帧频"为18fps，"背景颜色"为白色的Flash文档。

02 将"素材\第8章\815901.png"导入到场景中，效果如图8-159所示。新建名称为"雪花"的"图形"元件，单击"椭圆工具"按钮，打开"颜色"面板，设置"笔触"为无，"颜色"为从白色到透明的径向渐变，面板设置如图8-160所示。

图8-159　导入素材

图8-160　"颜色"面板

03 绘制如图8-161所示图形。新建名称为"雪花动画"的"影片剪辑"元件，将"雪花"元件从"库"面板拖入场景中，然后在第50帧位置插入关键帧。

04 在"图层1"名称上单击鼠标右键，在弹出的菜单中选择"添加传统运动引导层"命令，选择"钢笔工具"绘制线条并进行调整，调整后效果如图8-162所示。

05 选择"图层1"上的元件，将元件的中心点调整到引导线开始位置，效果如图8-163所示。将第50帧上的元件的中心

点调整到引导线结束位置，效果如图8-164所示。

图8-161 绘制图形　　图8-162 绘制引导线　　图8-163 对齐中心点1　　图8-164 对齐中心点2

06 返回"场景1"，在"库"面板中"飘雪动画"元件上单击鼠标右键，在弹出的菜单中选择"属性"命令，在"元件属性"对话框中展开"高级"选项，参数设置如图8-165所示。设置完成后的"库"面板如图8-166所示。

07 新建"图层2"，按【F9】键打开"动作"面板，输入脚本，如图8-167所示。完成动画的制作，保存动画，按快捷键【Ctrl+Enter】测试动画，效果如图8-168所示。

图8-165 设置"高级"选项

图8-166 "库"面板　　　图8-167 输入脚本　　　图8-168 测试动画效果

提示

此脚本的含义是通过循环语句创建出200个雪花元件效果，并且控制元件的范围、透明度和大小。

Q 如何将类一次性全部导入？

A 可以使用通用符"*"一次性导入"flash.text."包中所有的类：import flash.text.*；不建议一次性导入所有类。而是使用import语句依次导入，以便对类的调用一目了然。

实例 160 使用ActionScript 3.0——时钟动画

● **源 文 件** | 源文件\第8章\实例160.fla
● **视　频** | 视频\第8章\实例160.swf
● **知 识 点** | 输入脚本、设置链接
● **学习时间** | 10分钟

操作步骤

01 新建Flash文档，将图像素材导入到场景中，效果如图8-169所示。
02 新建"图形"元件，使用"线条工具"和"椭圆工具"绘制指针，制作动态文本，效果如图8-170所示。
03 设置动态文本的实例名称，输入脚本，实现系统时间的调用，"属性"面板和脚本如图8-171所示。
04 返回场景，新建图层，拖出动画，完成制作，测试动画效果，如图8-172所示。

图8-169　导入素材

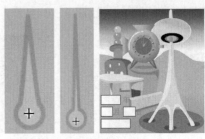

图8-170　绘制图形并制作文本

图8-171　设置实例名称和输入脚本

图8-172　测试动画效果

实例总结

　　本实例通过将脚本与传统Flash动画结合制作出时钟效果。通过本例的学习，读者要了解元件通过绑定的方式与脚本结合在一起实现效果的方法，并能够运用到实际操作中。

第 **09** 章

商业综合实例

　　本章将综合使用Flash的功能制作各种商业案例动画。通过学习本章内容，读者要充分理解Flash动画制作的原理，并应用到实际的动画项目中，进一步提高自己的动画制作水平。

实例 161 综合动画——美丽呈现

将所有动画综合起来使用，可以制作出充满创意和灵动的动画效果。读者要学会结合不同的动画类型来制作Flash动画。

- **源 文 件** | 源文件\第9章\实例161.fla
- **视　 频** | 视频\第9章\实例161.swf
- **知 识 点** | "传统补间动画"、逐帧动画、"添加传统运动引导层"
- **学习时间** | 20分钟

实例分析

　　本实例使用传统补间、逐帧动画、传统运动引导层和不透明度等工具来完成动画效果。制作完成后最终效果如图9-1所示。

图9-1　最终效果

知识点链接

不同动画类型在时间轴中的显示

　　不同的帧代表不同的动画。通常无内容的帧是以空单元格显示的，有内容的帧是以一定颜色显示的，如补间动画的帧显示为淡蓝色，形状补间动画的帧显示为淡绿色，并且关键帧后面的帧会继续显示关键帧的内容。

操作步骤

01 执行"文件>新建"命令，新建一个大小为460像素×450像素，"帧频"为24fps，"背景颜色"为白色的Flash文档。

02 新建名称为"树动画"的"影片剪辑"元件，执行"文件>导入>导入到舞台"命令，导入"素材\第9章\z916101.png"图片，弹出提示对话框，如图9-2所示，单击"是"按钮，将序列图像导入舞台，效果如图9-3所示。

图9-2　提示对话框

图9-3　导入图像

03 新建"图层2"，在第15帧位置插入关键帧，按【F9】键打开"动作"面板，输入"stop();"脚本语言，如图9-4所示。此时"时间轴"面板如图9-5所示。

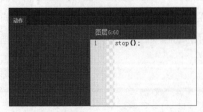

图9-4　输入脚本

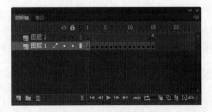

图9-5　"时间轴"面板

04 分别新建名称为"蜻蜓1"和"蜻蜓2"的"图形"元件，分别将图像"素材\第9章\916101.png"和"素材\第9章\

916102.png"导入相应的舞台中，效果如图9-6所示。

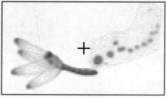

图9-6 导入素材

05 新建名称为"蜻蜓动画"的"影片剪辑"元件，将"蜻蜓1"元件从"库"面板拖入场景中，在第30帧位置插入关键帧，在"图层1"名称上单击鼠标右键，在弹出的菜单中选择"添加传统运动引导层"命令。

06 选择"线条工具"按钮，在场景中绘制线条，配合"选择工具"进行调整，调整后效果如图9-7所示。将第1帧和第30帧元件的中心点对齐至引导线上，效果如图9-8所示。

07 在第1帧位置创建"传统补间动画"，然后在"属性"面板上设置第1帧元件的"不透明度"为0%，面板设置如图9-9所示。设置完成后场景效果如图9-10所示。

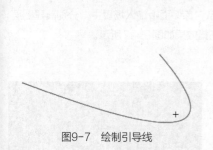

图9-7 绘制引导线

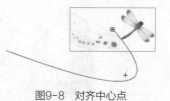

图9-8 对齐中心点

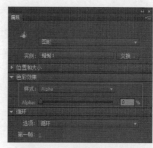

图9-9 "属性"面板

08 新建"图层3"，将"蜻蜓2"元件从"库"面板拖入场景中，使用相同的方法制作动画，效果如图9-11所示。新建"图层5"，在第30帧位置插入关键帧，在"动作"面板中输入"stop();"脚本，"时间轴"面板如图9-12所示。

图9-10 场景效果

图9-11 制作动画

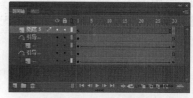

图9-12 "时间轴"面板

> **提示**
>
> 因为这两个动画放在一个元件中，所以这里要根据舞台中各元件的位置来调整好两个动画之间的距离。

09 新建名称为"圈2"的"图形"元件，将图像"素材\第9章\916107.png"导入舞台中，效果如图9-13所示。

10 新建名称为"旋转圈2"的"影片剪辑"元件，在第10帧位置插入关键帧，将"圈2"元件从"库"面板拖入场景中，分别在第15帧、第20帧、第25帧和第40帧位置插入关键帧，使用"任意变形工具"旋转元件，并分别创建"传统补间动画"，旋转后效果如图9-14所示。

11 新建"图层2"，在第10帧位置插入关键帧，将图像"素材\第9章\916105.png"导入舞台，效果如图9-15所示。新建"图层3"，在第30帧位置插入关键帧，将图像"素材\第9章\916106.png"导入舞台中，效果如图9-16所示。

12 在第40帧位置插入关键帧，在第30帧位置创建"传统补间动画"，并在"属性"面板中设置"不透明度"为30%，设置完成后效果如图9-17所示。新建"图层4"，在第40帧位置插入关键帧，在"动作"面板中输入"stop();"脚本，"时间轴"面板如图9-18所示。

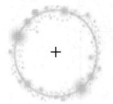

图9-13 导入素材

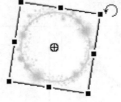

图9-14 旋转元件

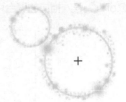

图9-15 导入素材1

图9-16 导入素材2

图9-17 设置"不透明度"

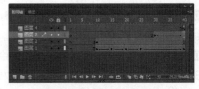

图9-18 "时间轴"面板

13 新建名称为"圈1"的"图形"元件，将图像"素材\第9章\916103.png"导入舞台中，效果如图9-19所示。新建名称为"旋转圈1"的"影片剪辑"元件，使用相同的方法制作动画，制作完成后效果如图9-20所示。

14 此时的"时间轴"面板如图9-21所示。返回"场景1"，将"树动画"元件从"库"面板拖入场景中，分别新建图层，将"蜻蜓动画""旋转圈1""旋转圈2"元件从"库"面板拖入相应的图层中，场景效果如图9-22所示。

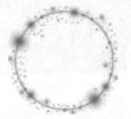

图9-19 导入素材

图9-20 制作动画

图9-21 "时间轴"面板

15 新建名称为"阳光"的"图形"元件，将图像"素材\第9章\916108.png"导入舞台中，效果如图9-23所示。

16 新建名称为"阳光动画"的"影片剪辑"元件，在第45帧位置插入关键帧，在第55帧、第65帧位置插入关键帧，设置第45帧的元件"不透明度"为30%，面板设置如图9-24所示。

图9-22 场景效果

图9-23 导入素材

图9-24 "属性"面板

17 设置第65帧位置上的元件"不透明度"为30%，"色调"为#FFA718，"属性"面板如图9-25所示。在第75帧位置插入关键帧，设置帧上的元件"不透明度"为100%，设置完成后效果如图9-26所示。

18 新建"图层2"，在第75帧位置插入关键帧，在"动作"面板中输入"stop();"脚本语言，"时间轴"面板如图9-27所示。

19 返回"场景1"，新建"图层5"，将"阳光动画"从"库"面板拖入场景中，场景效果如图9-28所示。完成美丽呈现动画的制作，保存动画，按快捷键【Ctrl+Enter】测试动画，效果如图9-29所示。

图9-25 "属性"面板

图9-26 调整色调

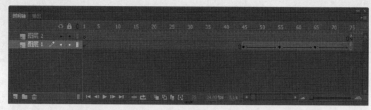

图9-27 "时间轴"面板

图9-28 场景效果

图9-29 测试动画效果

提示

运动引导层中的对象在动画实际播放时始终是不可见的。在实际工作中为了更方便地控制动画效果，常常将需要的动画效果制作成"影片剪辑"元件，也可多次使用。

Q 舞台上的对象较多时怎么办？

A 当舞台上的对象较多时，可以用轮廓显示方式来查看对象。使用轮廓显示方式可以帮助读者更改图层中的所有对象。如果在编辑或测试动画时使用这种方法显示，还可以加速动画的显示。

实例 162 综合动画——欢度六一

● **源 文 件** | 源文件\第9章\实例162.fla
● **视　　频** | 视频\第9章\实例162.swf
● **知 识 点** | 按钮动画、淡出淡入
● **学习时间** | 15分钟

┃ 操作步骤 ┃

01 新建Flash文档，导入背景图像，分别新建"图形"元件，并导入素材，效果如图9-30所示。

02 新建"影片剪辑"元件，制作"人物动画"，此时"时间轴"面板如图9-31所示。

03 分别新建"图形"元件，使用"文本工具"输入文字，然后导入素材，制作文字动画和按钮，效果如图9-32所示。

图9-30　导入素材

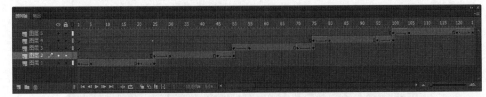

图9-31　"时间轴"面板

图9-32　制作动画

04 返回"场景1"再拖出动画，完成制作后，测试动画效果，设置后场景效果和测试效果如图9-33所示。

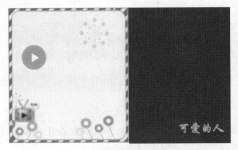

图9-33　场景和测试动画效果

实例总结

本实例综合使用了图形元件、影片剪辑和文本等多种对象来制作动画效果，并通过为"按钮"元件添加控制脚本来实现对动画播放的控制。

实例 163　综合动画——制作可爱小孩

在Flash动画制作中，场景和角色是组成动画的基本部分。另外，一些辅助性的场景也是每个动画的组成部分。

- **源 文 件** | 源文件\第9章\实例163.fla
- **视　　频** | 视频\第9章\实例163.swf

● **知 识 点** ┃ "动作"面板、传统补间等

● **学习时间** ┃ 20分钟

┃ 实例分析 ┃

本实例使用逐帧动画、"传统补间动画"、引导层、补间形状动画和脚本等多种技术综合制作动画。制作完成最终效果如图9-34所示。

图9-34　最终效果

┃ 知识点链接 ┃

"逐帧动画"的特点

逐帧动画的特点是每一帧都是关键帧，适合于表现很细腻的动画，所以逐帧动画文件都比较大。

┃ 操作步骤 ┃

01 执行"文件>新建"命令，新建一个大小为550像素×400像素，"帧频"为12fps，"背景颜色"为#666666的Flash文档。

02 执行"插入>新建元件"命令，新建名称为"小孩1"的"图形"元件，执行"文件>导入>导入到舞台"命令，将图像"素材\第9章\916302.png"导入舞台，效果如图9-35所示。

03 新建名称为"小孩2"的"图形"元件，并将图像"素材\第9章\916303.png"导入舞台，效果如图9-36所示。

图9-35　导入素材1　　图9-36　导入素材2

04 用相同的方法新建元件并导入其他素材，图形效果如图9-37所示。

图9-37　导入素材3

图9-38　"库"面板

05 导入完成后"库"面板如图9-38所示。新建名称为"小孩动画"的"影片剪辑"元件，将"小孩1"元件从"库"面板拖入场景中，在第20帧位置单击，按【F6】插入关键帧，将"小孩2"元件从"库"面板拖入场景中，在第25帧位置单击，按【F5】插入帧，"时间轴"面板如图9-39所示。

图9-39　"时间轴"面板

此处在第 20 帧位置插入关键帧是为了减少动画的播放频率，在 25 帧位置插入帧是为了延缓小孩闭眼的时间。

06 使用相同的方法完成"花朵动画"和"蝴蝶动画1"的制作，"时间轴"面板如图9-40所示。

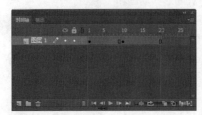

图9-40 "时间轴"面板

07 新建名称为"蝴蝶动画2"的"影片剪辑"元件，将"蝴蝶动画1"元件从"库"面板拖入场景中，在第60帧位置单击，按【F6】插入关键帧，在"图层1"名称上单击鼠标右键，在弹出的菜单中选择"添加传统运动引导层"命令。

08 使用"钢笔工具"绘制路径并进行调整，调整后效果如图9-41所示。分别选择第1帧和第60帧上的"蝴蝶动画"元件，将中心点对齐至引导线，对齐后图形效果如图9-42所示。

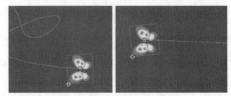

图9-41 绘制路径　　　　　　　　　　　　　　　图9-42 对齐中心点

09 在第1帧位置创建"传统补间动画"，在中间位置分别插入关键帧，对"蝴蝶"进行旋转，此时的"时间轴"面板如图9-43所示。

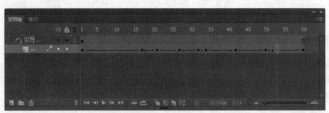

图9-43 "时间轴"面板

此处在中间很多位置插入关键帧，旋转"蝴蝶"是因为此引导线是螺旋线，使动画效果更加自然流畅。

10 使用步骤7的方法制作"蝴蝶动画3"飞行效果，场景效果如图9-44所示。此时的"时间轴"面板如图9-45所示。

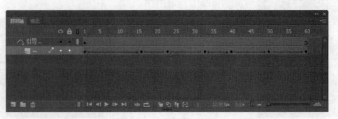

图9-44 场景效果　　　　　　　　图9-45 "时间轴"面板

11 返回"场景1"，将"小孩动画"元件从"库"面板拖入场景中，场景效果如图9-46所示，新建"图层2"，将"花朵动画"元件从"库"面板拖入场景中，场景效果如图9-47所示。

图9-46 场景效果1

图9-47 场景效果2

12 分别新建图层，使用相同的方法将"蝴蝶动画1""蝴蝶动画2"和"蝴蝶动画3"元件从"库"面板拖入场景中，场景效果如图9-48所示。新建名称为"文字1"的"图形"元件，选择"文本工具"，在"属性"面板中设置参数，如图9-49所示。

图9-48 场景效果3

图9-49 "属性"面板

在拖入"花朵动画""云"和"蝴蝶"时元件是重复使用的，所以要对其中的一些元件进行旋转并调整大小和位置。

13 在舞台中输入文字，如图9-50所示。使用相同的方法制作"文字2"和"文字3"，制作完成后效果如图9-51所示。

图9-50 文字效果1

14 新建名称为"文字动画"的"影片剪辑"元件，选择"线条工具"，在"属性"面板中设置"笔触高度"为6，"颜色"为#FF0066，面板设置如图9-52所示。在舞台中绘制线条，效果如图9-53所示。

图9-51 文字效果2

图9-52 "属性"面板

图9-53 绘制线条

15 新建"图层2"，将"文字1"元件从"库"面板拖入场景中，如图9-54所示。在第15帧位置单击，按【F6】插入关键帧，调整文字大小，调整后效果如图9-55所示。然后在第1帧位置创建"传统补间动画"，在第50帧位置单击，按【F5】插入帧。

16 然后在"图层1"的第60帧位置单击，按【F5】键插入帧，新建"图层3"，在第20帧位置单击，按【F6】键插入关键帧，将"文字2"从"库"面板拖入场景中，在第30帧位置单击，按【F6】键插入关键帧，调整元件大小，调整后效果如图9-56所示。在第20帧位置创建"传统补间动画"，创建完成后"时间轴"面板如图9-57所示。

图9-54 拖入文字　　　　　　图9-55 调整文字大小　　　　　图9-56 调整文字大小

图9-57 "时间轴"面板

17 使用相同的方法制作"图层4"的内容,效果如图9-58所示。新建"图层5",在第51帧位置插入关键帧,选择"椭圆工具",打开"颜色"面板,参数设置如图9-59所示。

18 绘制椭圆并进行复制,得到如图9-60所示的效果。在第60帧位置插入空白关键帧,选择"多边形工具",在"属性"面板中进行参数设置,如图9-61所示。

  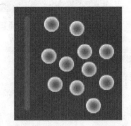

图9-58 "图层4"内容　　　　图9-59 "颜色"面板　　　　图9-60 绘制并复制椭圆

19 单击"属性"面板中的"选项"按钮,在弹出的"工具设置"面板中设置参数,如图9-62所示。绘制星形,如图9-63所示。

图9-61 "属性"面板　　　　图9-62 "工具设置"对话框　　　图9-63 绘制星形

20 在第50帧位置创建补间形状动画,新建"图层6",在第60帧位置插入关键帧,按【F9】键打开"动作"面板,输入"stop();"脚本语言,如图9-64所示。

21 返回"场景1",新建"图层5",将"文字动画"从"库"面板拖入场景中,新建"图层6",调整图层位置至最下方,将图像"素材\第9章\916301.png"导入舞台,场景效果如图9-65所示。

图9-64　输入脚本　　　　　　　　　　　　图9-65　场景效果

22 完成可爱小孩动画的制作，保存动画，按快捷键【Ctrl+Enter】测试动画，效果如图9-66所示。

图9-66　测试动画效果

Q 如何更改元件路径跟随的位置？

A 路径跟随动画是元件中心点沿路径运动的动画效果。要想改变元件的动画位置，可以通过"任意变形工具"对元件中心点的位置进行调整。

Q 如何让动画效果看起来比较流畅？

A 决定动画播放是否流畅的主要因素是网速，解决方法是制作一个预载动画，让动画在下载完成后再播放。其次是动画的帧频要设置合理，太快或者太慢都会使用动画看起来不自然，用户要根据动画的播放多次试验，选择合适的帧频播放动画。

实例 164　综合动画——走动的大象动画

- 源 文 件｜源文件\第9章\实例164.fla
- 视　　频｜视频\第9章\实例164.swf
- 知 识 点｜"传统补间动画"
- 学习时间｜20分钟

┃操作步骤┃

01 新建Flash文档，将背景图层导入舞台中，如图9-67所示。

02 分别新建"图形"元件，将素材导入场景中，然后转换为"影片剪辑"元件，此时"库"面板内容如图9-68所示。

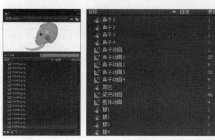

图9-67　导入素材　　　　　　　　　　图9-68　"库"面板

03 分别新建"影片剪辑"元件，制作"头""耳"和"鼻子"动画，各部分动画"时间轴"面板如图9-69所示。

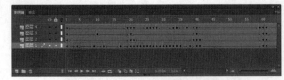

鼻子动画"时间轴"

耳朵动画"时间轴"

头部动画"时间轴"

图9-69 "时间轴"面板

04 制作"整体动画"效果，拖入场景，制作行走动画效果，完成动画的制作，测试动画效果，如图9-70所示。

图9-70 测试动画效果

┃ 实例总结 ┃

本实例通过使用逐帧动画、传统补间动画、传统运动引导层、补间形状动画和脚本等技术综合实现丰富的动画效果。

实 例 165 综合动画——娱乐场所

逐帧动画的应用范围很广，在动画中经常出现。逐帧动画一般都比较大，但是效果都比较自然。

● **源 文 件**┃源文件\第9章\实例165.fla
● **视　　频**┃视频\第9章\实例165.swf
● **知 识 点**┃逐帧动画
● **学习时间**┃20分钟

┃ 实例分析 ┃

本实例使用逐帧动画制作出具有娱乐氛围的动画效果。制作时需要注意调整好逐帧动画之间的距离。制作完成最终效果如图9-71所示。

图9-71 最终效果

┫ 知识点链接 ┣

为什么要将图形序列制作成影片剪辑?

　　将图像序列制作在时间轴上时，当动画发生改变或要多次重复使用时就很不方便。将图形序列制作成影片剪辑后，除了可以修改元件位置，还可以对元件的亮度、透明度进行调整，并且可以使用滤镜等功能，所以多使用影片剪辑是很好的习惯。

┫ 操作步骤 ┣

01 执行"文件>新建"命令，新建大小为400像素×300像素，"帧频"为30fps，"背景颜色"为白色的Flash文档。

02 新建名称为"背景动画"的"影片剪辑"元件，将图像"素材\第9章\z916501.png"导入到舞台，在弹出的提示对话框中单击"是"按钮，将素材图像导入舞台，如图9-72所示。导入完成后"时间轴"面板如图9-73所示。

03 新建名称为"灯光动画"的"影片剪辑"元件，将图像"素材\第9章\z91650001.png"导入，在弹出的提示对话框中单击"是"按钮，将序列图像导入舞台，如图9-74所示。依次调整帧的位置，"时间轴"面板如图9-75所示。

图9-72　导入素材

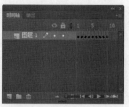

图9-73　"时间轴"面板

图9-74　导入素材

图9-75　"时间轴"面板

04 新建名称为"人物动画"的"影片剪辑"元件，将图像"素材\第9章\素材\z91650010.png"导入，在弹出的提示对话框中单击"是"按钮，将序列图像导入舞台，如图9-76所示。依次调整帧的位置，"时间轴"面板如图9-77所示。

图9-76　导入素材

图9-77　"时间轴"面板

> **提示**
>
> 　　调整帧的位置，是因为帧频为了配合背景动画设置得太大。而灯光和人物需要减缓动画，所以需要延长帧。

05 返回"场景1"，将"背景动画"元件从"库"面板拖入场景中，新建"图层2"，将图像"素材\第9章\916501.png"导入舞台，效果如图9-78所示。将"灯光动画"元件从"库"面板拖入场景中，效果如图9-79所示。

06 新建"图层3"，将"人物动画"元件从"库"面板中拖入到场景中，效果如图9-80所示。新建"图层4"，拖出"人物动画"，执行"修改>变形>水平翻转"命令，得到如图9-81所示的效果。

07 完成娱乐场所动画的制作，保存动画，按快捷键【Ctrl+Enter】测试动画，效果如图9-82所示。

图9-78　导入素材

图9-79 场景效果

图9-80 场景效果2

图9-81 拖出元件2

图9-82 测试动画效果

Q 图层的数量会影响输出动画文件的大小吗？

A 在Flash中，图层类似于堆叠在一起的透明纤维，可以看到下面图层中的内容。图层越靠下，图层中的元素在舞台上越靠后。Flash对动画中的图层数没有限制，一个Flash动画往往会包含多个层。Flash在输出时会将所有图层合并，因此，图层的多少不会影响输出动画文件的大小。

Q 何为时间轴？

A 时间轴是进行Flash创作的核心部分。时间轴由图层、帧和播放头组成，播放的进度通过帧来控制。时间轴从布局上可以分为两个部分，左侧的图层操作区和右侧的帧操作区。

实例 166 综合动画——电视效果

- **源 文 件**｜源文件\第9章\实例166.fla
- **视　　频**｜视频\第9章\实例166.swf
- **知 识 点**｜遮罩动画、"传统补间动画"
- **学习时间**｜10分钟

┨ 操作步骤 ┠

01 新建Flash文档，新建"图形"元件，导入素材图像，如图9-83所示。

图9-83 导入素材

02 新建"影片剪辑"元件，使用传统补间和遮罩制作动画，此时"时间轴"面板如图9-84所示。

03 返回场景编辑，拖出动画，场景效果如图9-85所示。

图9-84 "时间轴"面板

04 完成动画的制作，测试动画效果，如图9-86所示。

图9-85 场景效果

图9-86 测试动画效果

实例总结

本实例使用逐帧动画、遮罩动画和"传统补间动画"制作娱乐场景和电视效果。通过本例的学习，读者要进一步提高动画制作技巧。

实例 167 综合动画——游戏动画

漂亮的按钮不仅可以使页面更加活泼、完善，还可以实现动画与网络的连接，使操作更加快捷、方便。

- **源 文 件** | 源文件\第9章\实例167.fla
- **视 频** | 视频\第9章\实例167.swf
- **知 识 点** | 逐帧动画、"按钮"元件
- **学习时间** | 20分钟

实例分析

本实例巧妙调整逐帧动画的位置，完成游戏动画效果的制作，再使用按钮链接完整的图片。制作完成后最终效果如图9-87所示。

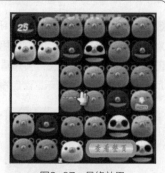

图9-87 最终效果

知识点链接

如何调整帧上的所有元件？

正常的情况下，一次只能调整一个关键帧上的元件。如果想同时调整所有关键帧上的元件，则可以首先单击"时间轴"面板上的"编辑多个帧"按钮，然后使用"选择工具"选中要调整的元件，再进行移动即可。

操作步骤

01 执行"文件>新建"命令，新建一个大小为328像素×323像素，"帧频"为30fps，"背景颜色"为白色的Flash文档。

02 新建名称为"图1"的"图形"元件，将图像"素材\第9章\916701.png"导入舞台，如图9-88所示。使用相同的方法导入"图2"～"图8"的内容，导入完成后"库"面板如图9-89所示。

03 新建名称为"动画"的"影片剪辑"元件，将"图1"元件从"库"面板拖入场景中，依次新建图层，将"图2"～"图8"的元件拖入场景中，效果如图9-90所示。在"图层1"的第5帧位置插

图9-88 导入素材

入关键帧，移动图像位置，移动后效果如图9-91所示。

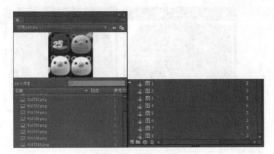

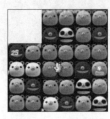

图9-89　"库"面板　　　　　　　　　图9-90　拖入图像　　　　　图9-91　移动位置

04 在"图层2"的第10帧位置插入关键帧并调整图形位置，效果如图9-92所示。使用相同的方法制作其他层的内容，"时间轴"面板如图9-93所示。

图9-92　移动位置　　　　　　　　　　　　　图9-93　"时间轴"面板

> **提示**
>
> 制作此动画时需要按一定的顺序进行，否则可能造成不规律的图像移动而影响动画的整体效果。

05 新建名称为"按钮"的"按钮"元件，单击"矩形工具"按钮，在"属性"面板中设置各项参数，如图9-94所示。然后绘制图9-95所示矩形并使用"渐变变形工具"调整渐变角度。

06 在第2帧位置插入关键帧并调整帧上的元件大小，新建"图层2"，单击"文本工具"按钮，在"属性"面板中设置各项参数，如图9-96所示，然后输入图9-97所示的文字。

图9-94　"属性"面板　　　　　　图9-95　绘制矩形　　　　　　图9-96　"属性"面板

07 在第2帧位置插入关键帧并修改文字内容，如图9-98所示。在第3帧位置插入空白关键帧，在"图层1"的第3帧位置插入空白关键帧，将图像"素材\第9章\916710.png"导入舞台，如图9-99所示。

图9-97　输入文本　　　　图9-98　修改文本

08 导入完成后"时间轴"面板如图9-100所示。返回"场景1"，将"动画"元件和"按钮"元件从"库"面板拖入场景中，场景效果如图9-101所示。

图9-99　导入素材

图9-100　"时间轴"面板

图9-101　拖出元件

09 完成游戏动画的制作，保存动画，按快捷键【Ctrl+Enter】测试动画，效果如图9-102所示。

Q 什么时候插入帧、空的关键帧和关键帧？

A 在制作动画时，如果希望延长动画效果，可以插入帧；如果要在插入帧位置变换动画内容，可以插入空的关键帧，以方便制作跳帧动画元件；如果要制作动画，则需要添加关键帧。

Q 如何准确地移动元件位置？

A 使用"选择工具"调整元件位置时，常常会很难控制其准确性。此时可以使用键盘上的方向键实现准确移动，也可以使用"属性"面板上的坐标准确移动。

图9-102　测试动画效果

实例 168　综合动画——旋转动画

● **源 文 件**｜源文件\第9章\实例168.fla
● **视　　频**｜视频\第9章\实例168.swf
● **知 识 点**｜"3D工具"、补间动画
● **学习时间**｜15分钟

▍操作步骤▍

01 将背景图像导入到场景中，新建名称为"F1"和"F2"的"影片剪辑"元件，导入素材图，如图9-103所示。

图9-103　导入素材

02 分别新建名称为"F1动画"和"F2动画"的"影片剪辑"元件，并使用"3D工具"制作动画，元件效果和"时间轴"面板如图9-104所示。

图9-104　元件效果和"时间轴"面板

03 返回场景，新建图层，使用传统补间制作动画并输入脚本语言，场景效果和"时间轴"面板如图9-105所示。

04 完成动画的制作，测试动画效果，如图9-106所示。

图9-105　场景效果和"时间轴"面板

图9-106　测试动画效果

实例总结

本实例使用传统补间、脚本语言、补间动画、"3D工具"制作出旋转动画效果。通过本例的学习，读者要进一步掌握动画制作技术。

实例 169　综合动画——场景动画

很多Flash动画都具有漂亮的"外衣"，制作一个漂亮的动画效果要综合使用很多元素，包括多种动画类型。

● **源 文 件** ┃ 源文件\第9章\实例169.fla

● **视　　频** ┃ 视频\第9章\实例169.swf

● **知 识 点** ┃ "传统补间动画"、脚本语言等

● **学习时间** ┃ 10分钟

实例分析

本实例使用传统补间并结合多种动画类型制作出场景动画效果。制作完成最终效果如图9-107所示。

图9-107　最终效果

知识点链接

Flash中的文本分为几类？

Flash中的"文本工具"提供了3种文本类型，分别是静态文本、动态文本和输入文本等。静态文本主要起到说明和描述的功能，而动态文本的内容一般都是通过脚本实现调用的，输入文本的作用是为了实现与读者的沟通与交互。

操作步骤

01 执行"文件>新建"命令，新建一个大小为550像素×400像素，"帧频"为18fps，"背景颜色"为#0066FF的Flash文档。

02 新建名称为"边"的"图形"元件，将图像"素材\第9章\916908.png"导入到场景中，效果如图9-108所示。使用相同的方法分别新建"图形"元件，将图像"素材\第9章\916901.png"~"素材\第9章\916907.png"导入到相应场景中，"库"面板如图9-109所示。

03 选择"线条工具"和"矩形工具"，绘制线条，移动至图9-110所示的位置。使用相同的方法绘制"字1"~"字7"的线条，绘制完成后效果如图9-111所示。

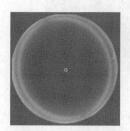
图9-108　导入素材

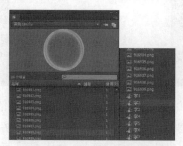
图9-109　"库"面板

图9-110　绘制线条

04 新建名称为"边动画"的"影片剪辑"元件，将"边"元件从"库"面板拖入场景中，在第30帧位置插入关键帧，在第130位置插入帧，设置第1帧上元件的"不透明度"为0%，并创建"传统补间动画"，"属性"面板如图9-112所示。设置完成后场景效果如图9-113所示。

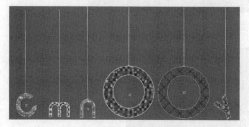
图9-111　绘制线条

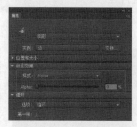
图9-112　"属性"面板

图9-113　场景效果

05 新建名称为"字动画1"的"影片剪辑"元件，将"字1"元件从"库"面板拖入场景中。在第10帧和第20帧位置插入关键帧，选择第10帧元件并上移，分别在第1帧和第10帧位置插入创建"传统补间动画"，在第40帧位置插入帧，此时"时间轴"面板如图9-114所示。

06 使用相同方法制作"字动画2"~"字动画7"的内容，"库"面板如图9-115所示。返回"场景1"，分别新建图层，将"字动画"从"库"面板拖入场景中，在第120帧位置插入帧，效果如图9-116所示。

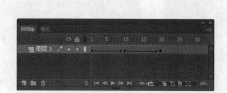
图9-114　"时间轴"面板

图9-115　"库"面板

图9-116　场景效果

提示

制作"字动画"时，为了使字母上下移动的时间不一致，在制作时不要将各个"字动画"的帧放在同一帧上，可以彼此错开，制作出具有时间间隔的动画。

07 选择"图层1",在第5帧、第30帧和第40帧位置插入关键帧,移动元件,在第1帧位置创建"传统补间动画",创建后效果如图9-117所示。在第30帧和第40帧位置插入关键帧,移动第40帧的元件,在第30帧位置创建"传统补间动画",创建后效果如图9-118所示。

图9-117　移动元件位置1　　　　　　　　　　图9-118　移动元件位置2

08 使用相同的方法制作"图层2"～"图层7"的内容,"时间轴"面板如图9-119所示。完成后场景效果如图9-110所示。新建"图层8",在第35帧位置插入关键帧,将"边动画"元件从"库"面板拖入场景中。

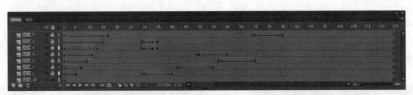

图9-119　"时间轴"面板

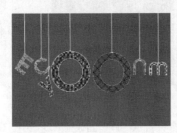

图9-120　场景效果

09 调整"图层8"至"图层5"的下方,新建名称为"文字动画"的"影片剪辑"元件,选择"文本工具"按钮,在"属性"面板中设置参数,如图9-121所示。输入文字,如图9-122所示。

10 在第7帧位置插入关键帧,在"属性"面板的滤镜菜单下单击"添加滤镜"按钮,分别添加"发光"和"渐变发光"效果,如图9-123所示。在第40帧位置插入帧,文字效果如图9-124所示。

图9-121　"属性"面板　　　图9-122　输入文字　　　图9-123　添加滤镜　　　图9-124　文字效果

11 新建"图层2",使用相同的方法制作"尚"字,效果如图9-125所示。分别新建图层,制作其他文字内容,效果如图9-126所示。

图9-125 文字效果

图9-126 文字效果

12 制作完成后"时间轴"面板如图9-127所示。返回"场景1"，新建"图层9"，在第17帧位置插入关键帧，将"文字动画"元件从"库"面板拖入场景中，在第30帧位置插入关键帧，调整文字位置，设置第17帧上的元件"不透明度"为0%，并创建"传统补间动画"，得到如图9-128所示的效果。

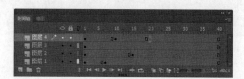

图9-127 "时间轴"面板

图9-128 场景效果

13 新建"图层10"，调整至图层的最下方，将图像"光盘\素材\第9章\916909.png"导入到场景中，效果如图9-129所示。

图9-129 场景效果

14 新建"图层11"，在第120帧位置插入关键帧，按【F9】键打开"动作"面板，输入"stop();"脚本语言，"时间轴"面板如图9-130所示。

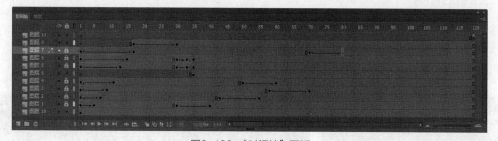

图9-130 "时间轴"面板

15 完成动画制作，保存动画，按快捷键【Ctrl+Enter】测试动画，效果如图9-131所示。

图9-131　测试动画效果

Q 在动画制作中如何对影片进行优化?

A 在 Flash 中应减少矢量图形的边数或矢量曲线的折线属性。对于重复出现的动画对象要转换为元件使用,且要尽量减少逐帧动画的使用,多使用补间动画。另外,还要尽量避免使用位图制作动画,最好将元素或组件进行群组,动画中的声音文件要将压缩设置为 MP3 格式等。

Q 如何解决较大文件的下载问题?

A 由于动画文件较大,下载时速度会很慢。虽然通过制作预载动画可以明确动画的等待时间,但是却不能解决根本问题。通过将动画制作成片段,然后通过调用脚本组合动画可以有效地减小文件大小,减少下载时间。

实例 170　综合动画——迷雾森林

● **源 文 件**｜源文件\第9章\实例170.fla

● **视　　频**｜视频\第9章\实例170.swf

● **知 识 点**｜传统补间、脚本语言

● **学习时间**｜15分钟

┃▌操作步骤 ▌┃

01 导入背景图像,新建"图形"元件,导入素材,如图9-132所示。

图9-132　导入素材

02 新建"影片剪辑"元件,使用传统补间和脚本,分别制作动画,"云动画1""树动画""地动画"和"云动画2"的"时间轴"如图9-133所示。

图9-133　"时间轴"面板

03 返回场景，新建图层，将动画拖入舞台，场景效果如图9-134所示。

04 完成动画的制作，测试动画效果，如图9-135所示。

图9-134 场景效果

图9-135 测试动画效果

实例总结

　　本实例使用逐帧动画、"按钮"元件、传统补间、脚本语言等制作游戏动画和迷雾森林效果。通过本例的学习，读者要进一步巩固动画制作技术。

第 10 章

导航和菜单

　　网站导航栏的作用是不但方便浏览者快速查看网站信息，获取网站服务，而且可以使浏览者方便快捷地在网页之间进行操作而不至于迷失方向。菜单和导航的作用相同，均是为浏览者服务。本章就将针对网站中常见的导航和菜单效果进行制作。

实例 171 导航动画——儿童趣味导航

网站的导航一般都是为网站的二级页面做链接的，但是常常也会在二级页面下以动画的方式制作三级页面的链接项目。在制作导航动画时同样要先仔细对导航内容进行分类整理，并确定不会发生根本的变化后再开始制作，以避免反复修改。

- **源 文 件** | 源文件\第10章\实例171.fla
- **视 频** | 视频\第10章\实例171.swf
- **知 识 点** | "动作"面板、传统补间等
- **学习时间** | 20分钟

实例分析

本实例将各种类型动画相结合，制作出通过"点击"按钮切换画面的导航动画效果。制作完成后最终效果如图10-1所示。

图10-1 最终效果

知识点链接

导航设计的创意原则是什么？

网站中的导航创意原则在于标新立异、和谐统一、震撼心灵。只要打破原始的矩形、圆角矩形等轮廓形状，才能实现网站导航醒目快捷的功能。

操作步骤

01 执行"文件>新建"命令，新建一个类型为ActionScript 3.0，大小为820像素×490像素，"帧频"为36fps，"背景颜色"为#003399的Flash文档。

> **提示**
>
> 导航的尺寸设置一般要根据页面的设计格局来定，并没有确定的尺寸。但是"帧频"一般设置得较大，这样的目的是使动画播放效果具有冲击力。

02 执行"插入>新建元件"命令，新建名称为"图1"的"图形"元件，执行"文件>导入>导入到舞台"命令，将图像"素材\第10章\1017101.jpg"导入舞台，如图10-2所示。

03 使用相同的方法新建名称为"图2"~"图6"的"图形"元件，并将相应的图像导入舞台，"库"面板如图10-3所示。

04 新建名称为"五角形"的"图形"元件，选择"多角星形工具"，在"属性"面板的"工具设置"中单击"选项"按钮，弹出"工具设置"对话框，参数设置如图10-4所示。设置"填充颜色"为#FFFF00，"笔触颜色"为无，绘制星形，效果如图10-5所示。

05 新建名称为"按钮1"的"按钮"元件，将"五角形"元件从"库"面板拖入场景中，在"点击"位置插入空白关键帧，新建"图层2"，输入文字，执行"修改>分离"命令两次，操作完成后效果如图10-6所示。新建"图层3"，在"点击"位置插入关键帧，绘制图10-7所示的图形。

图10-2 导入素材

图10-3 "库"面板

图10-4 "工具设置"对话框

图10-5 绘制星形

图10-6 输入文字

图10-7 绘制反应区

提示

制作反应区按钮时，"点击"状态下的矩形大小不需要精确指定。因为每个用到反应区对象的大小都不同，所以不用精确指定大小。

06 使用相同的方法完成"按钮2"～"按钮6"的制作，如图10-8所示。

07 新建名称为"图片动画"的"影片剪辑"元件，把"图片动画"拖入场景，并在第15帧处插入关键帧，然后在"属性"面板中设置第1帧元件的"不透明度"为0%，并创建传统补间动画，设置如图10-9所示。

图10-8 按钮效果

图10-9 "属性"面板

08 在第16帧处插入关键帧，将"图2"元件从"库"面板中拖入场景，放至和"图1"相同的位置，设置其"不透明度"为0%，并在第30帧位置插入关键帧，此时"时间轴"面板如图10-10所示。

图10-10 "时间轴"面板

09 使用相同的方法制作"图3"～"图6"的动画，新建"图层2"，分别在第15帧、第30帧、第45帧、第60帧、第75帧和第90帧位置插入关键帧。

10 分别按【F9】键打开"动作"面板，输入"stop();"脚本语言，如图10-11所示。新建"图层3"，分别拖入"按钮1"～"按钮6"元件，放到图10-12所示的位置。

图10-11 "动作"面板

图10-12 场景效果

11 完成后"时间轴"面板如图10-13所示。

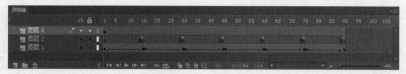
图10-13 "时间轴"面板

12 新建名称为"文字1"的"图形"元件,使用"文本工具"输入文字,执行"修改>分离"命令两次,制作完成后效果如图10-14所示。选择第一个字母,按【F8】键将字母转换为名称为"字母1"的"图形"元件,使用相同的方法转换别的字母,"库"面板如图10-15所示。

> **提示**
>
> 在制作动画时,如果使用了特殊的字体,则需要将文字分离成为图形,这样才可以保证字体在动画播放时保持不变。

13 新建名称为"文字2"的"图形"元件,选择"文本工具"输入文字,执行"修改>分离"命令两次,操作完成后效果如图10-16所示。新建名称为"文字3"的"图形"元件,选择"文本工具"输入文字,执行"修改>分离"命令两次,操作完成后效果如图10-17所示。

PhobAbum .
图10-14 输入文字

图10-15 "库"面板

众里寻她千百回
图10-16 场景效果1

蓦然回首,那人都在灯火阑珊处
图10-17 场景效果2

14 新建名称为"文字动画"的"影片剪辑"元件,在第5帧位置插入关键帧,将"字母1"元件从"库"面板拖入场景中,在第114帧位置插入帧,新建"图层2",然后在第7帧位置插入关键帧。

15 将"字母2"元件从"库"面板拖入场景中,使用相同的方法新建图层,将其他字母拖入场景中。选择"图层1",在第11帧、第18帧、第67帧、第74帧和第82帧位置插入关键帧。

16 上移第11帧、第74帧元件的位置,在第5帧、第11帧、第18帧、第67帧和第74帧位置创建"传统补间动画",使用相同的方法制作其他层的动画,场景效果如图10-18所示。此时"时间轴"面板如图10-19所示。

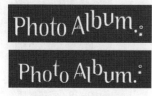
图10-18 场景效果

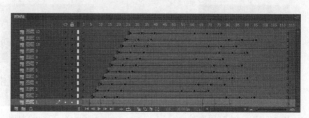
图10-19 "时间轴"面板

17 新建"图层13"，在第5帧位置插入关键帧，将"文字3"元件从"库"面板拖入场景中，效果如图10-20所示。在第47帧位置插入关键帧，左移元件位置，在第5帧位置创建"传统补间动画"。新建"图层14"，使用相同的方法制作动画内容，制作完成后效果如图10-21所示。

图10-20 场景效果1

图10-21 场景效果2

> **提示**
>
> 制作"图层14"时，在第47帧位置要右移元件。

18 在"图层1"的第115帧位置插入空白关键帧，将"文字1"元件拖入场景中，在第200帧位置插入帧，然后在"图层2"的第115帧位置插入空白关键帧，在第145~第168帧位置分别插入关键帧，将字母元件从"库"面板拖入场景中，拖入后效果如图10-22所示。

> **提示**
>
> 此处，为了使读者看得更清楚，隐藏了"图层1"的文字。

图10-22 拖入"字母"

19 新建"图层15"，在第200帧位置插入关键帧，按【F9】键，打开"动作"面板，输入"stop();"脚本语言，"时间轴"面板如图10-23所示。

20 新建名称为"星"的"图形"元件，选择"多角星形工具"，在"属性"面板的"工具设置"中单击"选项"按钮，参数设置如图10-24所示。打开"颜色"面板，参数设置如图10-25所示。

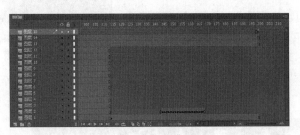

图10-23 "时间轴"面板

图10-24 "工具设置"对话框

图10-25 "颜色"面板

21 绘制星形，如图10-26所示。新建名称为"光晕"的"图形"元件，选择"椭圆工具"绘制圆形，绘制完成后效果如图10-27所示。

22 新建名称为"闪星"的"影片剪辑"元件，将"光晕"元件从"库"面板拖入场景中，在第12帧和第22帧位置插入关键帧，调整第12帧元件的大小，在第1帧第12帧位置创建"传统补间动画"。

23 新建"图层2"，将"星"元件从"库"面板拖入场景中，设置"不透明度"为40%，在第12帧和第22帧位置插入关键帧。然后在第12帧上设置元件"不透明度"为100%，在第1帧和第12帧位置创建"传统补间动画"，创建完成后效果如图10-28所示。此时的"时间轴"面板如图10-29所示。

图10-26 绘制星形

图10-27 绘制圆形

图10-28 场景效果

24 返回"场景1",将"闪星动画"元件从"库"面板拖入场景,如图10-30所示。新建"图层2",将"文字动画"和"图片动画"元件从"库"面板拖入场景中,场景效果如图10-31所示。

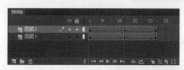

图10-29 "时间轴"面板　　　　　　　图10-30 拖出元件　　　　　　　　图10-31 场景效果

25 完成导航动画的制作,保存动画,按快捷键【Ctrl+Enter】测试动画,效果如图10-32所示。

图10-32 测试动画效果

Q 导航设计中对颜色的运用有什么要求?

A 网站导航制作中的色彩要求与网站页面色彩相统一。虽然色调感觉与网站的色调一致,但是最好不要使用相同色系的颜色。采用补色能更加突出导航主题,达到引人注意的目的。

Q 使用文字制作按钮为什么反应不灵活?

A 这种情况一般都是出现在制作按钮时,没有为按钮制作反应区。在制作文字按钮时,一般要定义一个矩形来作为按钮的触发区。如果未定义按钮的反应区,则系统会默认前面的状态为反应区。因为文字一般都比较细,所以按钮的反应就不是很灵活。

实 例 172	导航动画——交友网站导航

- **源 文 件**｜源文件\第10章\实例172.fla
- **视　　频**｜视频\第10章\实例172.swf
- **知 识 点**｜"传统补间动画"、遮罩动画
- **学习时间**｜20分钟

◀┃ 操作步骤 ┃▶

01 新建Flash文档,将背景图像导入舞台中,如图10-33所示。

02 新建元件,将素材导入场景中并转换为"影片剪辑"元件,制作翅膀的扇动动画,元件效果和"时间轴"面板如图10-34所示。

图10-33 导入素材　　　　　　　　　　　　图10-34 翅膀元件和"时间轴"面板

03 制作"按钮"元件和"按钮"动画元件,按钮元件和"时间轴"面板如图10-35所示。

图10-35　按钮元件和"时间轴"面板

04 返回场景，新建图层，拖出动画，完成动画制作，测试动画效果，如图10-36所示。

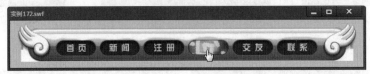

图10-36　测试动画效果

┨ 实例总结 ┠

　　本实例所制作的导航动画在网络的应用上非常广泛。好的导航动画不仅可以为网页加分，也可以为浏览者带来方便快捷的导航作用。通过本实例的学习，读者要掌握网站导航的制作方法与操作技巧。

实例 173　导航动画——商业导航菜单动画

　　现在的网站丰富多彩，而网站中的导航也是各式各样。网站中的导航效果一般不会发生变化，其中的广告内容也常常被制作成为导航效果。

- **源 文 件** | 源文件\第10章\实例173.fla
- **视　　频** | 视频\第10章\实例173.swf
- **知 识 点** | "传统补间动画""按钮"元件
- **学习时间** | 20分钟

┨ 实例分析 ┠

　　本实例使用传统补间、"按钮"元件和脚本等，完成商业导航菜单动画效果的制作。制作完成后最终效果如图10-37所示。

图10-37　最终效果

┨ 知识点链接 ┠

导航动画制作的原则是什么？

　　在制作导航动画时，不需要采用过于复杂的动画类型，关键是要使反应区实现判定鼠标经过时反应区所控制的影片剪辑的效果，以达到导航的作用。

┨ 操作步骤 ┠

01 新建一个大小为440像素×305像素，"帧频"为36fps，"背景颜色"为#CCCCCC的Flash文档。

02 新建一个名称为"花旋转"的"影片剪辑"元件，面板设置如图10-38所示。将"素材\第10章\1017301.png"导入场景中，效果如图10-39所示。

03 选择导入图像，按【F8】键，将图像转换成名称为"花"的"图形"元件，面板设置如图10-40所示。在第100帧位置插入关键帧，在第1帧位置创建"传统补间动画"，设置"属性"面板中"旋转"为顺时针，保持其他默认设置，如图10-41所示。

图10-38　"创建新元件"对话框

图10-39　导入图像

图10-40　"转换为元件"对话框

04 新建一个名称为"返回首页动画"的"影片剪辑"元件，面板设置如图10-42所示。将"素材\第10章\1017302.png"导入场景中，效果如图10-43所示。

图10-41　"属性"面板

图10-42　"创建新元件"对话框

图10-43　导入图像

05 选择导入的图像，按【F8】键，将图像转换成名称为"返回首页"的"图形"元件，面板设置如图10-44所示。分别在第5帧、第10帧、第15帧、第20帧和第25帧位置插入关键帧，"时间轴"面板如图10-45所示。

06 按住【Shift】键使用"任意变形工具"将场景中的元件等比例扩大，设置其"属性"面板中的"色彩效果"为色调，"颜色"为#FFFF00，"色调"值为50%，"属性"面板如图10-46所示。完成后的元件效果如图10-47所示。

图10-44　"转换为元件"对话框

图10-45　"时间轴"面板

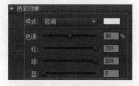

图10-46　"属性"面板

07 使用"任意变形工具"将第5帧场景中的元件等比例扩大并旋转，完成后的元件效果如图10-48所示。将第10帧场景中的元件等比例扩大并旋转，完成后的元件效果如图10-49所示。采用第5帧和第10帧元件的制作方法，制作出第15帧和第20帧的元件，然后在第40帧位置单击，按F5键插入帧。分别在第1帧、第5帧、第10帧、第15帧和第20帧位置创建"传统补间动画"，完成后的"时间轴"面板如图10-50所示。

图10-47　元件效果

图10-48　扩大并旋转元件

图10-49　扩大并旋转元件

08 新建"图层2"，在第25帧位置插入关键帧，将"花旋转"元件从"库"面板中拖入场景中，效果如图10-51所示。在第30帧位置插入关键帧，按住【Shift】键使用"任意变形工具"将第25帧上场景中的元件等比例缩小，缩小后效果如图10-52所示。在第25帧位置设置"补间类型"为传统补间。

图10-50　"时间轴"面板

09 新建"图层3",在第30帧位置插入关键帧,将"花旋转"元件从"库"面板中拖入场景中,按住【Shift】键使用"任意变形工具"将元件等比例缩小,缩小后效果如图10-53所示。在第35帧位置插入关键帧,使用"任意变形工具"将第30帧场景中的元件等比例缩小,元件效果如图10-54所示。

图10-51 拖入元件

图10-52 场景效果1

图10-53 场景效果2

图10-54 场景效果3

10 新建"图层4",在第40帧位置插入关键帧,在"动作"面板中输入"stop();"脚本语言,如图10-55所示。完成后的"时间轴"面板如图10-56所示。将"图层2"拖到"图层1"的下边,完成后的"时间轴"面板如图10-57所示。

11 采用"返回首页动画"元件的制作方法,制作出"我要报名动画""活动规则动画""最新讯息动画"和"好友搜索动画"元件,完成后的元件效果如图10-58所示。

图10-55 输入脚本语言

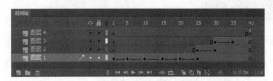
图10-56 "时间轴"面板

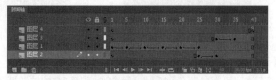
图10-57 完成后的"时间轴"面板

图10-58 完成后的元件效果

12 新建一个名称为"首页按钮"的"按钮"元件,面板设置如图10-59所示。将"返回首页"元件从"库"面板中拖入场景中,效果如图10-60所示。

> **提示**
>
> 将元件拖入场景后,很难将坐标对齐,此时在"属性"面板中将 x、y 分别都设置为 0,即可将坐标对齐。

13 在"指针经过"位置插入空白关键,"时间轴"面板如图10-61所示,将"返回首页动画"元件从"库"面板中拖入场景中,效果如图10-62所示。

图10-59 "创建新元件"对话框

图10-60 拖入元件

图10-61 "时间轴"面板

图10-62 拖入元件

14 在"按下"位置插入空白关键帧,再次将"返回首页"元件从"库"面板中拖入场景中,在"点击"位置插入空白关键帧,单击"矩形工具"按钮,在场景中绘制一个如图10-63所示的矩形。使用"任意变形工具"将矩形旋转,完成后的图形效果如图10-64所示。

15 采用"首页按钮"元件的制作方法,制作出"报名按钮""规则按钮""讯息按钮"和"搜索按钮"元件,完成后的元件效果如图10-65所示。

图10-63 绘制矩形

图10-64 旋转矩形

图10-65 完成后的元件效果

16 返回"场景1"的编辑状态,将"素材\第8章\1017307.jpg"导入到场景中,效果如图10-66所示。新建"图层2",将"首页按钮"元件从"库"面板中拖入场景中,效果如图10-67所示。

17 采用"图层2"的制作方法,新建其他图层,分别将相应的"按钮"元件拖入相应的图层中,完成后的"时间轴"面板如图10-68所示。此时场景效果如图10-69所示。

18 执行"文件>保存"命令,将动画保存,按快捷键【Ctrl+Enter】测试动画,效果如图10-70所示。

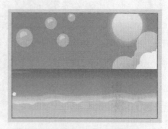
图10-66 导入图像

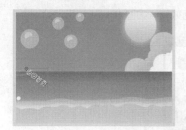
图10-67 拖入元件

图10-68 "时间轴"面板

图10-69 场景效果

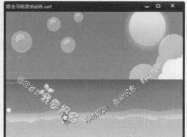
图10-70 预览动画效果

Q 如何体现动画的连贯性?

A Flash导航动画通常会由多个项目组成。在制作时要注意项目与项目之间要具有一定的相似之处,每个项目的色调要尽量一致,不要出现差别太大的情况,这样可以实现很好的连贯效果。

Q 导航动画中设计脚本的应用原则是什么?

A 在制作导航动画时常常会有脚本参与动画制作。制作导航的脚本一般会比较复杂,除了控制"按钮"元件以外,还会经常使用控制影片剪辑的脚本。在使用脚本时要遵循层次清晰、语言简单的原则,有利于导航的制作和修改。

实例 **174** 导航动画——鞋服展示菜单动画

- ● **源 文 件** | 源文件\第10章\实例174.fla
- ● **视　　频** | 视频\第10章\实例174.swf
- ● **知 识 点** | 按钮动画、淡出淡入、传统补间
- ● **学习时间** | 15分钟

操作步骤

01 新建Flash文档，新建"按钮"和"反应区"元件，并制作按钮和反应区，效果如图10-71所示。

02 新建"图形"元件，导入图像，将反应区元件拖入到场景中，为图像添加链接，如图10-72所示。

03 回到主场景，将图像元件拖入到场景中，制作图像的淡入淡出动画，效果如图10-73所示。

图10-71　制作按钮和反应区　　　　　图10-72　添加反应区链接　　　　　图10-73　制作淡出淡入动画

04 新建图层，将相应的元件拖入到场景中，并添加脚本语言。完成制作，测试动画效果，如图10-74所示。

图10-74　场景和测试动画效果

实例总结

本实例使用传统补间、不透明度、脚本等工具制作导航菜单动画。通过本例的学习，读者可以制作出丰富漂亮的导航动画。

实例 **175** 导航动画——楼盘介绍菜单动画

每个网站都有方便读者浏览而存在的网站导航。导航看似简单，但却包含很多内容，可以大大提高网站的浏览率。

- ● **源 文 件** | 源文件\第10章\实例175.fla
- ● **视　　频** | 视频\第10章\实例175.swf

● 知 识 点 | 脚本语言、传统补间、超链接
● 学习时间 | 20分钟

实例分析

　　本实例使用脚本语言、传统补间制作关于楼盘介绍的菜单导航动画，使用脚本控制超链接的效果。制作完成后最终效果如图10-75所示。

图10-75　最终效果

知识点链接

导航中常见的类型有哪些?

　　网站菜单导航包含栏目菜单设置、辅助菜单，以及其他在线帮助等形式。按照常见类型可以将其分为网站菜单导航和网站地图导航。菜单导航的基本作用是让读者在浏览网站过程中能够准确到达想去的位置，地图导航则是让浏览者快速对整个网站的框架有所了解，并可以通过单击快速进入。

操作步骤

01 执行"文件>新建"命令，新建一个类型为ActionScript 3.0，大小为244像素×375像素，"帧频"为40fps，"背景颜色"为白色的Flash文档。

02 将图像"素材\第10章\1017501.jpg"导入舞台中，效果如图10-76所示。在第45帧位置插入关键帧，新建名称为"小草"的"图形"元件，将图像"素材\第10章\1017502.jpg"导入舞台中，效果如图10-77所示。

03 新建名称为"小草动画"的"影片剪辑"元件，将"小草"元件从"库"面板拖入场景中，在第10帧位置插入关键帧。

04 设置第1帧上的元件"不透明度"为0%，并创建"传统补间动画"，"属性"面板如图10-78所示。新建"图层2"，在第10帧插入关键帧，输入"stop();"脚本，如图10-79所示。

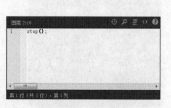

　图10-76　导入素材1　　图10-77　导入素材2　　图10-78　"属性"面板　　　　图10-79　输入脚本

05 新建名称为"按钮动画"的"按钮"元件，在"指针经过"状态下插入关键帧，将"小草动画"元件从"库"面板拖入场景中，在"点击"状态下插入空白关键帧，绘制反应区，如图10-80所示。

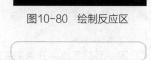

图10-80　绘制反应区

06 新建名称为"项目简介"的"影片剪辑"元件，将图像"素材\第10章\1017503.jpg"导入舞台中，如图10-81所示。

图10-81　导入素材

07 新建"图层2"，单击"文本工具"按钮，在"属性"面板中设置各项参数，如图10-82所示。然后输入图10-83所示的文字。

08 新建"图层3"，单击"文本工具"按钮，在"属性"面板中设置参数，如图10-84所示。再输入文字，如图10-85所示。

图10-82 "属性"面板　　　　图10-83 输入文字

图10-84 "属性"面板　　　　图10-85 输入文字

09 新建"图层4"，将"按钮动画"元件从"库"面板拖入场景中，如图10-86所示。使用相同的方法制作其他元件，"库"面板如图10-87所示。

10 返回"场景1"，新建"图层2"，将"项目简介"元件从"库"面板拖入场景中，效果如图10-88所示。在第5帧位置插入关键帧，设置第1帧上的元件"不透明度"为0%，并创建"传统补间动画"，使用相同的方法制作"图层3"~"图层10"的内容，制作完成后的"时间轴"面板如图10-89所示。

> **提示**
>
> 本步骤目的是制作出逐渐出现的下拉菜单动画，因而需要在不同的帧插入关键帧和设置"不透明度"，来完成动画效果。

图10-86 拖入"按钮动画"　　　　图10-87 "库"面板

11 此时的场景效果如图10-90所示。选中"影片剪辑"元件，打开"属性"面板设置"实例名称"，如图10-91所示。

图10-88 场景效果

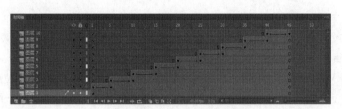

图10-89 "时间轴"面板

图10-90 场景效果

12 打开"动作"面板，输入"单击以转到web页"脚本，如图10-92所示。相同方法完成类似内容的制作，如图10-93所示。

图10-91 "属性"面板

图10-92 单击以转到Web页

图10-93 "动作"面板

13 完成导航动画的制作，执行"文件>保存"命令，保存动画，按快捷键【Ctrl+Enter】测试动画，效果如图10-94所示。

Q 网站导航系统中元素的表现形式是什么？

A 网站导航系统中不可缺少的元素表现形式一般分为首页、一级栏目、二级栏目、三级栏目和内容页面。另外，网站地图也是系统的一部分。

图10-94 测试动画效果

Q 如何设计效果较好的导航动画?

A 在网页设计中,Flash动态导航不应该设计得太过复杂,而应该尽量设计得更加直观一些,让读者可以一下接受,这样才会收到很好的效果。Flash动态导航虽然不应该过于复杂,但是为了让读者对网站内容感兴趣,也需要设计师有一定的创意。设计师在实际工作中应该多参考优秀的导航动画,通过比较和总结才能够制作出效果好的导航菜单动画。

实例 176 导航动画——体育导航动画

- **源 文 件** | 源文件\第10章\实例176.fla
- **视　　频** | 视频\第10章\实例176.swf
- **知 识 点** | 脚本、"传统补间动画"
- **学习时间** | 20分钟

操作步骤

01 制作主页项目"影片剪辑"元件动画,效果如图10-95所示。

02 返回主场景,将背景图像导入场景中,如图10-96所示,并为其制作动画。

图10-95　制作元件

图10-96　导入背景

03 将制作好的元件从"库"面板中拖入场景中,并制作动画,如图10-97所示。

图10-97　制作动画

04 完成动画的制作,测试动画效果,如图10-98所示。

图10-98　测试效果

实例总结

通过本实例的学习,读者要掌握其中所应用的脚本,并且在制作其他动画时可以根据自己的需要,输入不同的脚本语言,以控制动画的播放效果。

第 **11** 章

开场和片头动画

无论是开场动画还是片头动画，在日常生活中都是随处可见的，如互联网上大部分企业网站都有片头动画。通过片头动画可以展示更多的信息，从而直接提升企业的形象。本章将针对Flash不同种类的片头动画进行讲解。

<table>
<tr><td>实 例
177</td><td>**片头动画——简单的开场动画**</td></tr>
</table>

开场动画一般都是为了宣传某种商品而特意制作的动画效果。此类动画一般效果明显，动画中有明显的广告成分和广告语。

● **源 文 件** │ 源文件\第11章\实例177.fla
● **视　　频** │ 视频\第11章\实例177.swf
● **知 识 点** │ 传统补间、设置"不透明度"和"色调"
● **学习时间** │ 20分钟

┨ 实例分析 ┠

　　本实例主要向读者讲述一种简单开场动画的制作方法和技巧，在制作片头动画时能凸显主题让浏览者能够看懂动画表达的是什么东西即可。制作完成最终效果如图11-1所示。

图11-1　最终效果

┨ 知识点链接 ┠

如何控制同一图层上的两段动画？

　　为了控制动画的大小，有时会在同一个图层上制作两段完全不相干的动画效果。这种方式的要点是，一定要在两段动画间填充空帧，来保证动画间不会互相影响。

┨ 操作步骤 ┠

01 执行"文件>新建"命令，新建一个大小为930像素×265像素，"帧频"为20fps，"背景颜色"为黑色的Flash文档。

02 新建名称为"光动画"的"影片剪辑"元件，执行"文件>导入>导入到舞台"命令，将图像"素材\第11章\z1117701.jpg"导入舞台，如图11-2所示。在弹出的对话框中单击"是"按钮，如图11-3所示，将图像的所有序列图像全部导入到场景中。此时的"时间轴"面板，如图11-4所示。

图11-2　导入素材

图11-3　提示对话框

图11-4　"时间轴"面板

03 新建名称为"文字动画2"的"影片剪辑"元件，使用文本工具，设置"属性"面板，如图11-5所示。在场景中输入文字，输入完成后效果如图11-6所示。并将图像转换为名称为"p"的"图形"元件，设置其"Alpha"值为0%。

04 在第23帧出入关键帧，将元件水平向左移动，并设置"色彩效果"的"样式"为无，设置完成后效果如图11-7所示。在第40帧插入关键帧，将元件水平向右移动，效果如图11-8所示。然后为第1帧和第23帧创建传统补间动画，在第85帧插入帧。

图11-5 "属性"面板　　　　图11-6 输入文字　　　图11-7 移动元件　　　图11-8 移动元件

05 根据"图层1"的制作方法，完成"图层2"～"图层20"的制作，完成后的"时间轴"面板如图11-9所示，此时的场景效果如图11-10所示。新建"图层21"，在第85帧插入关键帧，在"动作"面板上输入"stop();"，脚本语言。

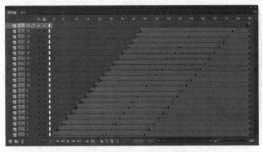

图11-9 "时间轴"面板

Premium Dental Planner

图11-10 场景效果

06 新建名称为"花1动画"的"影片剪辑"元件，将图像"素材\第11章\1117701.jpg"导入舞台，如图11-11所示，将图像转换为名称为"花1"的"图形"元件，分别在第27帧和第58帧位置插入关键帧，选择第27帧上的元件，在"属性"面板中的"色彩效果"选项区域进行设置，如图11-12所示。

07 设置完成后的元件效果如图11-13所示。再分别在第1帧和第27帧位置添加补间动画，在第60帧位置插入帧。新建名称为"文字动画"的"影片剪辑"元件，根据前面的方法，完成"图层1"～"图层10"的制作，场景效果图如图11-14所示。

图11-11 导入素材图　　　　图11-12 "色彩效果"面板　　　　图11-13 元件效果

08 新建"图层11"将"文字动画2"，从"库"面板中拖入到场景中，效果如图11-15所示。新建"图层12"，在第268帧位置插入关键帧，在"动作"面板中输入"stop();"，脚本语言。返回"场景1"的编辑状态，将"光动画"元件，从"库"面板中拖入场景中，效果如图11-16所示。

图11-14 场景效果　　　　图11-15 拖入元件　　　　图11-16 拖入元件

提示

将元件拖入到场景中后，要尽量定好位置，不要调来调去，避免由于过多地跳帧而影响整体动画。

09 在第155帧插入关键帧，再根据"图层1"的制作方法，完成"图层2"和"图层3"的制作，场景效果如图11-17所示。

新建"图层4"，在第155帧插入关键帧，在"动作"面板中输入"stop();"，脚本语言，如图11-18所示。

图11-17 场景效果

图11-18 输入脚本

10 完成光影片头动画的制作，保存动画，按快捷键【Ctrl+Enter】测试动画，效果如图11-19所示。

图11-19 测试动画效果

Q 在Flash中可以为任意元件和图形应用滤镜吗？

A 不可以。在Flash中只可以为文本、按钮和影片剪辑添加滤镜效果，对于其他的图形、图形元件等都不可以添加滤镜效果。

Q 片头动画的制作技巧是什么？

A 制作片头动画时只要能突出信息文化，体现商业目的和价值即可，尽量不要使用过多的动画效果。制作时可以根据功能将动画分成多个"影片剪辑"元件，分开制作，然后再合并在一起。

实 例 178 **片头动画——个人网站片头动画**

● **源 文 件** | 源文件\第11章\实例178.fla

● **视 频** | 视频\第11章\实例178.swf

● **知 识 点** | 按钮动画、淡出淡入、传统补间、脚本

● **学习时间** | 15分钟

▌操作步骤▐

01 新建Flash文档，新建"影片剪辑"元件，导入素材图像，添加反应区，素材和反应区效果如图11-20所示。

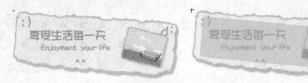

图11-20 导入素材和制作反应区

02 返回场景，导入素材图像，制作元件淡入效果，分别制作其他影片剪辑场景中的淡入动画效果，场景效果如图11-21所示。

03 添加相应的声音并输入脚本代码，此时的"时间轴"面板如图11-22所示。

图11-21　场景效果

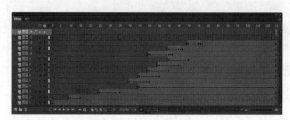

图11-22　"时间轴"面板

04 完成制作，测试动画效果，如图 11-23 所示。

图11-23　测试动画效果

实例总结

　　本实例通过分别制作"影片剪辑"元件和"按钮"元件，并配合脚本制作动画效果。通过本例的学习，读者需要掌握个人网站动画的制作方法，能够独立完成动画的制作。

实例 179　片头动画——城市宣传片片头动画

　　动画中的片头动画应用范围非常广泛。不同的动画类型需要不同的开场动画，开场动画主要的功能是增强动画的趣味性，并且在动画播放的过程中传达网站的主题。制作方法一般都是时间轴动画，也有少数是使用脚本来编写的。

● **源 文 件** | 源文件\第11章\实例179.fla
● **视　　频** | 视频\第11章\实例179.swf
● **知 识 点** | "动作"面板、传统补间等
● **学习时间** | 25分钟

实例分析

　　本实例使用传统补间、"不透明度"设置制作了多个"影片剪辑"元件，结合时间轴动画制作出片头动画效果。制作完成最终效果如图 11-24 所示。

图11-24　最终效果

如何控制动画的播放层次?

在制作的动画元件较多时,要按照颜色深浅、元件大小等属性对元件进行位置的排列,还要根据制作动画的类型控制场景中元件的基本属性。用户不能为了动画效果而忽略了动画的层次感。

操作步骤

01 执行"文件>新建"命令,新建一个大小为1003像素×595像素,"帧频"为26fps,"背景颜色"为白色的Flash文档。

02 执行"插入>新建元件"命令,新建名称为背景的"图形"元件,执行"文件>导入>导入到舞台"命令,将图像"素材\第11章\1117901.jpg"导入舞台,如图11-25所示。

图11-25 导入素材

03 返回"场景1",将"背景"元件从"库"面板拖入场景中,在第200帧位置插入帧,在第8帧、第43帧和第50帧位置插入关键帧,设置第1帧上的元件"不透明度"为0%,第8帧和第43帧上元件的"不透明度"为40%,"属性"面板如图11-26所示。

04 在第1帧、第8帧和第43帧位置分别创建"传统补间动画",然后使用相同的方法制作"旋转背景"元件,效果如图11-27所示。返回"场景1",新建"图层2",在第90帧位置插入关键帧,将"旋转背景"元件从"库"面板拖入场景中,在第200帧位置插入关键帧,使用"任意变形工具"旋转元件,旋转后效果如图11-28所示。

图11-26 "属性"面板

图11-27 场景效果

图11-28 旋转图像

提示

制作此类较大型的动画时,无论是从制作来说,还是从便于控制来说都要尽量将动画制作成多个影片剪辑。

05 在第90帧位置创建"传统补间动画",再使用相同的方法制作"中间背景"元件,如图11-29所示。返回"场景1",新建"图层3",在第21帧位置插入关键帧,将"中间背景"元件从"库"面板拖入场景中,效果如图11-30所示。

图11-29 制作元件

06 在第25帧位置插入关键帧,设置第21帧上的元件"不透明度"为0%,并创建"传统补间动画"。新建名称为"文字1"的"图形"元件,选择"文本工具",在"属性"面板中设置各项参数,如图11-31所示。然后输入图11-32所示的文字。

图11-30 场景效果

图11-31 "属性"面板

美味圣火,时尚圣火,照亮财富人生

图11-32 输入文字

07 使用相同的方法制作其他文字,如图11-33所示。

冠军产品，明星店铺，给你超级回报　"新城市"意大利冰鸿雁淋甜品饮料店　超级人气 非常财气

图11-33　制作文字

08 新建名称为"飞机元件"的"影片剪辑"元件，将图像"素材\第11章\1117919.jpg"导入舞台，效果如图11-34所示。在第200帧位置插入帧，新建"图层2"，将"文字1"元件从"库"面板中拖入到场景中，效果如图11-35所示。

图11-34　导入素材

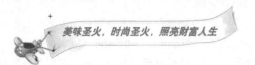

图11-35　场景效果

09 在第45帧、第50帧位置插入关键帧，设置第50帧的元件"不透明度"为0%，在第45帧位置创建"传统补间动画"并删除第50帧以后的帧，再新建"图层3"，在第50帧位置插入关键帧。

10 将"文字2"元件从"库"面板拖入到场景中，再用相同的方法制作淡出淡入动画效果。然后使用相同的方法制作其他动画效果，"时间轴"面板如图11-36所示。

图11-36　"时间轴"面板

提示

由于篇幅原因，只显示了主要动画帧的位置，详细制作读者可以在源文件中查看。

---

11 新建名称为"飞机动画"的"影片剪辑"元件，将"飞机元件"从"库"面板拖入场景中，效果如图11-37所示。在第10帧和第20帧插入关键帧，上移第10帧上元件的位置，在第1帧和第10帧位置创建"传统补间动画"，"时间轴"面板如图11-38所示。

图11-37　元件效果

图11-38　"时间轴"面板

12 新建名称为"广告动画"的"影片剪辑"元件，将"飞机动画"元件从"库"面板拖入场景中，在第385帧位置插入帧，再在第40帧、第230帧和第270帧位置插入关键帧，左移第40帧和第270帧上元件的位置。

13 在第1帧和第230帧位置创建"传统补间动画"，"时间轴"面板如图11-39所示。返回"场景1"，新建"图层4"，在第107帧位置插入关键帧，将"广告动画"元件从"库"面板拖入到场景中，效果如图11-40所示。

图11-39　"时间轴"面板

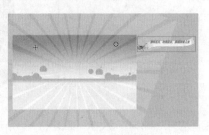

图11-40　场景效果

14 使用相同的方法制作"公路"元件，如图11-41所示。返回"场景1"，新建"图层5"，在第28帧位置插入关键帧，将"公路"元件从"库"面板拖入场景中，效果如图11-42所示。在第32帧位置插入关键帧，设置第28帧上的元件"不透明度"为0%，并创建"传统补间动画"。

图11-41 "公路"元件

图11-42 场景效果

15 使用相同的方法制作"饮料店""成人店""面包店""冰淇淋店"和"水果店"等元件，效果如图11-43所示。

图11-43 其他元件效果

16 新建名称为"饮料店动画"的"影片剪辑"元件，将"饮料店"元件从"库"面板拖入场景中，在第95帧、第98帧、第100帧位置插入关键帧，设置第98帧的元件"不透明度"为50%，在第95帧、第98帧位置创建"传统补间动画"，此时的"时间轴"面板如图11-44所示。

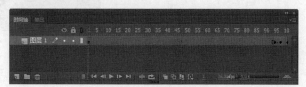

图11-44 "时间轴"面板

17 新建名称为"对话框"的"图形"元件，设置"填充颜色"为#FF3300，使用"椭圆工具"，配合"线条工具"绘制图形并使用"选择工具"进行调整，得到如图11-45所示的效果。

18 新建名称为"动画1"的"影片剪辑"元件，将"饮料店动画"元件从"库"面板拖入场景中，在第54帧位置插入帧，选择"任意变形工具"按钮，调整元件中心点，如图11-46所示。

19 在第7帧、第9帧和第10帧位置插入关键帧，调整元件大小。然后在第1帧和第7帧位置创建"传统补间动画"。新建"图层2"，在第11帧位置插入关键帧，将"对话框"元件从"库"面板拖入场景中，效果如图11-47所示。

20 在第14帧和第17帧位置插入关键帧，设置第11帧元件的"不透明度"为0%，上移第14帧元件，然后在第11帧、第14帧位置创建"传统补间动画"。新建"图层3"，在第17帧位置插入关键帧，单击"文本工具"按钮，在"属性"面板中设置参数，如图11-48所示。然后输入图11-49所示的文字。

图11-45 绘制图形　　图11-46 调整中心点　　图11-47 场景效果　　图11-48 "属性"面板　　图11-49 输入文字

提示

动画播放时如果出现位置的偏差，很可能是元件的中心点设置有问题，用户可以通过调整中心修改动画效果。

21 新建"图层4"，在第54帧位置插入关键帧，并设置动作为"stop()"，"时间轴"面板如图11-50所示。使用相同的方法制作"动画2"~"动画5"的内容。

22 新建名称为"按钮1"的"按钮"元件，将"饮料店动画"元件从"库"面板拖入场景中，在"指针经过"状态插入空白关键帧，将"动画1"元件从"库"面板拖入场景中，分别在"按下"和"点击"状态下插入空白关键帧。

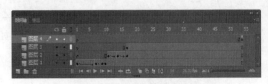

图11-50 "时间轴"面板

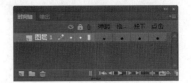

图11-51 "时间轴"面板

23 将"饮料店动画"和"饮料店"元件从"库"面板拖入场景中，"时间轴"面板如图11-51所示。使用相同的方法制作其他"按钮"元件，新建"图层6"，在第15帧位置插入关键帧，将"按钮3"元件从"库"面板拖入场景中，效果如图11-52所示。

24 在第22帧位置插入关键帧，设置第14帧上的元件"不透明度"为0%，调整元件中心点至下方，下移元件并调整大小，在第25帧位置插入关键帧并调整大小。使用相同的方法制作"图层7"~"图层10"的内容，此时的"时间轴"面板如图11-53所示。使用相同的方法制作"汽车"元件，如图11-54所示。

图11-52 场景效果

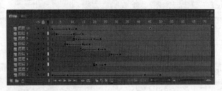

图11-53 "时间轴"面板

图11-54 "汽车"元件

25 新建名称为"汽车动画"的"影片剪辑"元件，将"汽车"元件从"库"面板拖入场景中，使用相同的方法插入关键帧，调整元件中心点，再调整元件大小，"时间轴"面板如图11-55所示。然后返回"场景1"，新建"图层11"，在第118帧位置插入关键帧。

26 将"汽车动画"元件从"库"面板拖入场景中，效果如图11-56所示。在第124帧、第127帧和第130帧位置插入关键帧，设置第118帧上的元件"不透明度"为0%，前移第124帧元件，设置第127帧上的元件"不透明度"为50%，在第118帧、第124帧、第127帧位置创建"传统补间动画"。

> **提示**
> 开场动画一般会制作很多的淡入效果，目的是使动画效果更加丰富，具有活跃感而不会显的单调。

27 使用相同的方法制作其他元件，新建名称为"Logo动画"的"影片剪辑"元件，将"Logo"元件从"库"面板拖入场景中，效果如图11-57所示。使用以上相同的方法制作其他的"影片剪辑"动画，此时的"库"面板如图11-58所示。

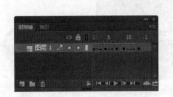

图11-55 "时间轴"面板

图11-56 场景效果

图11-57 拖入元件

28 返回"场景1"，新建"图层12"，在第99帧位置插入关键帧，将"气球动画2"元件从"库"面板拖入场景中，效果如图11-59所示。在第129帧位置插入关键帧，上移元件，在第99帧创建"传统补间动画"，使用相同的方法制作其他图层的内容，场景效果如图11-60所示。

图11-58 "库"面板

图11-59 场景效果1

图11-60 场景效果2

29 新建"图层27"，在第200帧位置插入关键帧，并在"动作"面板中输入"stop();"脚本语言，"时间轴"面板如图 11-61所示。

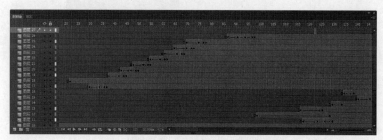

图11-61 "时间轴"面板

30 完成片头动画的制作，保存动画，按快捷键【Ctrl+Enter】测试动画，效果如图11-62所示。

图11-62 测试动画效果

Q 如何解决片头动画过长的问题？

A 制作此类较长时间动画时，要尽量多的使用"影片剪辑"元件，且遇到可以分开制作的场景时也要使用多个场景制作。另外，合适的帧频也会影响动画的播放效果。

Q 片头动画如何应用于网站中？

A 制作的片头动画中都应该有超链接地址。在发布动画时，可以选择发布为HTML格式，这个格式文件即是网站文件，可以直接应用到互联网中。另外，还可以根据读者网站的后台程序类型选择另存为ASP、PHP，还是JSP类型。

实例 180 开场动画——电子商务开场动画

● **源 文 件** | 源文件\第11章\实例180.fla

● **视 频** | 视频\第11章\实例180.swf

● **知 识 点** | "传统补间动画"

● **学习时间** | 20分钟

操作步骤

01 新建Flash文档，将背景图像导入舞台中，转换为元件，调整透明度并拖出辅助线定位，效果如图11-63所示。

图11-63 场景效果

02 新建"图形"元件，绘制各图形。新建"影片剪辑"元件和"按钮"元件，制作动画，元件和"库"面板如图11-64所示。

图11-64 元件和"库"面板

03 返回场景，拖出元件，制作动画，场景效果和"时间轴"面板如图11-65所示。

图11-65 场景效果和"时间轴"面板

04 完成动画制作，测试动画效果，如图11-66所示。

图11-66 测试动画效果

实例总结

本实例所制作的开场片头动画在网络上也是很常见的。通过本实例的学习，读者要掌握开场动画和片头动画的制作方法与操作技巧。

实例 181 开场动画——楼盘网站开场动画

随着网络的日益普及，越来越多的广告商选择在互联网上推出自己的产品。最好的表现方式是在企业网站的开头添加开场动画，既丰富了网站效果，又宣传了公司的产品。此类动画一般是放置在广告或网站的前面。

● 源 文 件┃源文件\第11章\实例181.fla
● 视　　频┃视频\第11章\实例181.swf
● 知 识 点┃传统补间、设置"不透明度"和"色调"
● 学习时间┃20分钟

实例分析

　　本实例使用传统补间、"不透明度"和"色调"设置制作关于楼盘网站开场的动画效果。制作完成后最终效果如图11-67所示。

图11-67　最终效果

知识点链接

如何控制矩形圆角？

　　在Flash中可以通过矩形工具和基本矩形工具绘制出圆角矩形。两个工具的区别在于，矩形工具绘制出的是图形，圆角数值不能再做调整，而基本矩形工具绘制的是矩形圆角，可以随时修改边角半径值，调整图形效果。

操作步骤

01 执行"文件>新建"命令，新建一个大小为628像素×375像素，"帧频"为25fps，"背景颜色"为#009900的Flash文档。

02 新建名称为"背景1"的"图形"元件，选择"矩形工具"，在"颜色"面板中设置参数，如图11-68所示。在"属性"面板中设置参数如图11-69所示。

03 绘制矩形，使用"颜料桶工具"改变渐变角度，效果如图11-70所示。新建名称为"背景2"的"图形"元件，将图像"素材\第11章\素材1118004.png"导入舞台中，如图11-71所示。

图11-70　绘制矩形

图11-68　"颜色"面板

图11-69　"属性"面板

图11-71　导入素材1

04 使用相同的方法新建元件，导入"标志""楼房"和"云"元件，如图11-72所示。将图像"素材\第11章\素材\1118106.png"～"素材\第11章\素材\1118135.png"导入到"库"中，"库"面板如图11-73所示。

05 新建名称为"花纹1"的"图形"元件，将图像"素材\第11章\素材\1118105.png"导入到场景中，按快捷键【Ctrl+B】将元件分离，分离后图形如图11-74所示。拖入图像，效果如图11-75所示。

图11-72 导入素材2

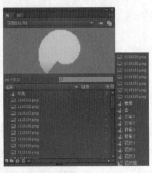

图11-73 "库"面板

图11-74 绘制图形

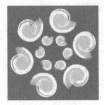

图11-75 场景效果

提示

此步骤中需要不断地复制出元件，不断地调整位置和角度来完成最终效果。

06 新建名称为"花纹2"的"图形"元件，更改图形的"颜色"为#D7FD9B，拖入图像，效果如图11-76所示。使用相同的方法制作"花纹3"元件，如图11-77所示。

07 新建名称为"花纹组"的"影片剪辑"元件，组合图形，效果如图11-78所示。新建"文字1"的"图形"元件，选择"文本工具"，选择"宋体"，选择合适的字号，输入如图11-79所示的文字。

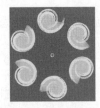

图11-76 制作元件1

图11-77 制作元件2

图11-78 组合图形

图11-79 输入文字

08 新建"文字2"的"图形"元件，选择"文本工具"，选择"宋体"，选择合适的字号，输入如图11-80所示的文字。

09 返回"场景1"，将"背景1"元件从"库"面板拖入场景中，在第219帧位置插入帧，新建"图层2"，将"楼房"元件从"库"面板拖入场景中，效果如图11-81所示。

10 在第5帧、第10帧、第78帧位置插入关键帧，在"属性"面板中设置第5帧上的元件"色调"，参数设置如图11-82所示。设置完成后效果如图11-83所示。

图11-80 输入文字

图11-81 场景效果

图11-82 "属性"面板

图11-83 元件效果

11 移动第10帧、第78帧元件的位置，在第98帧、第106帧、第115帧位置插入关键帧，使用相同的方法设置第106帧的元件"色调"为白色，设置第115帧元件的"不透明度"为0%，"面板"设置如图11-84所示。

12 在第1帧、第5帧、第10帧、第98帧和第106帧位置创建"传统补间动画"，再使用相同的方法制作"图层3"和"图层4"，场景效果如图11-85所示。

13 此时的"时间轴"面板如图11-86所示。

图11-84 "属性"面板

图11-85 场景效果

图11-86 "时间轴"面板

14 新建"图层5"，在第34帧位置插入关键帧，将"文字2"元件从"库"面板拖入场景中，如图11-87所示。在第70帧位置插入关键帧，设置第34帧上的元件"不透明度"为0%，如图11-88所示。然后下移第70帧元件，在第98帧和第115帧位置插入关键帧，再设置第115帧元件的"不透明度"为0%。

15 在第35帧、第98帧位置创建"传统补间动画"。新建"图层6"，将"云"元件从"库"面板拖入场景中，在第98帧、第115帧位置插入关键帧，设置第1帧、第115帧上元件"不透明度"为0%，如图11-89所示。

图11-87 拖入文字

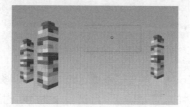

图11-88 设置"不透明度"1

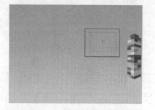

图11-89 设置"不透明度"2

16 左移第98帧元件，在第1帧和第98帧位置创建"传统补间动画"，调整"图层6"至"图层4"的下方，调整后效果如图11-90所示。

17 新建"图层7"，将"标志"元件从"库"面板拖入场景中，效果如图11-91所示。在第98帧和第115帧位置插入关键帧，设置第115帧元件的"不透明度"为0%，在第98帧位置创建"传统补间动画"，场景效果如图11-92所示。

图11-90 调整后效果

图11-91 场景效果1

图11-92 场景效果2

18 此时的"时间轴"面板如图11-93所示。

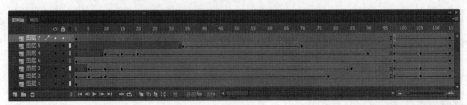

图11-93 "时间轴"面板

19 新建"图层8"，在第120帧位置插入关键帧，将"背景2"元件从"库"面板拖入场景中，效果如图11-94所示。在第130帧、第208帧、第219帧位置插入关键帧，设置第120帧元件"不透明度"为50%，第219帧元件"不透明度"0%，在第120帧、第208帧位置创建"传统补间动画"。

20 新建"图层9"，在第130帧位置插入关键帧，将"花纹组"元件从"库"面板拖入场景中，在第140帧位置插入关键帧，调整元件大小并旋转元件，效果如图11-95所示。

图11-94 场景效果

21 设置130帧上的元件"不透明度"为0%，在第146帧、第150帧、第208帧和第219帧插入关键帧，设置第146帧元件的"色调"为白色，场景效果如图11-96所示。

22 设置第219帧元件的"不透明度"0%，在第130帧、第140帧、第146帧、第208帧位置创建"传统补间动画"。新建"图层10"，在第150帧位置插入关键帧，将"文字1"元件从"库"拖入场景中，如图11-97所示。

图11-95 调整元件

图11-96 场景效果

图11-97 拖入元件

23 在第160帧位置插入关键帧，设置第150帧元件的"不透明度"为0%，移动第160帧元件的位置，在第208帧、第219帧位置插入关键帧，设置第219帧元件的"不透明度"为0%，此时的"时间轴"面板如图11-98所示。

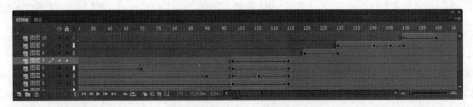

图11-98 "时间轴"面板

24 完成楼盘网站开场动画的制作，保存动画，按快捷键【Ctrl+Enter】测试动画，效果如图11-99所示。

图11-99 测试动画效果

A 如果Flash动画中字体文件没有被分离成为图形且读者的电脑中又没有此种字体，则动画中的字体会被替换为宋体等通用字体。解决办法很简单，只需要将相应的字体文件复制到"windows/font"下，重新启动软件即可。

Q 如何控制动画制作中的影片剪辑？

A 一个大的动画效果，总会有很多"影片剪辑"元件。这些动画元件是组成动画的重要部分。控制它们有两种方式，一种是使用实例名称通过脚本控制，另一种是在制作这些小动画时就从速度和特效上考虑到整体动画的效果。当然第二种是最好的方法，但是对制作者的要求也比较高。

实例 182 片头动画——展览公司开场动画

- **源 文 件** | 源文件\第11章\实例182.fla
- **视 频** | 视频\第11章\实例182.swf
- **知 识 点** | 脚本、"传统补间动画"、补间形状、遮罩动画
- **学习时间** | 25分钟

操作步骤

01 新建Flash文档，使用矩形制作背景，导入素材图像和Logo图案，效果如图11-100所示。

02 分别导入外部素材图像，并制作动画效果，不同元件制作的动画频率不同，效果如图11-101所示。

图11-100 导入素材

图11-101 制作动画

03 继续多层次的制作云层效果。分别导入云彩图像，并分别制作云层消散效果，场景效果如图11-102所示。

04 完成动画的制作，测试动画效果，如图11-103所示。

图11-102 场景效果

图11-103 测试动画效果

实例总结

在设计制作开场动画时，只要将动画的主题内容表达出来，让浏览者能看懂动画的内容，并留下一定的印象即可，而不需要将动画制作得很复杂。

第 12 章

贺卡制作

撒开一张绿色的网

　　利用Flash制作贺卡最重要的是创意。贺卡一般仅有几秒钟，有其情节简单、影片简短的特殊性。由于它并不像动画短片那样有一条完整的故事线，所以要求设计者在很短的时间内表达出主题，烘托出气氛，并且给人留下深刻的印象。

<table>
<tr><td>实 例
183</td><td>**贺卡制作——儿童贺卡**</td></tr>
</table>

　　Flash贺卡本身就是注重意境的表达而忽略技术，它不像传统贺卡那样，只是一张图片。它可以是一个动画片段，也可以是很长的动画。既可以插入优美的音乐，又可以使用丰富的音效。因此，结合众多元素的动画贺卡相当吸引人。

● **源 文 件** | 源文件\第12章\实例183.fla
● **视　　频** | 视频\第12章\实例183.swf
● **知 识 点** | "椭圆工具""颜色"面板、"选择工具"调整绘制图形等
● **学习时间** | 25分钟

实例分析

　　本实例使用"椭圆工具""颜色"面板、"选择工具"调整绘制图形等制作了多个"影片剪辑"元件和多个场景效果。制作完成后最终效果如图12-1所示。

图12-1　最终效果

知识点链接

贺卡制作的创意原则是什么？

　　贺卡在制作时对整个动画要求是标新立异、和谐统一。在设计制作时要注意对国家、民族和宗教的禁忌。制作贺卡时，关键是使用文本突出其主题，不需要采用过于复杂的动画类型。

操作步骤

01 执行"文件>新建"命令，新建一个大小为400像素×300像素，"帧频"为12fps，"背景颜色"为#CCCCCC的Flash文档。

> **提示**
>
> 动画类的贺卡，根据不同的应用选择不同的尺寸，"帧频"尽量小一些，不需要有太多的视觉冲击力。

02 新建一个名称为"水滴"的"图形"元件，面板设置如图12-2所示。单击"椭圆工具"按钮，打开"颜色"面板，设置"笔触颜色"为无，"填充颜色"的"类型"为线性渐变，设置从"Alpha"值为0%的#EAF5F8到"Alpha"值为37%的#B6E8F7到"Alpha"值为44%的#3C94C7到"Alpha"值为0%的#6FB7DE的渐变，"颜色"面板如图12-3所示。

图12-2　"创建新元件"对话框

图12-3　"颜色"面板

03 在场景中绘制一个椭圆，并使用"任意变形工具"和"渐变变形工具"调整刚刚绘制的椭圆，完成后的效果如图12-4

所示。使用"选择工具"调整绘制的椭圆，完成后的场景效果如图12-5所示。

04 新建"图层2"，单击"椭圆工具"按钮，打开"颜色"面板，设置"笔触颜色"为无，"填充颜色"的"类型"为径向渐变，设置从"Alpha"值为0%的#FFFFFF到"Alpha"值为86%的#FFFFFF的渐变，"颜色"面板如图12-6所示。按住【Shift】键在场景中绘制一个正圆，完成后的场景效果如图12-7所示。

图12-4　图形效果

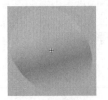

图12-5　调整椭圆

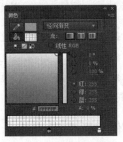

图12-6　"颜色"面板

05 新建"图层3"，单击"椭圆工具"按钮，设置"笔触颜色"为无，"填充颜色"为#FFFFFF，按住【Shift】键在场景中绘制一个正圆，完成后的场景效果如图12-8所示。新建一个名称为"主场景动画"的"影片剪辑"元件，面板设置如图12-9所示。

图12-7　绘制正圆

图 12-8　绘制正圆

图12-9　"创建新元件"对话框

> **提示**
>
> 执行"插入 > 新建元件"命令，可以打开"创建新元件"对话框，按快捷键【Ctrl+F8】也可以打开"创建新元件"对话框。

06 将"素材\第12章\1218301.jpg"导入场景中，按【F8】键，将图像转换成名称为"图像1"的"图形"元件，效果如图12-10所示。在第75帧位置插入帧，新建"图层2"，在第7帧位置插入关键帧，将"素材\第12章\1218302.jpg"导入场景中，按【F8】键，将图像转换成名称为"图像2"的"图形"元件，元件效果如图12-11所示。

07 在第13帧位置插入空白关键帧，新建"图层3"，将"素材\第12章\1218303.jpg"导入场景中，将图像转换成名称为"图像3"的"图形"

图12-10　元件效果1

图12-11　元件效果2

元件，效果如图12-12所示。在第12帧位置插入空白关键帧，新建"图层4"，将"素材\第12章\1218304.jpg pg"导入场景中，将图像转换成名称为"图像4"的"图形"元件，效果如图12-13所示。

08 在第11帧位置插入空白关键帧，"时间轴"面板如图12-14所示，采用相同的方法，制作其他动画效果，"时间轴"面板如图12-15所示。

图12-12　元件效果3

图12-13　元件效果4

图12-14　"时间轴"面板

09 参照前面的方法，制作"图层5""图层6"和"图层7"，制作完成后"时间轴"面板如图12-16所示。

图12-15 "时间轴"面板

图12-16 "时间轴"面板

10 新建一个名称为"水滴动画 1"的"影片剪辑"元件，面板设置如图15-17所示。将"水滴"元件从"库"面板中拖入场景中，并使用"任意变形工具"调整元件的角度，调整后效果如图12-18所示。

11 在第65帧位置插入关键帧，调整该帧上的元件位置，调整后效果如图12-19所示。在第1帧位置创建"传统补间动画"，分别在第10帧、第15帧和第50帧位置插入关键帧，选中第15帧上的元件，向右调整元件的位置，选中第1帧和第65帧上的元件，设置其"属性"面板中"Alpha"值为0%，并在第1帧、第10帧、第15帧和第50帧位置创建"传统补间动画"，"时间轴"面板如图12-20所示。

图12-17 "创建新元件"对话框

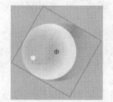

图12-18 调整元件效果

图12-19 调整元件位置

12 新建一个名称为"水滴动画 2"的"影片剪辑"元件，参照"水滴动画1"元件的制作方法，制作"水滴动画2"元件，"时间轴"面板如图12-21所示。

图12-20 "时间轴"面板

图12-21 "时间轴"面板

13 新建一个名称为"文字1"的"图形"元件，面板设置如图12-22所示。单击"椭圆工具"按钮，打开"颜色"面板，设置"笔触颜色"为无，"填充颜色"的"类型"为径向渐变，设置从"Alpha"值为60%的#FFFFFF到"Alpha"值为17%的#FFFFFF的渐变，"颜色"面板如图12-23所示。

14 按住【Shift】键在场景中绘制一个正圆，并选择刚刚绘制的正圆，按【F8】键，将图像转换成名称为"图形1"的"图形"元件，如图12-24所示。将刚刚转换为元件的正圆，复制出多个，得到如图12-25所示的效果。

图12-22 "创建新元件"对话框

图12-23 "颜色"面板

图12-24 转换元件

15 新建"图层2"，使用"文本工具"在场景中输入如图12-26所示文本。新建一个名称为"文字2"的"图形"元件，参照"文字1"元件的制作方法，制作"文字2"元件，效果如图12-27所示。

图12-25　复制元件

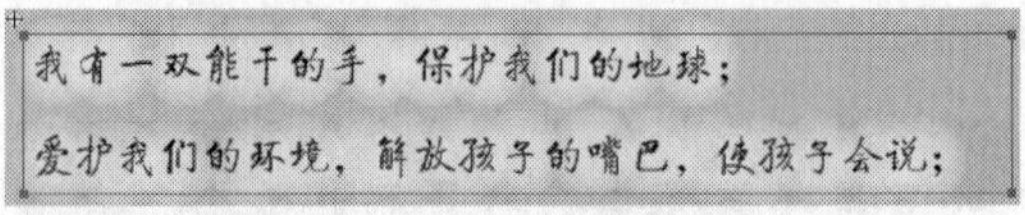

我有一双能干的手，保护我们的地球；

爱护我们的环境，解放孩子的嘴巴，使孩子会说；

图12-26　输入文本

16 返回"场景1"编辑状态，执行"视图>标尺"命令，显示出标尺，在标尺上拖出辅助线，如图12-28所示。将"主场景动画"元件从"库"面板中拖入场景中，并使用"任意变形工具"调整元件大小，调整后效果如图12-29所示。

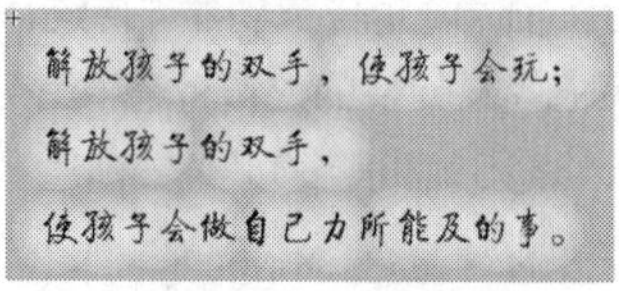

解放孩子的双手，使孩子会玩；

解放孩子的双手，

使孩子会做自己力所能及的事。

图12-27　元件效果

图12-28　拖出辅助线

图12-29　调整后效果

> **提示**
>
> 执行"视图>标尺"命令，可以显示标尺，按快捷键【Ctrl+Alt+Shift+R】，可快速显示或隐藏标尺。

17 在第237帧位置插入关键帧，将该帧上的元件调整到如图12-30所示大小。在第1帧位置设置"传统补间动画"，在第313帧位置插入帧，新建"图层2"，在第145帧位置插入关键帧，将"水滴动画1"元件从"库"面板中拖入场景中，并使用"任意变形工具"调整元件大小和角度，调整后效果如图12-31所示。

18 采用相同的方法，将"水滴动画1"和"水滴动画2"元件从"库"面板中拖入场景中，并使用"任意变形工具"调整元件大小和角度，场景效果如图12-32所示。新建"图层3"，选择第1帧，参照"图层2"的制作方法，制作出"图层3"，效果如图12-33所示。

图12-30　调整元件大小

图12-31　调整元件角度

图12-32　场景效果1

19 新建"图层4"，在第75帧位置插入关键帧，将"文字1"元件从"库"面板中拖入场景中，效果如图12-34所示。分别在第115帧、第145帧和第190帧位置插入关键帧，使用"选择工具"分别选择第75帧和第190帧场景中的元件，设置其"属性"面板中"Alpha"值为0%，效果如图12-35所示。然后分别在第75帧和第145帧位置创建"传统补间动画"。

图12-33　场景效果2

图12-34　拖入元件

图12-35　元件效果

20 新建"图层5"，在第300帧位置插入关键帧，打开"素材\第12章\按钮.fla"，将"回放按钮"元件从外部库拖入场景中，选择刚刚拖入的元件，设置其颜色"样式"为高级，再设置对应的参数，如图12-36所示。设置完成后，元件效果如图12-37所示。

21 在第313帧位置插入关键帧，选中第300帧上的元件，设置其"属性"面板中"Alpha"值为0%，元件效果如图12-38所示。在该帧位置创建"传统补间动画"，选中第313帧位置上的元件，执行"代码片断>ActionScript>时间轴导航>单击以转到帧并播放"命令，并在"动作"面板中调整帧编号，如图12-39所示。

图12-36 "属性"面板

图12-37 元件效果

图12-38 元件效果

22 新建"图层6"，将"素材\第11章\sound1.mp3"导入"库"面板中，如图12-40所示。在第1帧位置单击，设置其"属性"面板中"声音"名称为"sound1"，设置其他参数，如图12-40所示。

23 新建"图层7"，在第313帧位置插入关键帧，在"动作"面板中输入"stop();"脚本语言，"时间轴"面板如图12-42所示。

图12-39 "动作"面板

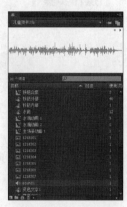
图12-40 "库"面板

图12-41 "声音"面板　　　　　　　　图12-42 "时间轴"面板

24 完成儿童贺卡的制作，保存动画，按快捷键【Ctrl+Enter】测试影片，效果如图12-43所示。

图12-43 测试动画效果

Q Flash贺卡设计分为哪几类？

A 常见的贺卡形式可以分为节日贺卡、生日贺卡、爱情贺卡、温馨贺卡、祝福贺卡等。因为不同的贺卡使用不同的背景，所以制作时也要根据不同类型选择不同的制作风格和方法。

Q Flash贺卡有哪些表现形式?

A 制作Flash贺卡最重要的是创意而不是技术。一般贺卡的情节都比较简单，影片很简短，不像MTV与动画短片一样有很完整的故事线。设计者一定要在很短的时间内表达出意图，并烘托气氛。

实例 184 贺卡制作——生日贺卡

- **源 文 件**｜源文件\第12章\实例184.fla
- **视 频**｜视频\第12章\实例184.swf
- **知 识 点**｜脚本、"传统补间动画"、补间形状、"添加传统运动引导层"
- **学习时间**｜25分钟

┤操作步骤├

01 新建Flash文档，导入和制作相应的素材，转换为元件，制作"影片剪辑"动画，素材效果如图12-44所示。

图12-44 导入素材

02 返回场景编辑，从"库"面板中拖出元件，制作人物动画和文字动画，场景效果如图12-45所示。

图12-45 场景效果

03 完成动画制作并为贺卡添加音乐，"时间轴"面板如图12-46所示。

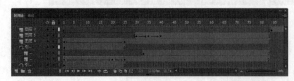

图12-46 "时间轴"面板

04 完成动画的制作，测试动画效果，如图12-47所示。

图12-47 测试动画效果

实例总结

本实例制作了生日贺卡的动画效果。通过本例的学习，读者要学会贺卡动画的制作方法与技巧，并能够独力制作出丰富的贺卡动画效果。

实例 185　贺卡制作——春天贺卡

贺卡充满了温馨和祝福。在动画制作过程中，不需要采用过于复杂的动画类型，只需能突出主题即可。太过复杂的效果反而会使动画失去意义，用户在制作中要注意技术与艺术的完美结合。

● 源 文 件 | 源文件\第12章\实例185.fla
● 视　　频 | 视频\第12章\实例185.swf
● 知 识 点 | "传统补间动画"、遮罩动画
● 学习时间 | 25分钟

实例分析

本实例使用传统补间、遮罩动画、滤镜和脚本等技术，制作多个"影片剪辑"元件和"按钮"元件，完成整体效果的制作。制作完成最终效果如图12-48所示。

图12-48　最终效果

知识点链接

如何通过压缩音频来减小文件大小？

在Flash动画中添加音乐会增加动画的效果，但也会增加动画的大小。在输出较长的流式声音时，可以使用MP3压缩。具体的做法是，在"声音属性"对话框的"压缩"下拉列表中选择MP3，然后在"比特率"下拉列表中进行设置，以确定由MP3解码器生成的声音的最大速率。

操作步骤

01 执行"文件>新建"命令，新建一个大小为400像素×300像素，"帧频"为12fps，"背景颜色"为#333333的Flash文档。

02 新建名称为"背景点缀1"的"图形"元件，选择"椭圆工具"，设置"颜色"为#FFCC00，绘制如图12-49所示的图形。选择"多角星形工具"，在"属性"面板的"工具设置"单击"选项"按钮，在打开的对话框中设置参数，如图12-50所示。

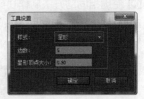

图12-49　绘制图形　　图12-50　"工具设置"对话框

03 绘制星形，然后按【Delete】键删除，得到如图12-51所示的图形。新建名称为"背景点缀2"的"图形"元件，选择"线条工具"，设置"颜色"为#FF9900，绘制线条，如图12-52所示。

04 新建名称为"背景"的"图形"元件，选择"矩形工具"，设置"颜色"为#CC0000，"笔触"为无，绘制矩形，如图12-53所示。新建"图层2"，将"背景点缀1"从"库"面板拖入场景中，设置"不透明度"为35%，面板设置如图12-54所示。

图12-51 绘制星形

图12-52 绘制线条

图12-53 绘制矩形

05 复制元件，效果如图12-55所示。新建"图层3"，将"背景点缀2"从"库"面板拖入场景中，设置"不透明度"为35%，复制元件，得到如图12-56所示的效果。

图12-54 "属性"面板

图12-55 复制元件1

图12-56 复制元件2

> **提示**
>
> 复制和粘贴元件时可以按快捷键【Ctrl+C】和快捷键【Ctrl+V】，也可以单击鼠标右键，在弹出的菜单中选择"复制"，然后再次单击鼠标右键，选择"粘贴"。

06 新建名称为"贺卡封面"的"图形"元件，选择"线条工具"，配合"选择工具"绘制图形，如图12-57所示。新建"图层2"，绘制图形，如图12-58所示。

07 使用相同的方法绘制元件"气球1"和"气球2"，得到如图12-59所示的效果。新建名称为"气球动画1"的"影片剪辑"元件，将"气球1"元件从"库"面板拖入场景中，在第20帧、第40帧位置插入关键帧，上移20帧元件的位置，在第1帧、第20帧位置创建"传统补间动画"，此时的"时间轴"面板如图12-60所示。

图12-57 绘制图形1

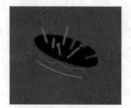

图12-58 绘制图形2

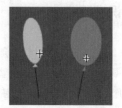

图12-59 绘制图形

08 使用相同的方法制作"气球动画2"的"影片剪辑"元件，并制作出其他元件和动画，"库"面板如图12-61所示。执行"文件>导入>导入到库"命令，将图像"素材\第12章\sound2.mp3"导入库中，如图12-62所示。

图12-60 "时间轴"面板

图12-61 "库"面板

09 新建名称为"声音"的"影片剪辑"元件，在第915帧位置插入帧，选择第1帧位置，在"属性"面板中选择"sound2.mp3"，如图12-63所示。

10 返回"场景1"，将"背景"元件从"库"面板拖入场景中，在第100帧位置插入帧，新建"图层2"，将"贺卡封面"元件拖入场景中，效果如图12-64所示。

图12-62 导入声音

图12-63 "属性"面板

图12-64 元件效果

提示

将导入的声音"同步"类型设置为事件的含义是当动画播放时开始播放，声音的播放不会受到动画播放的影响。

11 使用相同的方法拖出"图层3"~"图层8"的元件，如图12-65所示。新建"图层9"，在第100帧位置插入关键帧，拖入"声音"元件，在第695帧位置插入帧，如图12-66所示。

12 新建"图层10"，在第100帧位置插入关键帧，将"风景"元件从"库"面板拖入场景中，如图12-67所示。使用相同的方法制作"图层11"~"图层19"的内容，得到如图12-68所示的效果。

图12-65 拖出元件

图12-66 拖入"声音"元件

图12-67 拖入"风景"元件

图12-68 图层效果

13 此时的"时间轴"面板如图12-69所示。

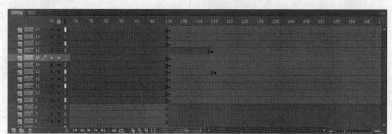

图12-69 "时间轴"面板

14 新建"图层20"，在第145帧位置插入关键帧，将"文字1"元件从"库"面板拖入场景中，在第165帧位置插入关键帧，设置第145帧元件的"不透明度"为0%，上移第165帧元件的位置，元件效果如图12-70所示。在第244帧、第276帧位置插入关键帧，设置第276帧的元件"不透明度"为0%。

15 在第375帧位置插入空白关键帧，在第398帧位置插入关键帧，设置第375帧上的元件"不透明度"为0%，在第

596帧位置插入帧，将"文字3"元件从"库"面板拖入场景中，元件效果如图12-71所示。

图12-70　元件效果1

图12-71　元件效果2

16 在第145帧、第244帧和第375帧位置创建"传统补间动画"。使用相同的方法制作"图层21"和"图层22"的内容，场景效果如图12-72所示。此时的"时间轴"面板如图12-73所示。

17 新建"图层23"，在第695帧位置插入关键帧，按【F9】键在"动作"面板中输入"stop();"脚本，完成动画的制作。保存动画，按快捷键【Ctrl+Enter】测试动画，效果如图12-74所示。

图12-72　场景效果

图12-73　"时间轴"面板

图12-74　测试动画效果

Q 什么是贺卡设计的联想技法?

A 所谓联想技法，就是充分发挥个人想象力，以创意引导思想的方法，充分想象。联想的内容必须是别人所想不到的，立意要新颖，在设计者充分联想的过程中，还要注意符合和谐统一的原则，达到美的境界。

Q 如何使用类比技法制作贺卡?

A 类比技法主要以大量的联想为基础，将不同元素的相同点作为管理暗点，充分调动设计者的想象、直觉、灵感等，能够运用其他事物找出更好的创意。运用类比的方法可以将一些生活中常见的事物放在一起，同时也可以将人们的生活兴趣运用到对象中，使对象拟人化，从而增强动画的美观性。

实例 186 贺卡制作——思念贺卡

● **源 文 件** | 源文件\第12章\实例186.fla
● **视 频** | 视频\第12章\实例186.swf
● **知 识 点** | "代码片断"、传统补间
● **学习时间** | 15分钟

┤ **操作步骤** ├

01 新建Flash文档，导入相应的素材图像，并转换为元件，制作相应的元件动画，场景效果如图12-75所示。

图12-75 场景效果1

02 返回场景，制作主场景转换动画和文字动画效果，效果如图12-76所示。

图12-76 场景效果2

03 在场景中添加声音，并输入相应的脚本语言。"时间轴"面板如图12-77所示。

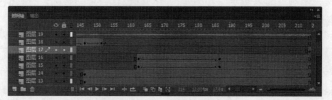

图12-77 "时间轴"面板

04 完成制作，测试动画效果，如图12-78所示。

图12-78 测试动画效果

实例总结

本实例通过使用传统补间、"不透明度"的设置，制作多个"影片剪辑"元件，展现不同的场景效果。需要用户掌握多个元件之间播放的衔接之间的衔接，完成贺卡的制作。

实例 187 贺卡制作——母亲节贺卡

制作贺卡本身就是中意境而忽略技术。在制作祝福类贺卡时更是如此，此类卡片不需要制作花哨的动画效果，只需要将祝福的氛围表达清楚就可以了。动画中常常使用票学、费话、流水灯元素烘托贺卡气氛。

- **源 文 件** | 源文件\第12章\实例187.fla
- **视 频** | 视频\第12章\实例187.swf
- **知 识 点** | "传统补间动画"、淡入淡出效果
- **学习时间** | 25分钟

实例分析

本实例使用"传统补间动画"丰富整个场景。为了烘托气氛，使用了较为柔软的淡入淡出动画效果，制作多个影片"剪辑元件"和"按钮"元件，完成整体效果的制作。制作完成的最终效果如图12-79所示。

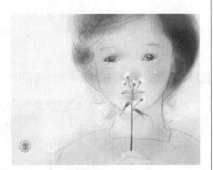

图12-79 最终效果

知识点链接

如何突出贺卡动画的主题？

节日贺卡动画中常常会有一些通用元素参与制作，用于突出动画主题。所谓通用元素，就是人们在日常生活中，将某种问题附有特殊的含义，来制定的某些东西，例如：看到红色就会想到喜庆，看到福字就会想到春节等。只需要简单的几件实物就能明确表现动画主题。

操作步骤

01 执行"文件 > 新建"命令，新建一个大小为400像素 × 300像素，"帧频"为12fps，"背景颜色"为白色的Flash文档。

02 将"素材\第12章\1218701.jpg"导入场景中，效果如图12-80所示。选中素材图像，将其转换成名称为"背景图开场"的"图形"元件，面板设置如图12-81所示。

图12-80 导入素材 图12-81 "转换为元件"对话框

> **提示**
>
> 执行"文件 > 导入 > 导入到舞台"命令，打开"导入"对话框，也可以按快捷键【Ctrl+R】，打开"导入"对话框。

03 在第55帧位置插入关键帧，将场景中的元件向左移动，分别在第116帧和第151帧位置插入关键帧，选中第151帧上的元件，按住【Shift】键使用"任意变形工具"将元件等比例缩小，如图12-82所示。在第161帧位置插入空白关键

帧，在第1帧和第116帧位置创建"传统补间动画"。新建"图层2"，在第108帧位置插入关键帧，将"素材\第12章\1218702.jpg"导入场景中，场景效果如图12-83所示。

> **提示**
>
> 在输入法为英文状态下，按键盘上的【Q】键，可以切换到"任意变形工具"的使用状态。

图12-82 缩小元件　　　　　图12-83 场景效果

04 选中导入的图像，将其转换成名称为"闭眼"的"图形"元件，面板设置如图12-84所示。在"时间轴"面板第116帧位置插入关键帧，选中第108帧上的元件，设置其"属性"面板中"Alpha"值为0%，元件效果如图12-85所示。

05 在"图层2"第151帧位置插入关键帧，按住【Shift】键使用"任意变形工具"将场景中的元件等比例缩小，如图12-86所示。在第161帧位置插入空白关键帧，在第108帧和第116帧位置创建"传统补间动画"。新建"图层3"，在第138帧位置插入关键帧，将"素材\第12章\1218703.jpg"导入场景中，效果如图12-87所示。

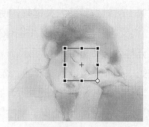

图12-84 "转换为元件"对话框　　　图12-85 元件效果　　　　图12-86 缩小元件

06 选中刚导入图像，将其转换成名称为"过场脸庞"的"图形"元件，面板设置如图12-88所示。选中元件，设置其"属性"面板中"Alpha"值为0%，元件效果如图12-89所示。

图12-87 导入素材　　　　图12-88 "转换为元件"对话框　　　图12-89 元件效果

07 在"图层3"第161帧位置插入关键帧，将场景中的元件向右移动，并设置其"属性"面板的"色彩效果"区域中"样式"为无，元件效果如图12-90所示。在第291帧位置插入空白关键帧，新建"图层4"，在第60帧位置插入关键帧，使用"文本工具"在场景中输入如图12-91所示文本。

08 选中文本，两次执行"修改>分离"命令，将文字分离为图形，按【F8】键，将图像转换成名称为"开场语言"的"图形"元件，面板设置如图12-92所示。选中场景中的元件，设置其"属性"面板中"Alpha"值为0%，元件效果如图12-93所示。

图12-90 元件效果　　　　　图12-91 输入文字　　　　图12-92 "转换为元件"对话框

09 在"图层4"第80帧位置插入关键帧，将场景中的元件向左移动，并设置其"属性"面板的"色彩效果"区域中"样式"为无，场景效果如图12-94所示。在第144帧和第162帧位置插入关键帧，在第163帧位置插入空白关键帧，选中第162帧上的元件，设置其"属性"面板中"Alpha"值为0%，元件效果如图12-95所示。然后在第60帧和第144帧位置创建"传统补间动画"。

图12-93 元件效果1

图12-94 元件效果2

图12-95 元件效果3

10 在第171帧位置插入关键帧，使用"文本工具"在场景中输入如图12-96所示文本。对文字两次执行"修改>分离"命令，将文字分离为图形，将图像转换成名称为"过场文字"的"图形"元件，设置其"属性"面板中"Alpha"值为0%，元件效果如图12-97所示。

11 在第190帧位置插入关键帧，选中场景中的元件，将其向右移动，设置其"属性"面板的"色彩效果"区域中"样式"为无，元件效果如图12-98所示。分别在第235帧和第260帧位置插入关键帧，在第261帧位置插入空白关键帧，选中第260帧上的元件，设置其"属性"面板中"Alpha"值为0%，元件效果如图12-99所示。然后在第171帧和第235帧位置创建"传统补间动画"。

图12-96 元件效果4

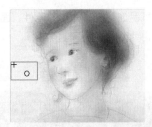
图12-97 元件效果5

图12-98 元件效果6

12 在"图层4"第276帧位置插入关键帧，将"素材\第12章\1218704.jpg"导入场景中，如图12-100所示。选中导入的图像，将其转换成名称为"结尾背景"的"图形"元件，在第290帧位置插入关键帧，选中第276帧上的元件，设置其"属性"面板中"Alpha"值为0%，元件效果如图12-101所示。

图12-99 元件效果7

图12-100 导入素材

图12-101 元件效果

13 在"图层4"第310帧和343帧位置插入关键帧，选中第343帧上的元件，按住【Shift】键使用"任意变形工具"将元件等比例缩小，效果如图12-102所示。在第276帧和第310帧位置创建"传统补间动画"。新建"图层5"，参照"图层4"的制作方法，完成"图层5"的动画制作，场景效果如图12-103所示。

14 新建"图层6"，在第329帧位置插入关键帧，打开外部库"素材\第12章\按钮.fla"，将外部库中"回放按钮"元件拖入场景中，如图12-104所示。选中元件，执行"代码片断>ActionScript>时间轴导航>单击以转到帧并播放"，在

"动作"面板中调整帧编号,"代码片断"如图12-105所示。

图12-102 缩小元件

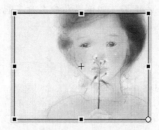

图12-103 场景效果

图12-104 拖入元件

15 选中拖入的元件,设置其"属性"面板上"色彩效果"区域中"样式"为高级,设置"Alpha"值为0%,对应参数设置如图12-106所示。在第343帧位置插入关键帧,选中元件,设置其"属性"面板的"色彩效果"区域中"样式"为高级,设置对应参数,如图12-107所示。在第329帧位置创建"传统补间动画",元件效果如图12-108所示。

图12-105 代码片断

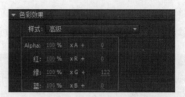

图12-106 "属性"面板

16 新建"图层7",将"素材\第12章\sy121871.mp3"导入"库"中,单击第1帧位置,设置"属性"面板声音名称为"sy121871.mp3",如图12-109所示。

图12-107 "属性"面板

图12-108 元件效果

图12-109 "属性"面板

17 在"图层7"第343帧位置插入关键帧,在"动作"面板中输入"stop();"脚本语言。完成母亲节贺卡上的制作,保存动画,按快捷键【Ctrl+Enter】测试影片,效果如图12-110所示。

图12-110 测试动画效果

Q Flash贺卡应用在什么地方?

A 目前Flash动画的应用范围很广,其中包括互联网、影视、移动通信等众多行业。Flash贺卡在互联网上得到了很好的运用,甚至出现了专业的Flash贺卡网站。此外,也有很多的贺卡以影片的方式在各大媒体中播放,以前通过短信发送祝福的通信行业也开始使用Flash贺卡。

Q 实例名称命名有什么规范吗?

A 实例名称主要的作用就是方便脚本对元件的调用。实例名称命名时不能是数字或符号,也不能是以数字和特殊符号开头的字母,这一点在制作时要注意。

实 例 188 贺卡制作——生活贺卡

● 源 文 件┃源文件\第12章\实例188.fla
● 视 频┃视频\第12章\实例188.swf
● 知 识 点┃"旋转方向"文字制作淡入淡出效果
● 学习时间┃15分钟

▌操作步骤▐

01 新建Flash文档,导入如图12-11所示的素材图像,并转换为元件,制作相应的"影片剪辑"和元件动画。

02 返回场景,制作主场景转换动画和文字动画效果,如图12-112所示。

图12-111 导入素材

图12-112 场景效果

03 在场景中添加声音,并输入相应的脚本语言,"时间轴"面板如图12-113所示。

图12-113 "时间轴"面板

04 完成制作,测试动画效果,如图12-114所示。

图12-114 测试动画效果

▌实例总结▐

本实例通过使用多个"影片剪辑"的绘制和脚本语言的添加,需要用户掌握在制作贺卡时,声音和动画需要同步完成,不要出现音乐播放完后动画还在播放的现象。

第
13
章

MTV制作

　　MTV形式的Flash动画是广受用户欢迎的动画类型之一。通过Flash将唯美的动画场景、优美的音乐背景和引人入胜的故事情节综合在一起，呈现给用户一个色彩缤纷的动画世界。如今，随着越来越多的人开始认知Flash动画，这种MTV动画也在以各种方式频繁出现在不同的行业中。本章将学习MTV动画的制作。

<table>
<tr><td>实 例</td></tr>
<tr><td>189</td></tr>
</table>

MTV制作——在MTV中添加字幕

MTV动画是一种通过多种元素综合在一起的动画形式。实际生活中常常使用歌曲作为背景音乐制作动画，常常会通过为动画添加字幕而增加动画效果，也有一些动画短片是通过加入文字对故事进行说明的。

● **源 文 件** | 源文件\第13章\实例189.fla
● **视　频** | 视频\第13章\实例189.swf
● **知 识 点** | 加载声音、设置声音属性、遮罩动画
● **学习时间** | 25分钟

实例分析

本实例中首先打开一个完成了的动画，为其添加音乐背景，然后使用遮罩动画制作字幕的滚动播放效果。制作完成的最终效果如图13-1所示。

图13-1　最终效果

知识点链接

如何实现动画与字幕的对齐？

一般动画音乐都比较长，在播放动画的过程中使字幕与歌词同步是一件比较麻烦的工作。要解决这个问题，细心制作是必要的。用户可以通过为音乐添加提醒作用的帧标签来实现与字幕的对齐操作，也可以将音频文件分段导入，以方便添加字幕。

操作步骤

01 执行"文件>新建"命令，新建一个大小为400像素×300像素，"帧频"为12fps，"背景颜色"为#99CCCC的Flash文档。

> **提示**
>
> 制作MTV动画时，对于文件的大小和帧频都没有硬性的规定，只要能满足制作的需要即可。

02 执行"文件>打开"命令，打开图像"素材\第13章\1318901.fla"，如图13-2所示。将"素材\第13章\sy131891.mp3"导入到"库"面板中，如图13-3所示。

图13-2　导入素材

图13-3　"库"面板

本实例通过一个较为完整的动画制作来学习在 MTV 动画中添加字幕的方法。

03 在"时间轴"面板的"图层10"上新建"图层11",在第1帧位置单击,在"属性"面板中设置"声音"标签,如图 13-4所示。新建"图层12",在第117帧位置插入关键帧,打开"库"面板,将"白色矩形"元件从"库"面板拖入到场景中,场景效果如图13-5所示。

04 在第460帧位置插入空白关键帧,新建"图层13",在第117帧位置插入关键帧,使用"文本工具"设置文本填充"颜色"为#FF0000,其他参数设置如图13-6所示。然后在场景中输入图13-7所示的文字。

图13-4 "属性"面板

图13-5 场景效果

图13-6 "属性"面板

选择字幕颜色时要注意选择与背景相反的颜色,即背景颜色的补色,这样才能保证字幕效果清晰。

05 分别在第230帧和第435帧位置插入关键帧,修改第230帧文本填充"颜色"值为#6666FF,修改后文字效果如图13-8所示。然后修改第435帧文本填充"颜色"值为#0000FF,如图13-9所示。

图13-7 输入文字

图13-8 修改文字1

图13-9 修改文字2

06 在第460帧位置插入空白关键帧,然后选择第117帧上场景中的文本,执行"编辑>复制"命令,新建"图层14",在第117帧位置插入关键帧,执行"编辑>粘贴到当前位置"命令,修改文本填充"颜色"值为#0000FF,如图13-10所示。

07 根据"图层13"第230帧和第435帧的制作方法,分别在"图层14"的第230帧和第435帧插入关键帧,修改第230帧上场景中的文本内容,如图13-11所示。然后在第460帧位置插入空白关键帧。

图13-10 修改文本颜色1

图13-11 修改文本颜色2

在添加字幕时,可以按键盘上的【Enter】键,在"时间轴"面板上直接浏览动画并听到声音。此处需要注意的是,要将"声音"的"同步"选项设置为"数据流",这样在浏览动画时才能够更方便地制作字幕。

08 新建"图层15",在第117帧位置插入关键帧,将"白色矩形"元件从"库"面板拖入到场景中,如图13-12所示。在第168帧位置插入关键帧,将元件水平向右移动,效果如图13-13所示。再设置第117帧上的"补间"类型为传统补间。

图13-12 拖入元件

图13-13 场景效果

09 分别在第175帧和第225帧位置插入关键帧,将场景中的元件
水平向右移动,效果如图13-14所示。再设置第175帧上的"补
间"类型为传统补间。

10 根据前面的制作方法,制作出"图层15"第225帧后面的帧,
并将"图层15"设置为遮罩层。此时的"时间轴"面板如图13-15
所示。

图13-14 右移元件

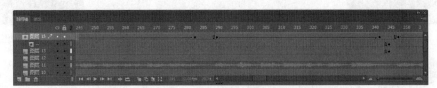

图13-15 "时间轴"面板

> **提示**
>
> 本实例分别制作了两个颜色的字体元件,然后通过为一个元件设置遮罩实现字幕的播放效果。此外需要注意两字幕元件的
> 字体、大小等属性都要保持一致。

11 新建"图层16",在第460帧位置插入关键帧,将"返回按钮"元件从"库"面板拖
入到场景中,效果如图13-16所示。选中"按钮"元件,打开"代码片断"面板,输入
图13-17所示的"代码片断"。

> **提示**
>
> 本步骤添加的脚本的意思是,当释放鼠标指针时跳转到主时间轴的第1帧位置进行动画的
> 播放。

图13-16 场景效果

12 在第465帧位置插入关键帧,选择第460帧上场景中的元件,设置"Alpha"值为0%,"属性"面板如图13-18所
示。设置完成后场景效果如图13-19所示。第465帧上场景中的元件,设置"Alpha"值为100%,设置第460帧上的
"补间"类型为传统补间,在第465帧位置单击,按【F9】键打开"动作"面板,输入"stop();"脚本语言。

图13-17 代码片断

图13-18 "属性"面板

图13-19 场景效果

13 完成在MTV中添加字幕动画的制作,保存动画,按快捷键【Ctrl+Enter】测试动画,效果如图13-20所示。

图13-20 测试动画效果

Q 如何能够制作出好的MTV动画效果?

A 首先良好的绘图能力是制作Flash动画的基础,对于初学者要多加练习才能逐步提高。在制作时,要多看多比较别人的成功作品。MTV的制作并没有一定的规矩,所有的制作方法基本上大同小异,多加练习一定能够制作出属于自己的"大片"。

Q 如何制作字幕的淡入淡出动画?

A 为了方便对字幕的管理,建议将字幕动画制作在同一个图层中。使用"传统补间动画"分别制作不同段落字幕的淡入淡出效果。如果希望两段文字间有重叠的部分,则需要分两个以上的图层制作。

实例 190 MTV制作——制作儿童MTV

- **源 文 件** | 源文件\第13章\实例190.fla
- **视 频** | 视频\第13章\实例190.swf
- **知 识 点** | 外部库面板、传统补间动画、拖入声音
- **学习时间** | 20分钟

▌操作步骤▐

01 将外部素材"库"中的元件导入到场景中,利用推镜头效果制作出场动画,"库"面板和素材如图13-21所示。

02 利用推镜头效果制作过场动画和结尾动画,场景效果如图13-22所示。

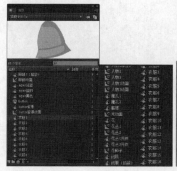

图13-21 "库"面板和素材   图13-22 场景效果

03 添加音乐和输入脚本语言并制作动画,"属性"面板和脚本代码如图13-23所示。

04 完成动画制作,测试动画效果,如图13-24所示。

图13-23 "属性"面板和脚本代码

图13-24　测试动画效果

实例总结

本实例使用Flash基本动画类型制作字幕的滚动播放效果并配合背景音乐制作音乐MTV动画效果。通过本例的学习，读者要掌握制作MTV字幕的方法。

实 例 191 MTV制作——制作唯美商业MTV

网络中的很多MTV动画都具有漂亮的"外衣"。制作一个漂亮的动画效果不仅要综合使用多种元素和多种动画类型，还要搭配富有个性的场景和角色，以及精美的背景音乐，最重要的是能够体现音乐内涵的剧本。

- **源 文 件** | 源文件\第13章\实例191.fla
- **视　　频** | 视频\第13章\实例191.swf
- **知 识 点** | "传统补间动画" "Alpha" 值
- **学习时间** | 40分钟

实例分析

本实例主要使用一些基本的绘图工具，绘制简单的几何图形，再通过使用"部分选取工具"，配合"转换锚点工具"，将简单的几何图形进行调整，从而绘制出更具有卡通风格的图形。制作完成的最终效果如图13-25所示。

图13-25　最终效果

知识点链接

Flash MTV动画的设计特点是什么？

由于动画的独特性，使用Flash制作的MTV动画要具有标新立异的特点。读者应该充分利用Flash的各种功能制作出独有的动画效果，体现出其他动画类型不能实现的炫目效果。

操作步骤

01 执行"文件>新建"命令，新建一个大小为400像素×300像素，"帧频"为20fps，"背景颜色"为白色的Flash文档。

> **提示**
>
> 类似于本实例的动画效果一般都比较庞大，制作时需要很长的时间，参与的元件也很多，读者在制作时要有足够的耐心。

02 使用"矩形工具"在场景中绘制矩形，并将其转换成名为"背景1"的"图形"元件，矩形如图13-26所示。在第230帧位置插入关键帧，使用"任意变形工具"将元件等比例放大，并相应地调整元件的位置，调整后效果如图13-27所示。

03 在第285帧位置插入关键帧，相应地调整元件的位置，效果如图13-28所示。再设置第230帧上的"补间"类型为传统补间。

图13-26 绘制矩形

图13-27 调整大小

图13-28 调整位置

04 用相同的方法制作第287帧和第940帧，并在第1050帧位置插入帧。根据"图层1"的制作方法，完成"图层2"和"图层3"的制作，场景效果如图13-29所示。

> **提示**
>
> 本步骤制作的开始场景通过外部的元件创建。

05 新建"图层4"，执行"文件>导入>打开外部库"命令，将外部库"素材\第13章\1319101.fla"打开，如图13-30所示。将"树动画"元件从"外部库"面板拖入到场景中，如图13-31所示。

图13-29 制作其他动画

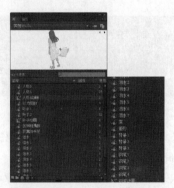

图13-30 打开"外部库"

图13-31 拖入元件

06 根据前面的方法制作其他帧。用相同的方法完成"图层5"～"图层7"的制作，场景效果如图13-32所示。

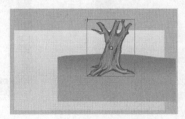

图13-32 场景效果

07 新建"图层8"，在第20帧位置插入关键帧，将"人物5动画"元件从"外部库"拖入到场景中，如图13-33所示。在第195帧位置插入关键帧，调整元件的位置，效果如图13-34所示。

> **提示**
>
> 元件的位置会影响动画的播放效果，所以制作时要多次测试动画，以保证动画元件的位置准确。

08 在第210帧位置插入关键帧，调整元件的位置，并设置其"Alpha"值为20%，如图13-35所示。在第211帧位置插入空白关键帧，并分别在第20帧和第195帧上创建"传统补间动画"。然后使用相同的制作方法，完成"图层9"～"图层15"的制作，场景效果如图13-36所示。

图13-33　拖入人物

图13-34　调整位置

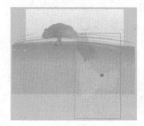

图13-35　调整元件位置及"Alpha"值

09 在"时间轴"面板上将"图层11"和"图层14"分别移动到"图层6"的下面，"时间轴"面板如图13-37所示。

> **提示**
>
> 动画一般由多个场景组成，除了都制作在统一场景中以外，还可以将不同背景的动画片段放置在不同的场景中。

10 新建"图层16"，在第2帧位置插入关键帧，使用"矩形工具"在场景中绘制矩形，将其转换成名称为"矩形"的"图形"元件，并设置其"Alpha"值为0%，"属性"面板如图13-38所示。

图13-36　场景效果

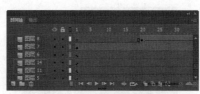

图13-37　"时间轴"面板

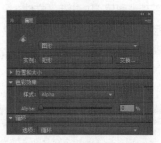

图13-38　"属性"面板

11 设置完成后，场景效果如图13-39所示。在第15帧位置插入关键帧，修改其"色彩效果"样式为无，如图13-40所示。设置第2帧上的"补间"类型为传统补间，用相同的方法制作其他帧。

12 新建"图层17"，在第575帧位置插入关键帧，将图像"素材\第13章\1319116.png"导入到场景中，效果如图13-41所示。

图13-39　场景效果

图13-40　修改色彩样式

图13-41　场景效果

13 在第940帧位置插入空白关键帧，新建"图层18"，在第445帧位置插入关键帧，使用"文本工具"，在"属性"面板中设置参数，如图13-42所示。

> **提示**
>
> 利用元件的淡出效果，制作动画场景中的闪光效果。添加动画的说明文字时，动画的频率要和整个动画一致，否则会让浏览者感觉不舒服。

14 在场景中输入文字，如图13-43所示，并将其转换成名称为"回到相遇的"的"图形"元件，设置其"Alpha"值为0%，面板设置如图13-44所示。

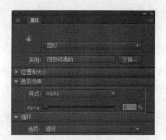

图13-42　"属性"面板　　　　图13-43　输入文字　　　　图13-44　"属性"面板

15 设置完成场景效果如图13-45所示。在第465帧位置插入关键帧，修改其"颜色"样式为无，在第505帧位置插入关键帧，调整元件的位置，如图13-46所示。

图13-45　场景效果　　　　　　　　　图13-46　调整位置

提示

动画中使用的特殊字体，要在动画发布前分离成为图形元件，使动画保持正确外形。

16 在第533帧位置插入关键帧，设置其"Alpha"值为0%，并在第534帧位置插入空白关键帧，分别设置第445帧、第465帧和第505帧上的"补间"类型为传统补间，"时间轴"面板如图13-47所示。

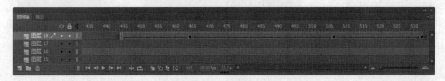

图13-47　"时间轴"面板

17 新建"图层19"，在第510帧位置插入关键帧，使用"文字工具"在场景中输入文字，如图13-48所示，并将其转换成"名称"为"地点"的"图形"元件，面板设置如图13-49所示。

18 在第555帧位置插入关键帧，在第570帧位置插入关键帧，相应地调整元件的位置，如图13-50所示。然后设置其"Alpha"值为0%，如图13-51所示。

图13-48　输入文字　　　　图13-49　"转换为元件"对话框　　　　图13-50　调整元件位置

动画的剧本要在开始制作前就已经完成，不要边做边想，否则很可能使动画变成半成品。
此类动画一般都比较长，为了减小文件大小，要尽量少使用位图等元素。

图13-51 设置"Alpha"值为0%

19 在第571帧位置插入空白关键帧，并设置第555帧上的"补间"类型为传统补间。
根据"图层18"和"图层19"的制作方法，完成"图层20"~"图层31"的制作，
场景效果如图13-52所示。

图层21

图层23

图层28

图层30

图13-52 场景效果

20 新建"图层32"，将"按钮"元件从"外部库"面板拖入到场景中，效果如图13-53所示。然后在第20帧位置插入空
白关键帧。新建"图层33"，将"素材\第13章\sy131911.mp3"导入到"库"面板中，在第6帧位置单击，设置其
"属性"面板中声音为"sy131911"，并设置其他参数，然后在1050帧插入关键帧，设置如图13-54所示。新建"图层
34"，在按【F9】键打开"动作"面板，输入"stop();"脚本语言，如图13-55所示。

图13-53 拖入按钮元件

图13-54 "属性"面板

图13-55 输入脚本

为了保证动画的完整性，为动画添加一个"开始播放"按钮。通过脚本控制，当鼠标单击按钮时，动画开始播放。

21 完成制作唯美商业MTV动画的制作，保存动画，按快捷键【Ctrl+Enter】测试动画，效果如图13-56所示。

图13-56 测试动画效果

Q 常见的MTV都分为几类？

A 目前用Flash制作的MTV有音乐MTV、短剧MTV和改编MTV 3种。音乐MTV的表现内容要按照音乐的含义制作，

通常都会配有字幕。短剧MTV要有具体的故事情节、人物角色，甚至要有配音等专业步骤，制作起来要求较高。改编MTV吸引人的地方是优秀的剧本和精美的动画设计。

Q MTV中使用什么类型的音乐格式?

A Flash中常使用的是WAV格式和MP3格式。不过为了保证动画最后的发布效果，建议使用128 kbps的MP3格式音频文件，并且在发布时设置为立体声。

实例 192 | MTV制作——制作生日MTV

- **源 文 件** | 源文件\第13章\实例192.fla
- **视　　频** | 视频\第13章\实例192.swf
- **知 识 点** | "任意变形工具"、将图形转换为元件
- **学习时间** | 25分钟

操作步骤

01 执行"文件>导入>导入到舞台"命令，并转换为元件，素材和"库"面板如图13-57所示。

02 将相应的"按钮"元件拖入到场景中，效果如图13-58所示。

图13-57 导入素材

图13-58 场景效果

03 导入声音，"库"面板如图13-59所示。

04 完成制作，测试动画效果，如图13-60所示。

图13-59 "库"面板

图13-60 测试动画效果

实例总结

本实例主要制作背景的相互交换动画和人物的出场动画。通过本实例的学习，读者可以对生日MTV动画有更进一步的了解。

实例 193 MTV制作——制作音乐MTV

一个动画短片如果只有很长的动画效果，而没有音乐，会让浏览者觉得非常无趣。在互联网上比较常见的是按照流行音乐的故事情节制作动画片段。

- **源 文 件** | 源文件\第13章\实例193.fla
- **视　　频** | 视频\第13章\实例193.swf
- **知 识 点** | 补间动画、添加声音、输入脚本
- **学习时间** | 30分钟

实例分析

本实例首先制作了场景的推进动画，然后使用外部的动画元件组合场景，最后为动画添加音乐。制作完成的最终效果如图13-61所示。

图13-61　最终效果

知识点链接

动画制作中的场景类别有哪些？

在Flash动画中，场景主要分为远景、中景和近景。远景是指较远的景别设计，一般是用来交代你所制作的Flash动画故事发生的地点、背景、时间等。中景是指在交代情景之后，用来使情节向前发展时所用的，属于过渡性质的场景设计，起到连接远景和近景的作用。近景也就是近处的场景，一般是对某一事物的特写，可以是人，也可以是动物、物品等。

操作步骤

01 执行"文件>新建"命令，新建一个大小为300像素×400像素，"帧频"为12s，"背景颜色"为白色的Flash文档。

> **提示**
>
> 如果制作的动画未来将使用在影视动画方面，则"帧频"要设置为24帧/秒或者25帧/秒，以保证较好的播放效果。

02 将图像"素材\第13章\1319301.png"导入舞台中，如图13-62所示，并将其转换成名称为"背景1"的"图形"元件，面板设置如图13-63所示。

03 在第65帧位置插入关键帧，使用"任意变形工具"将元件等比例放大，调整大小后效果如图13-64所示。在第100帧位置插入关键帧，将图形再次等比例放大，并向左下方移动，效果如图13-65所示。然后在第200帧位置插入帧，设置第65帧上的"补间"类型为传统补间。

图13-62　导入图像　　图13-63　"转换为元件"对话框

> **提示**
>
> 对于MTV动画的制作会使用很多种镜头处理方式，本步骤使用的是推镜头的方式。

04 新建"图层2"，在第90帧位置插入关键帧，将图像"素材\第13章\1319302.png"导入舞台中，效果如图13-66所示。将其转换成名称为"圆"的"图形"元件，在第130帧位置插入关键帧，设置第90帧元件的"Alpha"值为0%，"属性"面板如图13-67所示。

图13-64 调整大小

图13-65 场景效果

图13-66 导入素材

05 设置完成后场景效果如图13-68所示。设置第90帧上的"补间"类型为传统补间。新建"图层3"，在第65帧位置插入关键帧，将"外部库"文件"素材\第13章\1319303.fla"打开，"外部库"面板如图13-69所示。

图13-67 "属性"面板

图13-68 场景效果

图13-69 "外部库"面板

06 将"小熊动画"元件从"外部库"面板拖入到场景中，如图13-70所示。在第100帧位置插入关键帧，选择第65帧上的元件，设置其"Alpha"值为0%，效果如图13-71所示，并设置第65帧上的"补间"类型为传统补间。

07 新建"图层4"，将"气泡动画1"元件从"外部库"面板拖入到场景中，如图13-72所示。在"库"面板中双击"气泡动画1"元件，进入到该元件的编辑状态。

图13-70 拖入元件

图13-71 场景效果

图13-72 拖入元件

08 执行"文件>导入>导入到库"命令，将声音"sy131931.mp3"导入到"库"面板中，在"图层1"的第1帧位置单击，将声音"sy131931.mp3"拖入到场景，"时间轴"面板如图13-73所示。

Flash 动画中有两种声音元素，一种是背景音乐，另一种是动画音效。对于动画中的音乐，最好是创建独立的图层放置，避免出现图层的混乱。

09 返回到"场景1"的编辑状态，在第110帧位置插入关键帧，水平向右移动元件的位置，如图13-74所示。在第150帧位置插入关键帧，水平向上移动元件的位置，如图13-75所示。

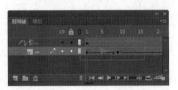

图13-73　"时间轴"面板

图13-74　右移元件

图13-75　上移元件

10 用相同的制作方法，完成"图层5"~"图层16"的制作，场景效果如图13-76所示。此时的"时间轴"面板如图13-77所示。

图13-76　场景效果

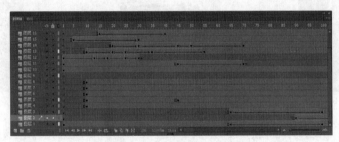

图13-77　"时间轴"面板

此类动画制作起来并不是很复杂。读者在制作时需要有足够的耐心，不能急于求成。

11 新建"图层17"，在第190帧位置插入关键帧，将"按钮1"元件从"外部库"面板拖入到场景中，如图13-78所示。

12 在第200帧位置插入关键帧，然后选择第190帧上场景中的元件，设置"Alpha"值为0%，设置第190帧上的"补间"类型为传统补间，选择场景中的元件，打开"代码片断"面板，输入图13-79所示的"代码片断"。

图13-78　拖入元件

此脚本的含义是，单击按钮时，动画静音并跳转到第1帧位置播放。

13 新建"图层18"，在第45帧位置插入关键帧，将"sy131932.mp3"声音文件导入到"库"面板中，在"属性"面板中选择"sy131932.mp3",如图13-80所示。新建"图层19",在第200帧位置插入关键帧,在"动作"面板中输入"stop();"脚本语言,如图13-81所示。

图13-79　代码片断　　　　图13-80　选择声音　　　　图13-81　"动作"面板

由于本动画中使用了大量的"影片剪辑"元件,所以要将动画发布为AVI格式时,建议使用外部的一些第三方软件转换。

14 完成制作音乐MTV动画的制作,保存动画,按快捷键【Ctrl+Enter】测试动画,效果如图13-82所示。

Q Flash动画短片都应用在什么行业?

A 随着Flash动画技术的迅速发展,其动画的应用领域日益扩大,如网络广告、3D高级动画片制作、建筑及环境模拟、手机游戏制作、工业设计、卡通造型美术、音乐制作等。

Q Flash动画在互联网上有何发展?

A 全球有超过5.44亿在线用户安装了Flash Player,从而令浏览者可以直接浏览欣赏Flash动画而不需要下载和安装插件。越来越多的知名企业通过Flash动画广告获得很好的宣传效果。众多的企业已经使用Flash动画技术制作网络广告,以便获得更好的效果。

图13-82　测试动画效果

实例 194　MTV制作——制作浪漫MTV

● 源 文 件 | 源文件\第13章\实例194.fla
● 视 频 | 视频\第13章\实例194.swf
● 知 识 点 | 遮罩动画、添加声音
● 学 习 时 间 | 25分钟

操作步骤

01 通过将外部的素材图像导入到场景中,效果如图13-83所示。
02 利用遮罩制作过场动画,"时间轴"面板如图13-84所示。

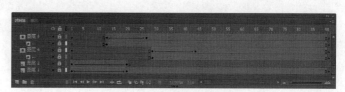

图13-83　导入素材　　　　图13-84　"时间轴"面板1

03 利用遮罩制作动画结尾动画,并添加按钮、音乐和脚本语言,此时"时间轴"面板如图13-85所示。

04 完成动画的制作，测试动画效果，如图13-86所示。

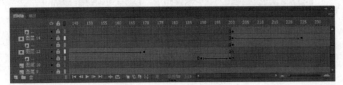

图13-85 "时间轴"面板2   图13-86 测试动画效果

━┃ **实例总结** ┃━

　　本实例通过使用外部的元件创建动画场景，并使用脚本对动画的播放进行控制。通过本例的学习，读者要掌握制作此类MTV动画的要点，能将音频文件应用于动画，并能在实际工作中制作相同类型的动画。

第

14

章

辅助软件

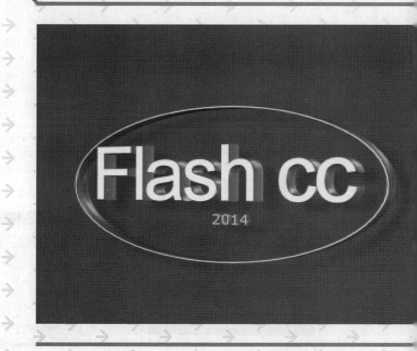

　　Flash动画功能强大，可以制作出多种多样的动画效果。读者可以通过使用Flash插件和外部辅助软件完成一些Flash制作起来较为困难的动画效果，如闪客精灵、文本特效、粒子特效和Flash文本阅读等。

实例 **195**　Xara 3D——制作三维字体特效

　　使用 Xara 3D 软件也可以制作出 3D 效果的文字动画，Xara 3D 为 Flash 动漫的制作提供了很好的支持和补充。Xara 3D 软件制作的动画效果有限，它的主要作用是用来制作三维文本的旋转效果，常常被使用制作企业名称和企业 Logo 动画中。

● **源 文 件**┃源文件\第14章\实例195.fla

● **视　　频**┃视频\第14章\实例195.swf

● **知 识 点**┃利用辅助软件制作三维字体

● **学习时间**┃25分钟

┃ **实例分析** ┃

　　本实例首先使用外部元件制作游戏场景，并分别对场景中的元件设置实例名称，然后通过为元件添加脚本控制动画播放，完成游戏制作。制作完成的最终效果如图14-1所示。

图14-1　最终效果

┃ **操作步骤** ┃

01 双击 Xara 3D 图标，打开 Xara 3D 的操作界面，如图14-2所示。

02 单击"文字选项"按钮，弹出"文本选项"对话框，如图14-3所示。

图14-2　Xara 3D操作界面

图14-3　"文本选项"对话框

03 在对话框中输入文字，设置文字的相关属性，"文字选项"面板如图14-4所示。

图14-4　输入文本

04 单击"确定"按钮，完成"文字选项"对话框的设置，可以看到所输入文字的3D效果，如图14-5所示。

05 单击"动画选项"按钮，设置动画选项，如图14-6所示。

图14-5 3D效果

图14-6 动画选项

06 单击标准工具栏上的"开始/停止动画"按钮，预览动画，如图14-7所示。

07 执行"文件>导出动画"命令，将制作好的3D文字动画效果导出为SWF文件，制作完成，最终效果如图14-8所示。

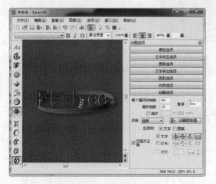

图14-7 预览动画

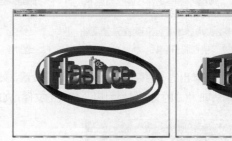

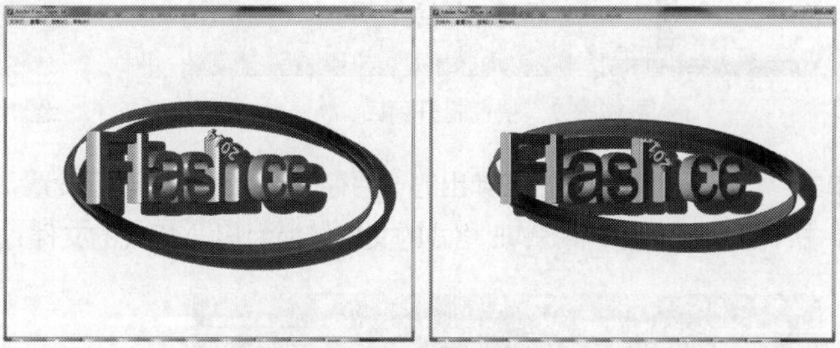

图14-8 最终效果

实例 196 闪客精灵——反编译SWF神器

闪客精灵是一款先进的Shockwave Flash 影片反编译工具，它不但能捕捉、反编译、查看和提取Shockwave Flash 影片（.swf和.exe格式文件），而且还可以将SWF格式文件转化为FLA格式文件。它能反编译一个FLASH的所有元素，并且能完全支持动作脚本AS 3.0。

● **源 文 件** | 源文件\第14章\实例196.fla

● **视　　频** | 视频\第14章\实例196.swf

● **知 识 点** | 用闪客精灵制作反编译的SWF

● **学习时间** | 25分钟

▌实例分析▐

由于使用该软件生成的FLA格式文件会产生很多多余的帧和图层，因而它并不是作者真正的制作方法，也就是说它只能作为参考使用，读者不能一味地迷信软件生成的源文件。最终效果如图14-9所示。

实例196

图14-9 最终效果

操作步骤

01 双击打开闪客精灵的操作界面，如图14-10所示。

02 在"快速打开"对话框中选择"浏览"，在弹出的"打开"对话框中选择SWF格式文件，如图14-10所示。

03 单击"确定"按钮，可以在"文件浏览"窗口中预览SWF格式的文件，如图14-12所示。

04 在"资源栏"中可以选择需要的素材，单击"导出"按钮，完成素材的导出，如图14-13所示。

图14-10 闪客精灵操作界面

图14-11 快速打开窗口

图14-12 文件浏览

图14-13 导出素材

05 单击"导出FLA"按钮，在弹出的"另存为"对话框中进行设置，如图14-14所示。

06 单击"保存"按钮，将SWF格式的文件转换为FLA格式的文件，如图14-15所示。

图14-14 另存文件

图14-15 FLA格式的文件

实例 197 Particle Illusion——粒子特效制作

　　Particle Illusion是一个主要以Windows为平台独立运作的电脑动画软件。它的唯一主力范畴是以粒子系统的技术创作诸如火、爆炸、烟雾及烟花等动画效果，它可以将这些动画效果导出为PNG序列文件，进而可以应用到Flash中。

● **源 文 件** | 源文件\第14章\实例197.fla

● **视　 频** | 视频\第14章\实例197.swf

● **知 识 点** | 利用辅助软件Particle Illusion制作粒子特效

● **学习时间** | 25分钟

实例分析

　　由于此类动画主要是采用图片序列输出，过长或者过多的动画会造成源文件的体积过于庞大。所以要根据实际需求制作动画，不宜盲目使用。最终效果如图14-16所示。

| 实例1970001 | 实例1970002 | 实例1970003 |

| 实例1970007 | 实例1970008 | 实例1970009 |

图14-16　最终效果

操作步骤

01 双击particle Illusion图标，打开particle Illusion，执行"文件＞新建"命令，新建一个文件，如图14-17所示。

02 单击"查看"中的"项目设置"按钮，在弹出"项目设置"对话框进行设置，如图14-18所示。

03 在"常用粒子库"中选择需要的"发射器"，在预览窗口中可以预览当前选定发射器的效果，如图14-19所示。

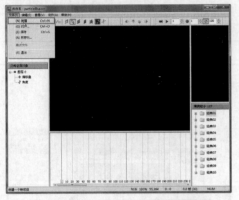

图14-17　particle Illusion操作界面

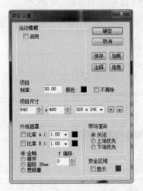

图14-18　"项目设置"对话框

图14-19　常用粒子库

04 在舞台窗口中连续单击，绘制路径，单击"播放"按钮，可以预览效果，如图14-20所示。

05 执行"动作＞保存输出"命令，在弹出的"另存为"对话框中设置"保存类型"为"PNG文件"，如图14-21所示。

06 单击"保存"按钮，在弹出的"输出选项"对话框中勾选存储"Alpha"通道，单击"确定"，如图14-22所示。

图14-20　预览效果

图14-21　"另存为"对话框

图14-22　"输出选项"对话框

07 完成后效果如图14-23所示。

图14-23　效果图

实例 198 Swish——丰富字效

Swish是一款专业的文字动画制作软件，通过该软件能够轻松地实现多种文字动画效果。这些文字动画效果在Flash中同样可以实现，但是在Flash中制作起来会非常麻烦，而通过Swish软件只需要轻松地点击、选择文字动画的方式即可。

● **源 文 件** | 源文件\第14章\实例198.fla
● **视　　频** | 视频\第14章\实例198.swf
● **知 识 点** | 利用辅助软件Swish制作文字效果
● **学习时间** | 25分钟

实例分析

能够轻松完成丰富字体效果当然是件好事，此处需要注意的是动画中太多的字体动画会使整个动画主题不清。因而适当的使用字体动画是制作好的动画效果所必须要注意的。最终效果如图14-24所示。

图14-24　最终效果

操作步骤

01 双击打开Swish Max4软件，在"新建影片或方案"对话框中选择"模板"，如图14-25所示。

02 单击"确定"按钮，新建一个空白的"影片1"文件，如图14-26所示。

图14-25　Swish Max4操作界面

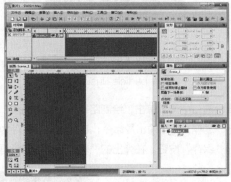

图14-26　新建文件

03 选择"文本工具"，在弹出"属性"面板中进行设置，再单击场景，创建如图14-27所示的文本。

图14-27　创建文本

04 使用"选择工具"，选中文本框，执行"插入>效果"命令，选择需要添加的文字动画效果，如图14-28所示。

图14-28 "插入>效果"命令

05 执行"控制>播放影片"命令，预览文字动画效果，如图14-29所示。

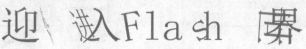

图14-29 播放影片

06 执行"文件>导出>SWF"命令，可以将制作好的文字动画效果导出为SWF文件，如图14-30所示。

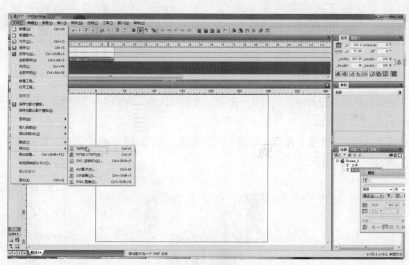

图14-30 保存动画

实例 199

Swish 3D——制作立体Flash动画

Swift 3D是专业的矢量3D软件，它的出现充分弥补了Flash在3D方面的不足，它以娇小的身躯、强大的功能位居Flash第三方软件第一位。Swift 3D能够直接做出3D效果动画，并且生成导出SWF格式的文件。

- **源文件** 源文件\第14章\实例199.fla
- **视 频** 视频\第14章\实例199.swf
- **知 识 点** 利用辅助软件Swish3D制作立体动画
- **学习时间** 25分钟

实例分析

使用Swift3D软件可以轻松完成三维文字和三维模型的制作。同时可以为模型制定材质、灯光、动画效果等。制作完成的最终效果如图14-31所示。

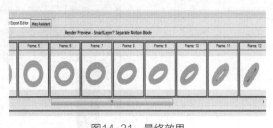

图14-31 最终效果

操作步骤

01 双击Swift 3D图标，打开Swift 3D的操作界面，如图14-32所示。

02 选择需要创建的模型，新建一个文件，如图14-33所示。

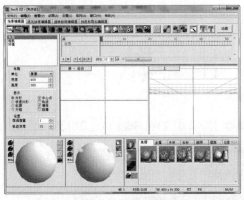

图14-32 Swift 3D操作界面

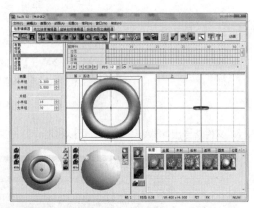

图14-33 新建文件

03 在左上角的操作区可以选择重新设置模型的材质、对象、位置和比例，如图14-34所示。在左下角的操作区可以设置光源，如图14-35所示。

04 在视图区可以更换角度观看对象的各个角度，如图14-36所示。在图库工具栏中选择需要的材质，将其拖拽到视图区中需要上色的对象上，如图14-37所示。

图14-34 改变角度

图14-35 设置光源

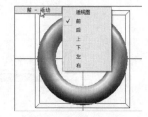

图14-36 改变角度

05 单击"动画"按钮，将时间线上的红色标签移动到需要制作动画的帧位置，如图14-38所示。

06 在左下角的操作区单击"锁定轨迹球为水平旋转"按钮，并旋转所选对象，如图14-39所示。

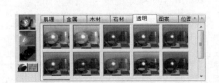

图14-37 为对象上色

图14-38 移动红色标签

图14-39 旋转对象

07 单击菜单栏中的"预览和导出编辑器"按钮，单击"生成所有帧"按钮渲染整个动画，如图14-40所示。

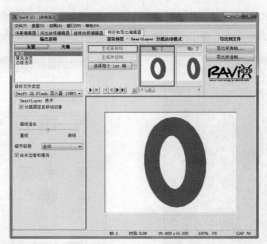

图14-40 渲染动画

08 单击"播放"按钮，可以预览动画，如图14-41所示。

09 在"目标文件类型"的下拉列表中选择"Flash播放器（SWF）"选项，如图14-42所示。

10 单击"生成所有帧"按钮后，单击"导出所有帧"按钮，导出SWF文件，如图14-43所示。

图14-41 "播放"按钮

图14-42 "目标文件类型"对话框

图14-43 "导出所有帧"按钮

实例 200　Adobe Extension Manager CS6插件

Adobe Extension Manager CS6是一款可以添加到Adobe应用程序以增强应用程序功能的软件。

● **源 文 件** | 源文件\第14章\实例200.fla

● **视　　频** | 无

● **知 识 点** | 插件的应用

● **学习时间** | 25分钟

┃ 实例分析 ┃

　　使用Adobe Extension Manager，可以在许多Adobe应用程序中轻松便捷地安装和删除扩展，并查找关于已安装的扩展的信息。最终效果如图14-44所示。

图14-44 最终效果

操作步骤

01 双击 Adobe Extension Manager CS6 图标，打开 Adobe Extension Manager CS6 软件，操作界面如图 14-45 所示。

02 单击"安装"，在弹出的"选取要安装的扩展"对话框中选择"extend.mxp"，如图 14-46 所示。

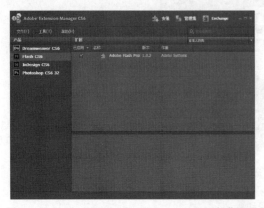

图14-45 Adobe Extension Manager CS6操作界面

图14-46 "选取要安装的扩展"对话框

03 单击"打开"按钮，在弹出的窗口中选择"接受"，窗口显示如图 14-47 所示。

图14-47 安装窗口

04 在弹出的窗口中选择"确定"按钮，"extend.mxp"就被安装在 Flash 软件中了，如图 14-48 所示。

图14-48 安装"extend.mxp"

05 重新启动 Flash 软件，新建一个默认 Flash 文档，执行"编辑>自定义工具面板"命令，如图 14-49 所示。

06 在弹出的"自定义工具面板"中可以看到新增的扩展工具。如图 14-50 所示。

07 选择左侧的"矩形工具"，在"可用工具"中选择需要的新增扩展工具，如图 14-51 所示。

08 单击"添加"按钮，"Splat Tool v2"被添加到"当前选择"中，单击"确定"按钮，如图 14-52 所示。

图14-49 编辑命令

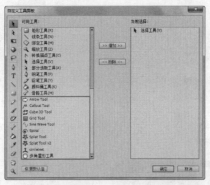

图14-50 "自定义工具面板"对话框

09 单击"矩形工具",选择添加的扩展工具"Splat Tool v2",如图14-53所示。

图14-51 扩展工具

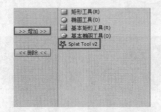

图14-52 添加到当前

图14-53 选择扩展工具

10 打开"属性"面板,单击"工具设置"选项下的"选项",如图14-54所示。

11 在弹出的"工具设置"对话框中可以进行设置,如图14-55所示。

12 在场景中绘制图形,如图14-56所示。

图14-54 "属性"面板

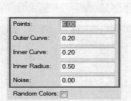

图14-55 工具设置

图14-56 绘制图形